煤炭高等教育“十四五”规划教材
普通高等教育安全与环境系列教材
山东省本科教学改革研究重点项目（Z2024089）
山东省高等教育学会高等教育研究专项课题重点项目（SDGJ2023B06）

安全工程计算机辅助设计

主　编　黄冬梅
副主编　刘　强　聂　文　杜衍辉
　　　　刘　震　王　晓

中国矿业大学出版社
·徐州·

内容提要

本书针对初学者，由浅入深、循序渐进地系统介绍了 AutoCAD 2023 基本功能及使用方法，同时将基本知识和实战操作结合起来。通过本书学习，读者可以快速、全面地掌握 AutoCAD 2023 的使用方法和绘图技巧，达到灵活运用、融会贯通的目的。本教材共分为 8 章内容：计算机辅助设计基础入门、AutoCAD 辅助绘图工具、简单平面图形绘制、复杂平面图形绘制、平面图形编辑、文字与表格使用、图形尺寸标注、安全工程类图纸的绘制规范与绘制实例。

本书结构严谨、内容丰富实用、条理清晰、重点突出，具有很强的实用性和可操作性，不仅可以作为普通高等院校安全工程、职业卫生工程、采矿工程、工程力学、交通运输等专业的课程教材，同时也可以作为软件学习类课程配套专业教材，或者作为从事计算机绘图技术研究与应用人员的参考书。

图书在版编目(CIP)数据

安全工程计算机辅助设计 / 黄冬梅主编. — 徐州 ：中国矿业大学出版社，2025. 5. — ISBN 978-7-5646-6573-9

Ⅰ. X93-39

中国国家版本馆 CIP 数据核字第 2024YF1032 号

书　　名　安全工程计算机辅助设计
主　　编　黄冬梅
责任编辑　王美柱
出版发行　中国矿业大学出版社有限责任公司
（江苏省徐州市解放南路　邮编 221008）
营销热线　(0516)83885370　83884103
出版服务　(0516)83995789　83884920
网　　址　http://www.cumtp.com　**E-mail**:cumtpvip@cumtp.com
印　　刷　江苏淮阴新华印务有限公司
开　　本　787 mm×1092 mm　1/16　**印张** 15　**字数** 384 千字
版次印次　2025 年 5 月第 1 版　2025 年 5 月第 1 次印刷
定　　价　38.00 元
（图书出现印装质量问题，本社负责调换）

前　言

计算机技术的进步,使得计算机辅助设计及绘图技术得到了前所未有的发展。其中,计算机绘图技术是近年来发展较为迅速的技术之一。随着计算机技术的迅速发展,计算机绘图技术已经被广泛应用于机械、建筑、电子、航空、石化、冶金、矿山、纺织及轻工业等多个领域,并发挥着越来越大的作用。

AutoCAD 自 1982 年推出以来,从初期的 1.0 版本,经多次更新和性能完善,已经发展到 2023 版。其中,软件常用功能在 2010 版之后的版本中就比较稳定了,因此本书以 2023 版为例进行介绍,在系统介绍 AutoCAD 基本功能及使用方法的基础上,将基本知识和实战操作结合起来。通过本书学习,读者可以快速、全面地掌握 AutoCAD 的使用方法和绘图技巧,达到灵活运用、融会贯通的目的。

本书共分为 8 章,从 AutoCAD 入门和绘图基础知识开始,分别介绍了辅助绘图工具如图层、对象捕捉等,二维图形绘制,二维图形编辑,文字和表格创建,图形尺寸标注,安全工程图纸绘制规范等内容。本书重点阐述了 AutoCAD 绘图的基本理论和基本技能,同时注意与安全工程专业紧密结合,从现场实际应用的角度出发,精选了典型的矿山安全类、化工安全类及消防安全类等图形素材,图形举例全面,内容的编排以让读者从零基础到高效准确绘图为目标,实用性、可操作性强。本教材致力于理论与实际应用相结合,讲述了 AutoCAD 使用过程中的大量实际问题。

本书是编者在多年教学经验与科研成果的基础上编写而成的,结构清晰,语言简练,实例丰富。本书内容是集体智慧的结晶,第一、二章由黄冬梅编写,第三章由杜衍辉编写,第四章由黄冬梅、聂文共同编写,第五章由刘强编写,第六章由聂文、王晓共同编写,第七章由刘震编写,第八章由黄冬梅、刘强共同编写,书中例题视频由黄冬梅、刘强、杜衍辉录制,全书由黄冬梅统稿,并负责全面修正及整体优化。除以上编者外,参加本书编写和制作的人员还有卢欢欢、潘鑫、孙冉、侯晓风、乔书昱、王新照、张高硕、韩凯旭、王佳琪、张玮杰等。

本书在编写过程中吸取了以往相关教材精华,参阅了近几年来高校及安全设计部门的资料与文献,在此向所有文献作者表示感谢!

本书的编写及出版，得到了山东科技大学安全与环境工程学院、山东科技大学矿业工程国家级实验教学示范中心的大力支持，在此一并表示感谢！

由于编者水平所限，加之时间仓促，本书不足之处在所难免，欢迎广大读者批评指正。

编　者

2025 年 3 月

目　录

第一章　计算机辅助设计基础入门

AutoCAD是由美国Autodesk公司开发的通用计算机辅助设计(computer aided design,CAD)软件。该软件在设计、绘图和相互协作方面展示了强大的技术实力,具有易于掌握、使用方便、体系结构开放等优点,能够绘制二维图形与三维图形、标注尺寸、渲染图形以及打印输出图纸,目前已广泛应用于机械、建筑、电子、航空、石化、冶金、矿山、纺织及轻工业等领域。

AutoCAD 2023是AutoCAD系列软件的较新版本,与AutoCAD先前的版本相比,它在性能和功能方面都有较大的增强,并能够保证与低版本完全兼容。

本章学习要点:

(1) AutoCAD及其功能

(2) AutoCAD 2023的界面与工作空间

(3) AutoCAD的图形文件管理

(4) AutoCAD绘图环境

(5) AutoCAD绘图方法

第一节　AutoCAD的功能概述

AutoCAD自1982年问世以来,已经经历十余次升级,其每一次升级,在功能上都得到增强且日趋完善。AutoCAD具有强大的辅助绘图功能,它彻底改变了传统的手工绘图模式,极大地提高了设计效率和质量。因此,它已成为工程设计领域应用极为广泛的计算机辅助绘图与设计软件之一。

一、绘制与编辑图形

AutoCAD的“绘图”菜单中包含丰富的绘图命令,使用它们可以绘制直线、构造线、多段线、圆、矩形、多边形、椭圆等基本图形,也可以将绘制的图形转换为面域,对其进行填充。如果再借助“修改”菜单中的修改命令,便可以绘制出各种各样的二维图形。

对于一些二维图形,通过拉伸、设置标高和厚度等操作可以轻松地将其转换为三维图形。使用“绘图”|“建模”命令中的子命令,用户可以更为方便地绘制圆柱体、球体、长方体等基本实体以及三维网格、旋转网格等曲面模型。同样再结合“修改”菜单中的相关命令,用户还可以绘制出各种各样的复杂三维图形。

二、标注图形尺寸

尺寸标注是向图形中添加测量注释的过程,是整个绘图过程中不可缺少的一步。

AutoCAD 的“标注”菜单中包含一套完整的尺寸标注和编辑命令，使用它们可以在图形的各个方向上创建各种类型的标注，也可以方便、快速地以一定格式创建符合行业或项目标准的标注。

标注显示了对象的测量值，对象之间的距离、角度，或者特征与指定原点的距离。在 AutoCAD 中提供了线性、半径和角度 3 种基本的标注类型，可以进行水平、垂直、对齐、旋转、坐标、基线或连续等标注。此外，还可以进行引线标注、公差标注，以及自定义粗糙度标注。标注的对象可以是二维图形或三维图形。

三、渲染三维图形

在 AutoCAD 中，可以运用雾化、光源和材质，将模型渲染为具有真实感的图像。如果为了演示效果，可以渲染全部对象，但时间有限或显示设备和图形设备不能提供足够的灰度等级和颜色时，就不必精细渲染；若只需要快速查看设计的整体效果，则可以简单消隐或设置视觉样式。

四、输出与打印图形

AutoCAD 不仅允许将所绘图形以不同样式通过绘图仪或打印机输出，还能够将不同格式的图形导入其中或将 AutoCAD 图形以其他格式输出。因此，当图形绘制完成之后，可以使用多种方法将其导出。例如，可以将图形打印在图纸上，或创建成文件以供其他应用程序使用。

第二节　AutoCAD 2023 的界面与工作空间

一、AutoCAD 2023 的经典界面组成

中文版 AutoCAD 2023 为用户提供了“草图与注释”“三维基础”和“三维建模”三种常用的工作空间模式。对于习惯使用 AutoCAD 传统界面的用户，可以采用“AutoCAD 经典”工作空间，也可以使用“草图与注释”工作空间来适应 AutoCAD 2023。其主要由标题栏、菜单栏、工具栏、绘图窗口、命令行与文本窗口、状态栏等元素组成，如图 1-1 所示。

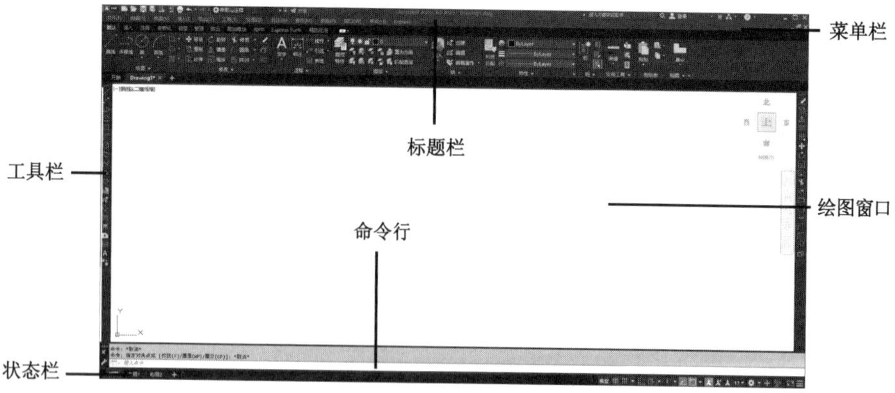

图 1-1　AutoCAD 2023 用户界面

（一）标题栏

标题栏位于应用程序窗口的最上面，用于显示当前正在运行的程序名及文件名等信息，如果是 AutoCAD 默认的图形文件，其名称为 DrawingN. dwg(N 是数字)。单击标题栏右端的按钮，可以最小化、最大化或关闭应用程序窗口。标题栏最左边是应用程序的小图标，右键单击标题栏空白处可看到下拉菜单，可以执行最小化或最大化窗口、还原窗口、移动窗口、关闭窗口等命令。

（二）菜单栏与快捷菜单

中文版 AutoCAD 2023 的菜单栏由“文件”“编辑”“视图”等菜单组成，几乎包括了 AutoCAD 中全部的功能和命令。

快捷菜单又称为上下文相关菜单。在绘图区域、工具栏、状态行、模型与布局选项卡以及一些对话框上右击时，将弹出一个快捷菜单。该菜单中的命令与 AutoCAD 当前状态相关，且可以在不启动菜单栏的情况下使用它们快速、高效地完成某些操作。

（三）“功能区”选项板

“功能区”选项板是一种特殊的选项板，位于绘图窗口的上方，用于显示和基于任务的工作空间关联的按钮盒控件。默认状态下，在“草图与注释”空间中，“功能区”选项板有 12 个选项卡：默认、插入、注释、参数化、视图、管理、输出、附加模块、协作及精选应用等。每个选项卡包含若干个面板，每个面板又包含许多由图标表示的命令按钮。

（四）绘图窗口

在 AutoCAD 中，绘图窗口是用户绘图的工作区域，所有的绘图结果都反映在这个窗口中。可以根据需要关闭其周围和里面的各个工具栏，以增大绘图空间。如果图纸比较大，需要查看未显示部分，可以单击窗口右边与下边滚动条上的箭头，或拖动滚动条上的滑块来移动图纸。

在绘图窗口中除了显示当前的绘图结果外，还显示了当前使用的坐标系类型以及坐标原点和 X 轴、Y 轴、Z 轴的方向等。默认情况下，坐标系为世界坐标系(WCS)。

（五）命令行与文本窗口

“命令行”窗口位于绘图窗口的底部，用于接收用户输入的命令，并显示 AutoCAD 提示信息。在 AutoCAD 2023 中，“命令行”窗口可以拖放为浮动窗口。

“AutoCAD 文本窗口”是记录 AutoCAD 命令的窗口，是放大的“命令行”窗口，它记录了已执行的命令，也可以用来输入新命令。在 AutoCAD 2023 中，可以选择“视图”|“显示”|“文本窗口”命令、执行 TEXTSCR 命令或按 F2 键来打开 AutoCAD 文本窗口。

（六）状态栏

状态栏用来显示 AutoCAD 当前的状态，如当前光标的坐标、命令和按钮的说明等。它位于 AutoCAD 程序窗口的最底端，其左侧显示当前光标的状态信息，包括 X、Y、Z 这 3 个方向的坐标值，右侧显示一些具有特殊功能的按钮，一般包括捕捉、栅格、动态输入、正交和极轴等。

在绘图窗口中移动光标时，状态行的“坐标”区将动态地显示当前坐标值。坐标显示取决于所选择的模式和程序中运行的命令，共有“相对”“绝对”和“无”3 种模式。

二、AutoCAD 的工作空间

系统提供了“草图与注释”“三维基础”和“三维建模”三种空间模式。用户可以根据绘图的需要选择相应的工作空间。

【例 1-1】 切换工作空间。

（1）启动软件，系统默认进入“草图与注释”空间。

（2）单击工作空间名称后的展开箭头，展开选项列表，选择“三维建模”命令，完成工作空间的切换。如图 1-2 所示。

例 1-1
讲解视频

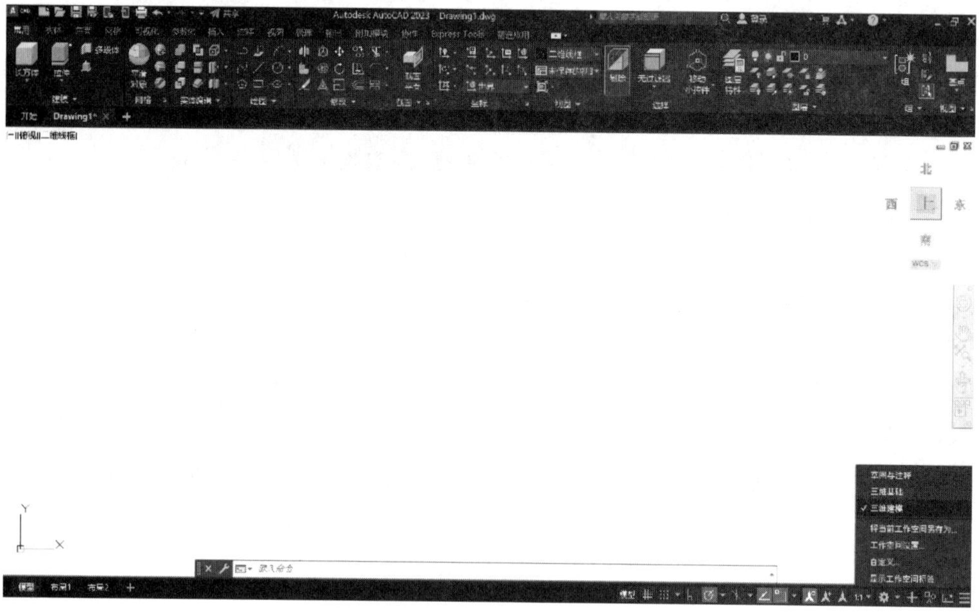

图 1-2 “草图与注释”工作空间切换

第三节 AutoCAD 图形文件管理

在 AutoCAD 2023 中，图形文件管理包括创建新图形文件、打开图形文件、保存图形文件以及关闭图形文件等命令。

一、创建新图形文件

选择“文件”|“新建”命令（NEW），或在“标准”工具栏中单击“新建”按钮，可以创建新图形文件，此时将打开“选择样板”对话框。

在“选择样板”对话框中，可以在“名称”列表框中选中某一样板文件，此时在其右面的“预览”框中将显示出该样板的预览图像。单击“打开”按钮，可以以选中的样板文件为样板创建新图形。例如，以样板文件 acadiso. dwt 创建新图形文件，如图 1-3 所示。

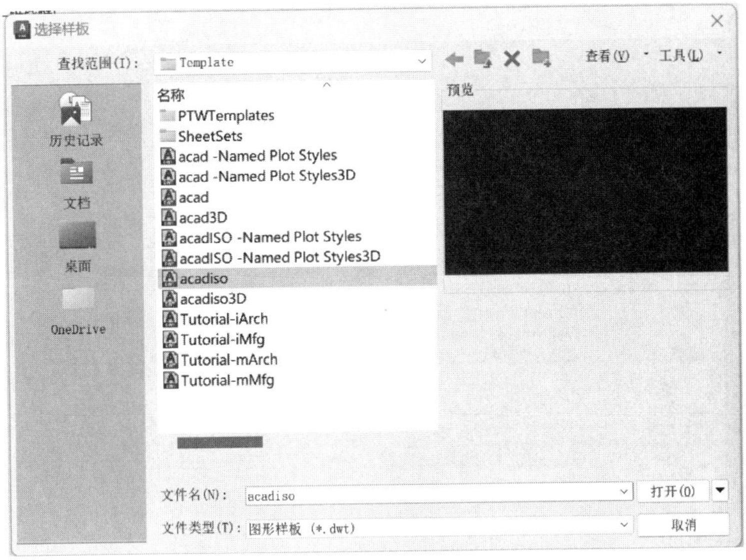

图 1-3　“选择样板”对话框

二、打开图形文件

选择“文件”|“打开”命令(OPEN),或在“标准”工具栏中单击“打开”按钮,可以打开已有的图形文件,此时将打开“选择文件”对话框。选择需要打开的图形文件,在右面的“预览”框中将显示出该图形的预览图像。默认情况下,打开的图形文件的格式为.dwg。

在 AutoCAD 中,可以以“打开”“以只读方式打开”“局部打开”和“以只读方式局部打开”4 种方式打开图形文件。当以“打开”“局部打开”方式打开图形时,可以对打开的图形进行编辑;如果以“以只读方式打开”“以只读方式局部打开”方式打开图形,则无法对打开的图形进行编辑。

如果选择以“局部打开”“以只读方式局部打开”方式打开图形,将打开“局部打开”对话框。可以在“要加载几何图形的视图”选项组中选择要打开的视图,在“要加载几何图形的图层”选项组中选择要打开的图层,然后单击“打开”按钮,即可在视图中打开选中图层上的对象。如图 1-4 所示。

三、保存图形文件

在 AutoCAD 中,可以使用多种方式将所绘图形以文件形式存入磁盘。例如,可以选择“文件”|“保存”命令(QSAVE),或在“标准”工具栏中单击“保存”按钮,以当前使用的文件名保存图形;也可以选择“文件”|“另存为”命令(SAVEAS),将当前图形以新的名称保存。

在第一次保存创建的图形时,系统将打开“图形另存为”对话框。默认情况下,文件以“AutoCAD 2023 图形(*.dwg)”格式保存,也可以在“文件类型”下拉列表框中选择其他格式。如图 1-5 所示。

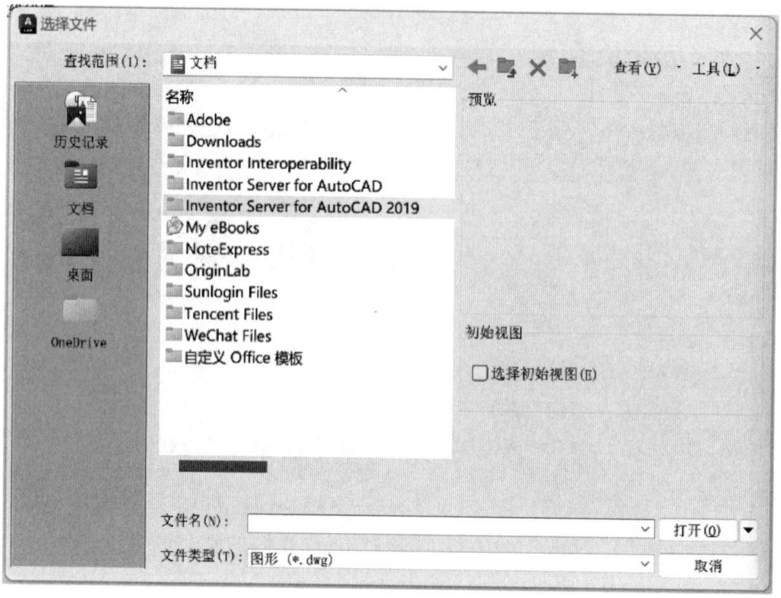

图 1-4 “打开图形”对话框

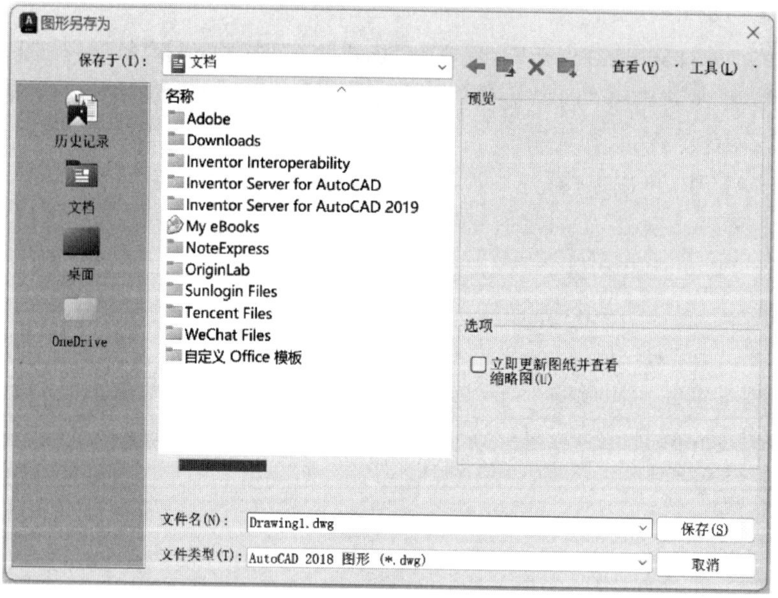

图 1-5 “图形另存为”对话框

四、关闭图形文件

选择“文件”|“关闭”命令(CLOSE)，或在绘图窗口中单击“关闭”按钮，可以关闭当前图形文件。如果当前图形没有存盘，系统将弹出 AutoCAD 警告对话框，询问是否保存文件。此时，单击“是(Y)” 按钮或直接按 Enter 键，可以保存当前图形文件并将其关闭；单击“否(N)”按钮，可以关闭当前图形文件但不存盘；单击“取消”按钮，取消关闭当前图形文件操

作,既不保存也不关闭。

如果当前所编辑的图形文件没有命名,那么单击“是(Y)”按钮后,AutoCAD 会打开“图形另存为”对话框,要求用户确定图形文件存放的位置和名称。如图 1-6 所示。

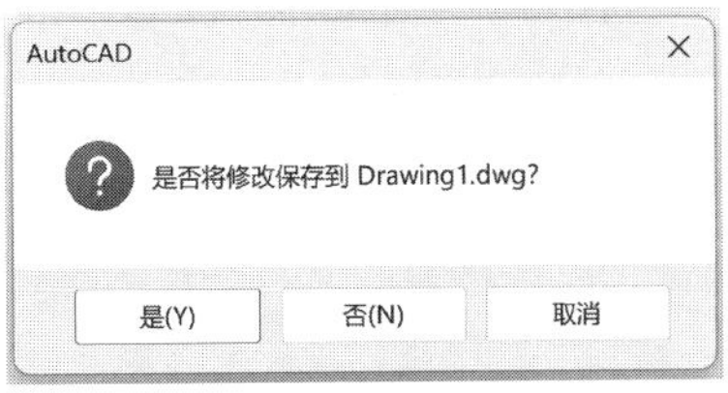

图 1-6 “关闭图形”对话框

第四节 AutoCAD 绘图环境

一、设置参数选项

通常情况下,安装好 AutoCAD 2023 后就可以在其默认状态下绘制图形,但有时为了使用特殊的定点设备、打印机,或提高绘图效率,用户需要在绘制图形前先对系统参数进行必要的设置。

选择“工具”|“选项”命令(OPTIONS),可打开“选项”对话框。如图 1-7 所示,在该对话框中包含“文件”“显示”“打开和保存”“打印和发布”“系统”“用户系统配置”“绘图”“三维建模”“选择集”和“配置”等 10 个选项卡。

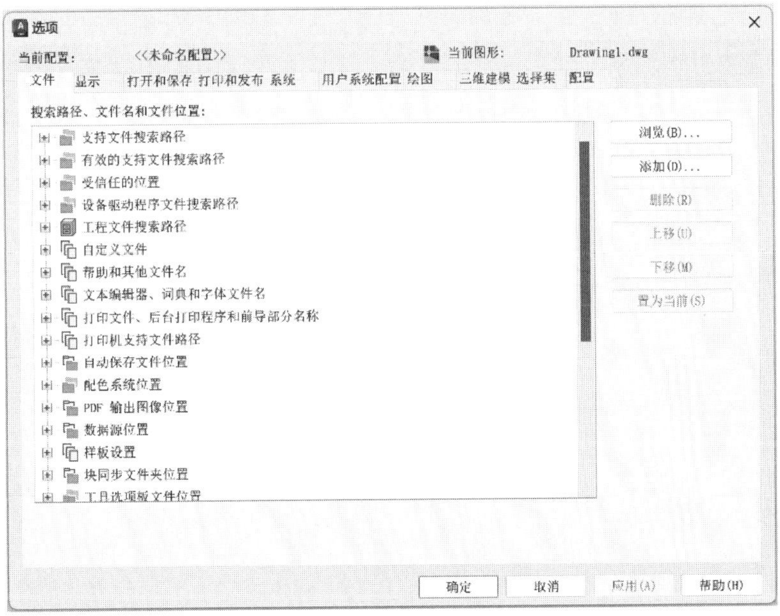

图 1-7 “选项”对话框

二、设置图形单位

在 AutoCAD 中，用户可以采用 1∶1 的比例因子绘图，因此，所有的直线、圆和其他对象都可以按真实大小来绘制。例如，如果一个零件长 200 cm，那么它也可以按 200 cm 的真实大小来绘制，在需要打印出图时，再将图形按图纸大小进行缩放。

在中文版 AutoCAD 2023 中，用户可以选择“格式”|“单位”命令，在打开的“图形单位”对话框中设置绘图时使用的长度单位、角度单位，以及单位的显示格式和精度等参数。如图 1-8 所示。

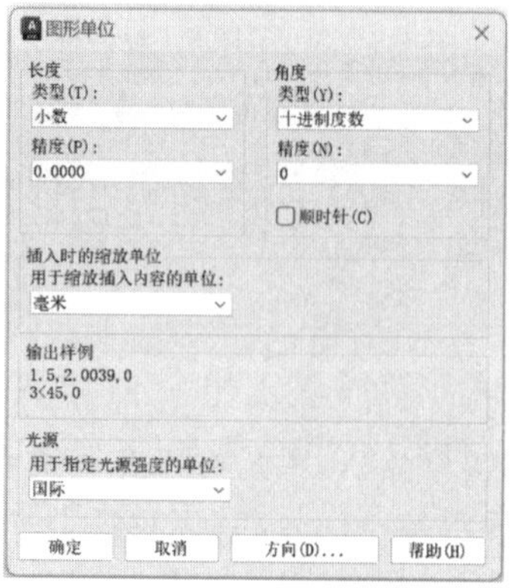

图 1-8 “图形单位”对话框

三、设置绘图界限

在中文版 AutoCAD 2023 中，用户不仅可以通过设置参数选项和图形单位来设置绘图环境，还可以设置绘图图限。使用 LIMITS 命令可以在模型空间中设置一个想象的矩形绘图区域，也称为图限。它确定的区域是可见栅格指示的区域，也是选择“视图”|“缩放”|“全部”命令时决定显示多大图形的一个参数。如图 1-9 所示。

图 1-9 LIMITS 命令

四、使用命令与系统变量

在 AutoCAD 中，菜单命令、工具按钮、命令和系统变量大都是相互对应的。可以选择某一菜单命令，或单击某个工具按钮，或在命令行中输入命令和系统变量来执行相应命令。可以说，命令是 AutoCAD 绘制与编辑图形的核心。

（一）使用鼠标操作执行命令

在绘图窗口，光标通常显示为“十”字线形式。当光标移至菜单选项、工具或对话框内时，它会变成一个箭头。无论光标是“十”字线形式还是箭头形式，当单击或者按动鼠标键时，都会执行相应的命令或动作。在 AutoCAD 中，鼠标键是按照下述规则定义的。

拾取键：通常指鼠标左键，用于指定屏幕上的点，也可以用来选择 Windows 对象、AutoCAD 对象、工具栏按钮和菜单命令等。

回车键：指鼠标右键，相当于 Enter 键，用于结束当前使用的命令，此时系统将根据当前绘图状态弹出不同的快捷菜单。

弹出菜单：当使用 Shift 键和鼠标右键的组合时，系统将弹出一个快捷菜单，用于设置捕捉点的方法。对于三键鼠标，弹出按钮通常是鼠标的中间键。

（二）使用命令

在 AutoCAD 2023 中，默认情况下“命令行”是一个可固定的窗口，可以在当前命令行提示下输入命令、对象参数等内容。对大多数命令，“命令行”中可以显示执行完的两条命令提示（也叫命令历史）；而对于一些输出命令，如 TIME、LIST 命令，需要在放大的“命令行”或“AutoCAD 文本窗口”中才能完全显示。

在“命令行”窗口中右击，AutoCAD 将显示一个快捷菜单。通过它可以选择最近使用过的 6 个命令、复制选定的文字或全部命令历史记录、粘贴文字，以及打开“选项”对话框。

在命令行中，还可以使用 BackSpace 或 Delete 键删除命令行中的文字；也可以选中命令历史，并执行“粘贴到命令行”命令，将其粘贴到命令行中。

（三）使用透明命令

在 AutoCAD 中，透明命令是指在执行其他命令的过程中可以执行的命令。常使用的透明命令多为修改图形设置的命令、绘图辅助工具命令，如 SNAP、GRID、ZOOM 等。

要以透明方式使用命令，应在输入命令之前输入单引号（'）。在命令行中，透明命令的提示前有一个双折号（>>）。完成透明命令后，将继续执行原命令。

（四）使用系统变量

在 AutoCAD 中，系统变量用于控制某些功能和设计环境、命令的工作方式，它可以打开或关闭捕捉、栅格或正交等绘图模式，设置默认的填充图案，或存储当前图形和 AutoCAD 配置的有关信息。

系统变量通常是 6～10 个字符长的缩写名称。许多系统变量有简单的开关设置。例如，GRIDMODE 系统变量用来显示或关闭栅格：当在命令行的“输入 GRIDMODE 的新值<1>：”提示下输入 0 时，可以关闭栅格显示；输入 1 时，可以打开栅格显示。有些系统变量则用来存储数值或文字，如 DATE 系统变量用来存储当前日期。

可以在对话框中修改系统变量，也可以直接在命令行中修改系统变量。例如，要使用 ISOLINES 系统变量修改曲面的线框密度，可在命令行提示下输入该系统变量名称并按 Enter 键，然后输入新的系统变量值并按 Enter 键即可，详细操作如下。

命令：ISOLINES　　　　　　　　　　//输入系统变量名称

输入 ISOLINES 的新值<4>：32　　　　//输入系统变量的新值

第五节　AutoCAD 绘图方法

为了满足不同用户的需要，使操作更加灵活方便，AutoCAD 2023 提供了多种方法来实现相同的功能。例如，可以使用菜单栏、工具栏、“菜单浏览器”按钮、“功能区”选项板和绘图命令等方法来绘制基本图形对象。

一、使用菜单栏

使用菜单栏是绘制图形最基本、最常用的方法，菜单栏中包含 AutoCAD 2023 的大部分绘图命令。选择该菜单中的命令或子命令，可绘制出相应的二维图形。如图 1-10 所示。

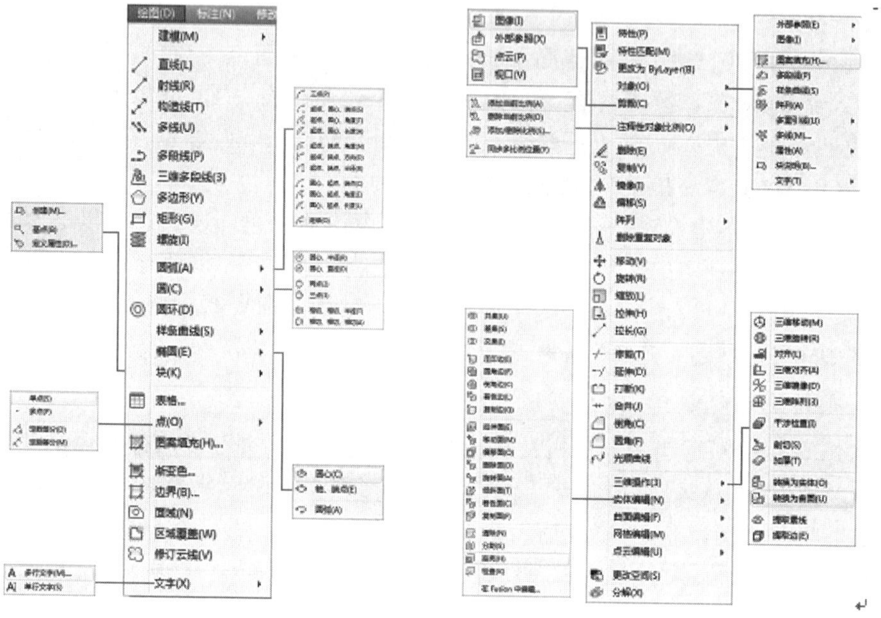

图 1-10　菜单栏及子菜单

二、使用工具栏

“绘图”工具栏中的每个工具按钮都与“绘图”菜单中的绘图命令相对应，是图形化的绘图命令。如图 1-11 所示。

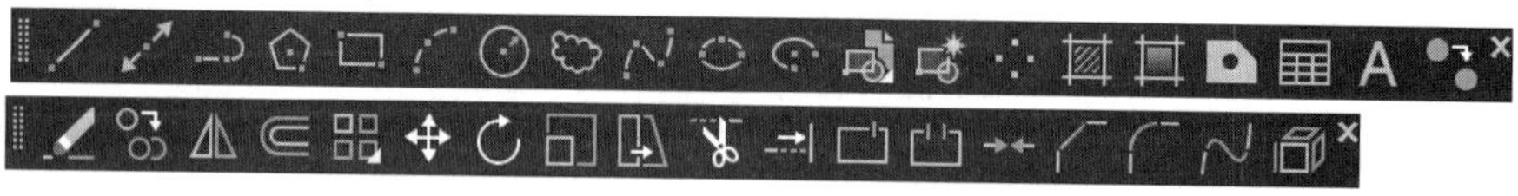

图 1-11　工具栏图

三、使用“菜单浏览器”按钮

单击“菜单浏览器”按钮，在弹出的菜单中选择相应的命令，同样可以执行相应的绘图命令。如图 1-12 所示。

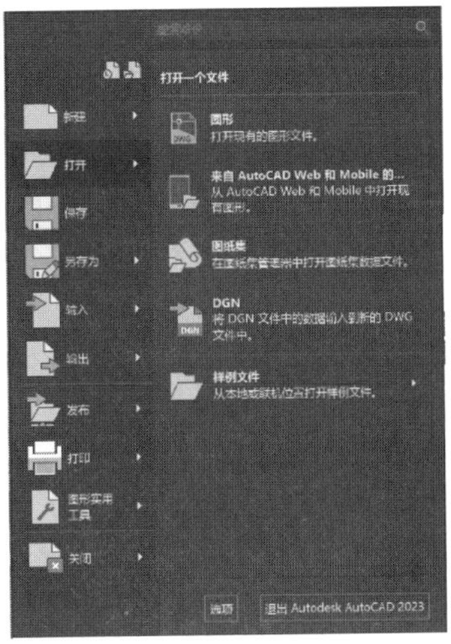

图 1-12　菜单浏览器图

四、使用“功能区”选项板

“功能区”选项板集成了“常用”“实体”“曲面”“网格”“可视化”“参数化”“插入”“注释”“视图”“管理”和“输出”等选项卡，在这些选项卡的面板中单击按钮即可执行相应的图形绘制或编辑操作。如图 1-13 所示。

图 1-13　功能区选项板

五、使用绘图命令

使用绘图命令也可以绘制图形，在命令提示行中输入绘图命令，按 Enter 键，并根据命令行的提示信息进行绘图操作。这种方法快捷、准确性高，但要求掌握绘图命令及其选择项的具体用法。

使用 AutoCAD 2023 绘图时，采用命令行工作机制，以命令的方式实现用户与系统的信息交互，而前面介绍的几种绘图方法是为了方便操作而设置的，是几种不同的调用绘图命令的方式。如图 1-14 所示。

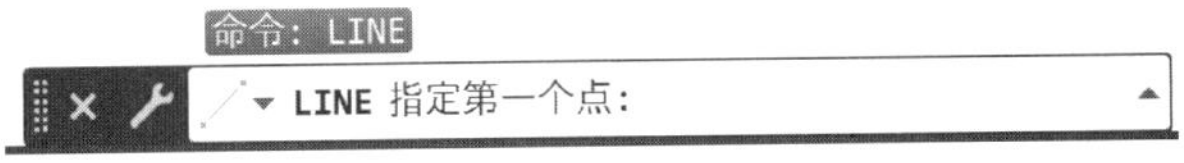

图 1-14　命令区图

思考与练习

1. AutoCAD 的主要功能有哪些？
2. AutoCAD 2023 主要包括哪些工作空间？如何在这几种空间下进行切换？它们之

间有什么区别?

3. 请说明 AutoCAD 工作界面的状态栏中各个按钮的主要功能。

4. 在 AutoCAD 中打开一个图形文件的方式有几种?有何区别?

5. 在 AutoCAD 绘图环境中,试着打开或关闭某些工具栏,并调整工具栏在工作界面中的位置。

6. 在 AutoCAD 中,如何对图形文件进行保存?

第二章　AutoCAD 辅助绘图工具

本章学习要点：

（1）图层的创建与管理

（2）控制图形显示

（3）使用坐标系

（4）使用栅格和捕捉等辅助绘图工具

第一节　图层创建与管理

AutoCAD 图层相当于传统图纸绘图中使用的重叠图纸。它就如同一张张透明的图纸，整个 AutoCAD 文档就是由若干透明图纸上下叠加而成的。例如，在第 1 个图层上绘制中心线，在第 2 个图层上绘制外轮廓，在第 3 个图层上绘制剖面线，3 个图层叠加在一起就是一张完整的图纸。

一、创建图层

图层新建和设置在“图层特性管理器”面板中进行，包括：组织图层结构、设置图层属性和状态。

打开“图层特性管理器”面板有如下 4 种方法。

（1）命令行：输入 LAYER/LA 命令。

（2）菜单栏：执行“格式”|“图层”命令。

（3）工具栏：单击“图层”工具栏中的“图层特性管理器”按钮。

（4）功能区：在“常用”选项卡中，单击“图层”面板中的“图层特性”按钮。

二、设置图层

在 AutoCAD 中，可以设置图层的各个属性，以满足用户的不同绘图需求。本书通过具体实例，讲解创建及设置图层的方法。

例 2-1
讲解视频

【例 2-1】 创建及设置图层特性。

（1）执行“文件”|“新建”命令，新建空白文件。

（2）单击“图层”工具栏中的“图层特性管理器”按钮，打开“图层特性管理器”面板，单击“新建”按钮，新建图层。系统以“图层 1”作为新建图层名称，如图 2-1 所示。

（3）右击“图层 1”，在弹出的快捷菜单中选择“重命名图层”选项，更改图层名称为“虚线”，如图 2-2 所示。

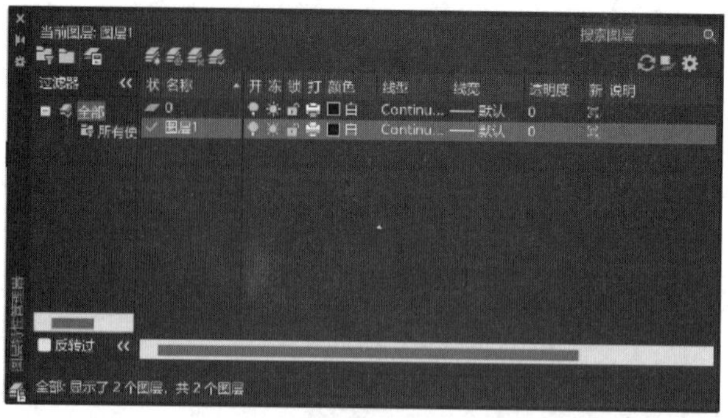

图 2-1 “图层特性管理器”面板

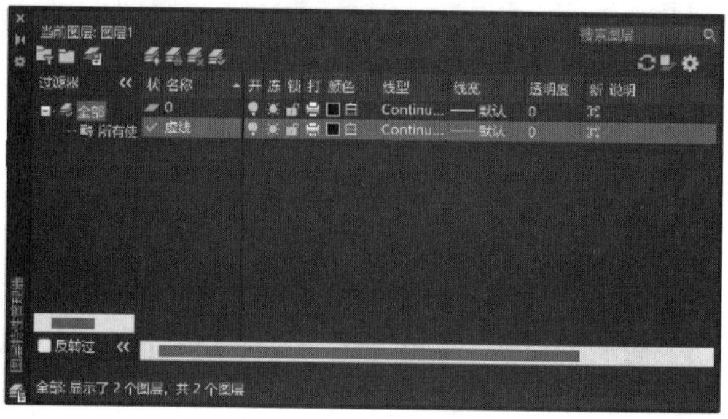

图 2-2 重命名图层

注意:图层名称不能包含通配符(* 和?)和空格,也不能与其他图层重名。按 F2 键,可以重命名当前选中的图层。

(4) 单击“颜色”选项,弹出“选择颜色”对话框,选择“索引颜色:6”作为图层颜色,如图 2-3 所示。

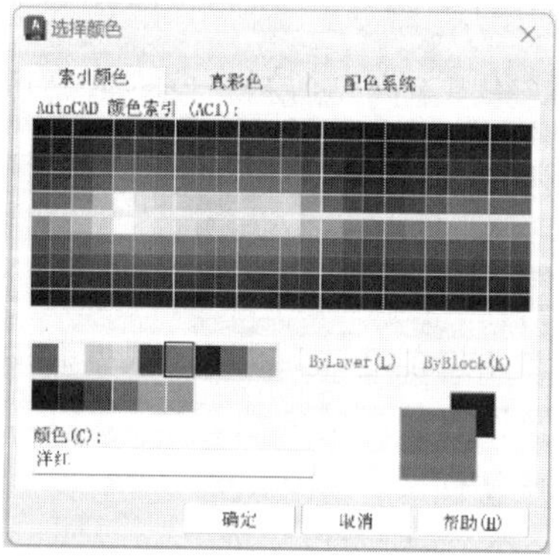

图 2-3 “选择颜色”对话框

(5) 单击“确定”按钮,返回“图层特性管理器”面板,设置图层颜色结果如图 2-4 所示。

(6) 单击“线型”选项,弹出“选择线型”对话框。单击“加载”按钮,在弹出的“加载或重

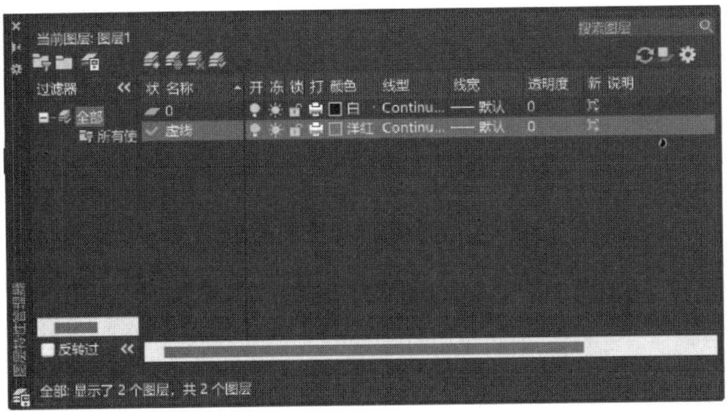

图 2-4　设置图层颜色结果

载线型”对话框中选择 DASHED 线型，如图 2-5 所示。

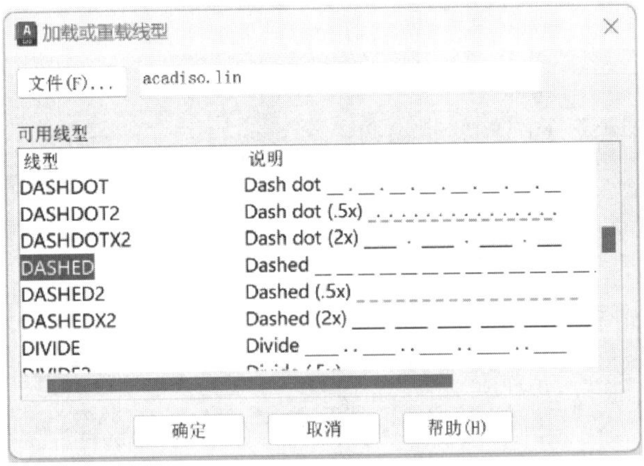

图 2-5　“加载或重载线型”对话框

(7) 单击“确定”按钮，返回至“选择线型”对话框，选择加载的 DASHED 线型，然后单击“确定”按钮，如图 2-6 所示。

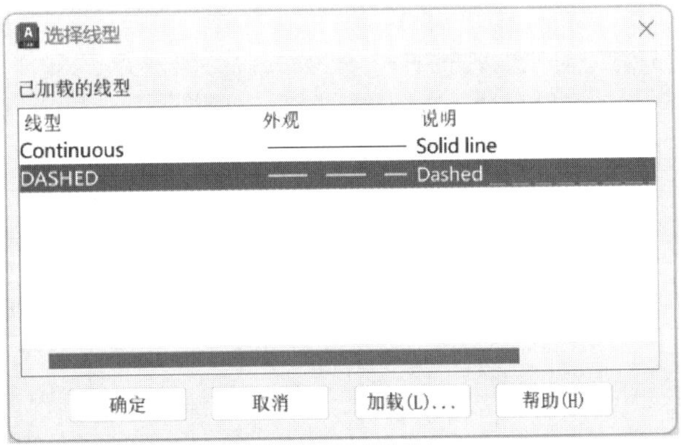

图 2-6　设置线型

(8) 单击“确定”按钮，返回“图层特性管理器”面板，设置线型结果如图 2-7 所示。

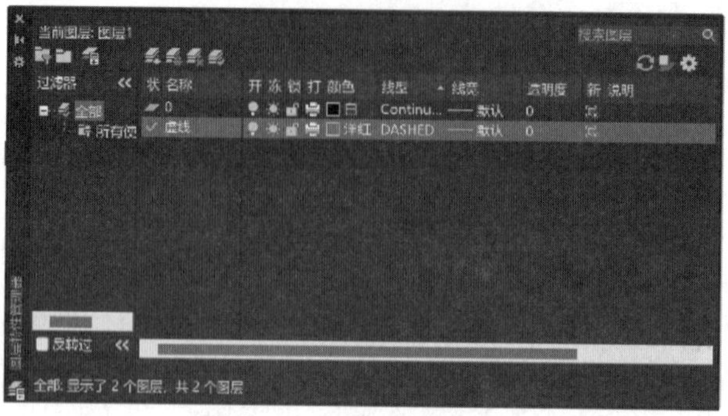

图 2-7　设置图层线型结果

(9) 按照同样的方法,设置"中心线"图层,设置"颜色"为"索引颜色:1",设置"线型"为 CENTER;新建"轮廓线"图层,设置"颜色"为"索引颜色:7",设置"线宽"为 0.3 mm。如图 2-8 所示。

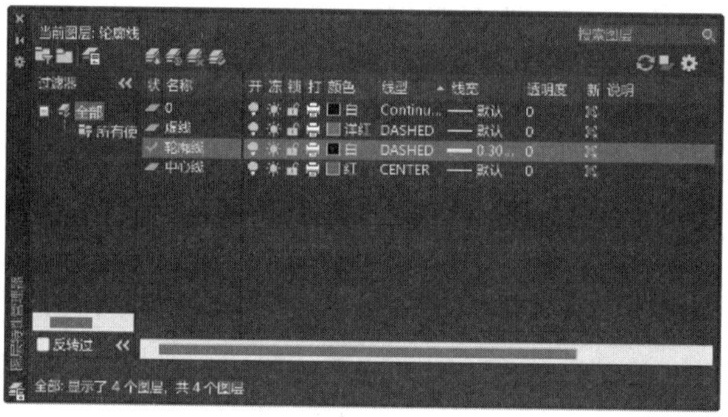

图 2-8　新建并设置其他图层

(10) 绘制工程图常用的图层创建完成,效果如图 2-9 所示。

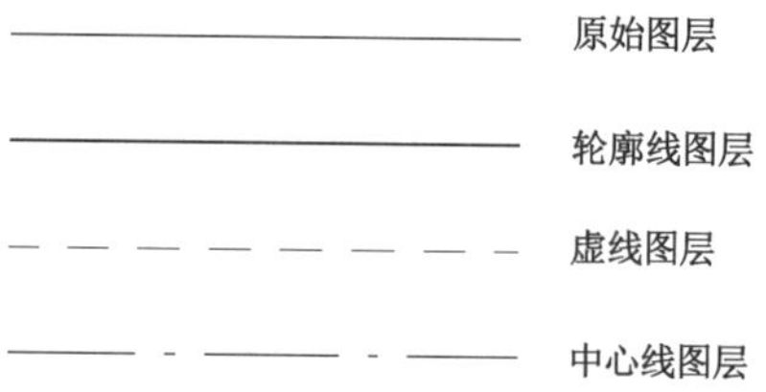

图 2-9　线型效果

技巧:若先选择一个图层再新建另一个图层,则新图层与被选择的图层具有相同的颜色、线型、线宽等特性。

三、管理图层

在 AutoCAD 中建立完图层后,需要对其进行管理,包括图层特性的设置、图层的切换、图层状态的保存与恢复等。

（一）设置图层特性

使用图层绘制图形时，新对象的各种特性将默认为随层，由当前图层的默认设置决定。也可以单独设置对象的特性，新设置的特性将覆盖原来随层的特性。在“图层特性管理器”面板中，每个图层都包含状态、名称、开/关、冻结/解冻、锁定/解锁、打印、颜色、线型、线宽和透明度等特性，如图 2-10 所示。在 AutoCAD 中，图层的各列属性可以显示或隐藏，只需右击图层列表的标题栏，在弹出的快捷菜单中选择或取消选择命令即可。

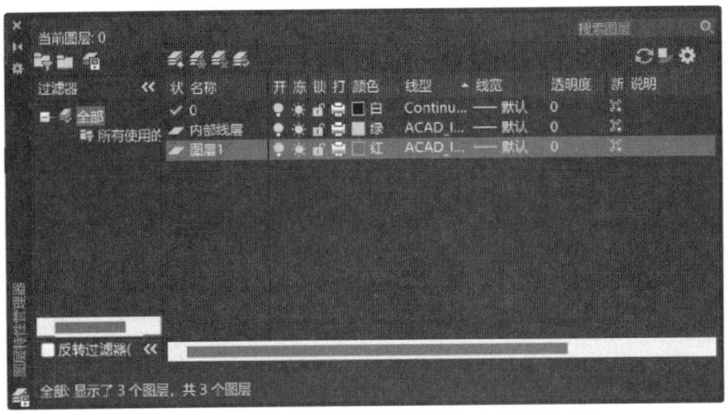

图 2-10　图层特性

在 AutoCAD 中各种图层特性的功能如下。

(1) 状态：显示图层和过滤器的状态。其中，当前图层标识为✔。

(2) 名称：即图层的名字，是图层的唯一标识。默认情况下，图层的名称按图层 0、图层 1、图层 2……的编号依次递增，可以根据需要为图层定义能够表达用途的名称。

(3) 开关状态：单击“开”列对应的小灯泡图标，可以打开或关闭图层。在“开”状态下，灯泡的颜色为黄色，图层上的图形可以显示，也可以在输出设备上打印；在“关”状态下，灯泡的颜色为灰色，图层上的图形不可以显示，也不能在输出设备上打印。

(4) 冻结：单击“冻结”列对应的太阳或雪花图标，可以解冻或冻结图层。图层被冻结时显示雪花图标，此时图层上的图形对象不能显示、打印输出和编辑。图层被解冻时显示太阳图标，此时图层上的图形对象能显示、打印输出和编辑。

(5) 锁定：单击“锁定”列对应的关闭或打开小锁图标，可以锁定或解锁图层。图层在锁定状态下并不影响图形对象的显示，但不能对该图层上已有图形对象进行编辑，可以绘制新图形对象。此外，在锁定的图层上可以使用查询命令和对象捕捉功能。

(6) 颜色：单击“颜色”列对应的图标，可以使用打开的“选择颜色”对话框来选择所需要的颜色。

(7) 线型：单击“线型”列显示的线型名称，可以使用打开的“选择线型”对话框来选择所需要的线型。

(8) 线宽：单击“线宽”列显示的线宽值，可以使用打开的“线宽”对话框来选择所需要的线宽。

(9) 打印样式：通过“打印样式”列确定各图层的打印样式，如果使用的是彩色绘图仪，则不能改变这些打印样式。

（10）打印：单击“打印”列对应的打印机图标，可以设置图层是否能够被打印，在保持图形显示可见性不变的前提下控制图形的打印特性。打印功能只对没有冻结和关闭的图层起作用。

（11）说明：单击“说明”列两次，可以为图层或组过滤器添加必要的说明。

注意：不能冻结当前图层，也不能将冻结图层设为当前图层，否则将会显示警告信息对话框。冻结图层与关闭图层的可见性是相同的，但冻结的对象不参加处理过程的运算，关闭的图层则要参加计算。所以，在复杂的图形中冻结不需要的图层，可以加快系统重生成图形的速度。

（二）置为当前图层

在“图层特性管理器”面板的图层列表中，选择某一图层后，单击“置为当前”按钮，如图 2-11 所示，或在“功能区”选项板中选择“默认”选项卡，在“图层”面板的“图层控制”下拉列表框中选择某一图层，都可将该图层置为当前图层。

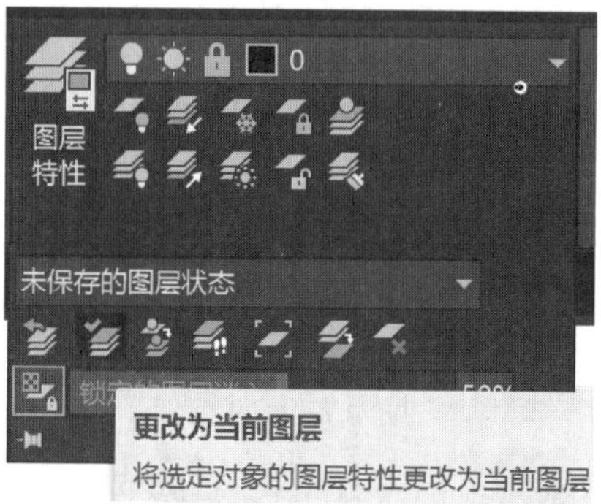

图 2-11　单击“置为当前”按钮

在“功能区”中，用户可以参考以下两种方法设置对象所在的图层为当前图层。

（1）在“功能区”选项板中选择“默认”选项卡，在“图层”面板中单击“更改为当前图层”按钮，选择要更改到当前图层的对象，并按 Enter 键，可以将对象更改为当前图层，如图 2-12 所示。

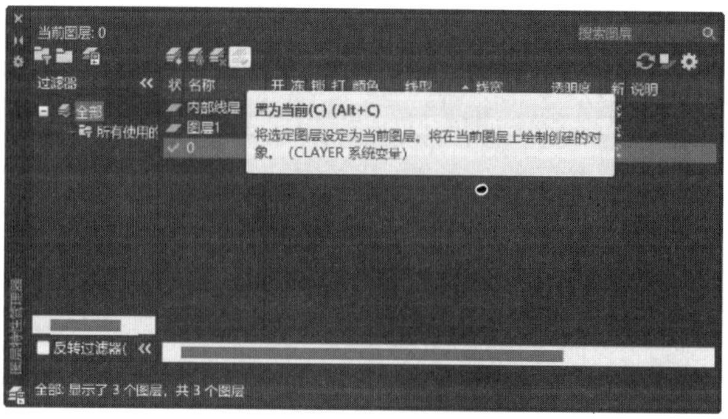

图 2-12　单击“更改为当前图层”按钮

(2) 在“功能区”选项板中选择“默认”选项卡，在“图层”面板中单击按钮，选择要更改到当前图层的对象，并按 Enter 键，可以将对象更改为当前图层。

(三) 保存图层状态

图层设置包括图层状态和图层特性设置。图层状态包括图层是否打开、冻结、锁定、打印和在新视口中自动冻结。图层特性包括颜色、线型、线宽和打印样式。可以选择要保存的图层状态和图层特性。

如果要保存图层状态，可在“图层特性管理器”面板的图层列表中右击要保存的图层，在弹出的快捷菜单中选择“保存图层状态”命令，打开“要保存的新图层状态”对话框，如图 2-13 所示，在“新图层状态名”文本框中输入图层状态的名称，在“说明”文本框中输入相关的图层说明文字，然后单击“确定”按钮。

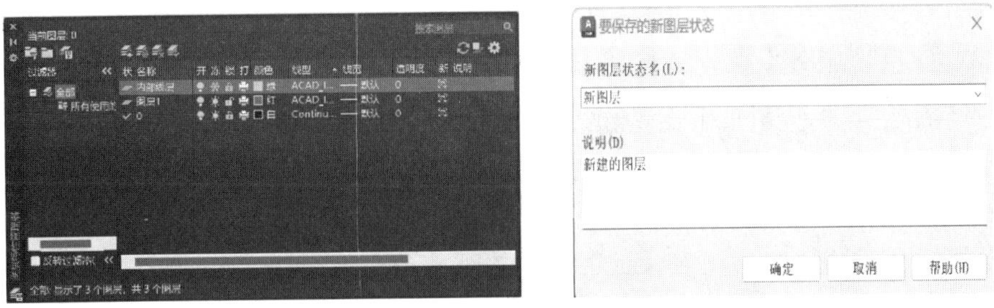

图 2-13　保存图层状态

(四) 使用图层工具管理图层

在 AutoCAD 中使用图层工具可以更方便地管理图层。在快速访问工具栏中选择“显示菜单栏”命令，在弹出的菜单栏中选择“格式”|“图层工具”命令中的子命令(图 2-14)，或在“功能区”选项板中选择“格式”选项卡，在“图层”面板中单击相应的按钮(图 2-15)，都可以用图层工具来管理图层。

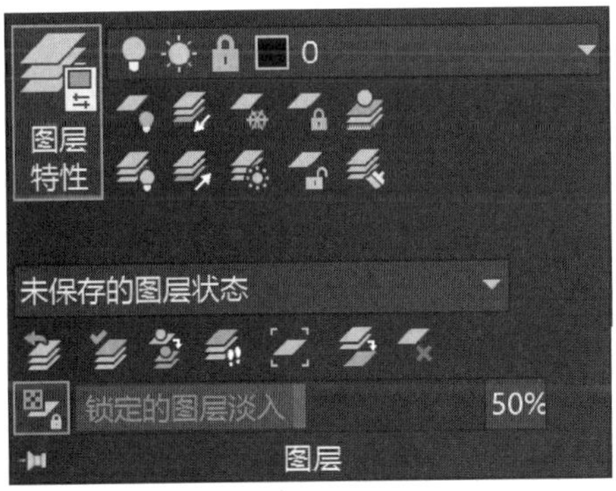

图 2-14　“图层工具”子命令

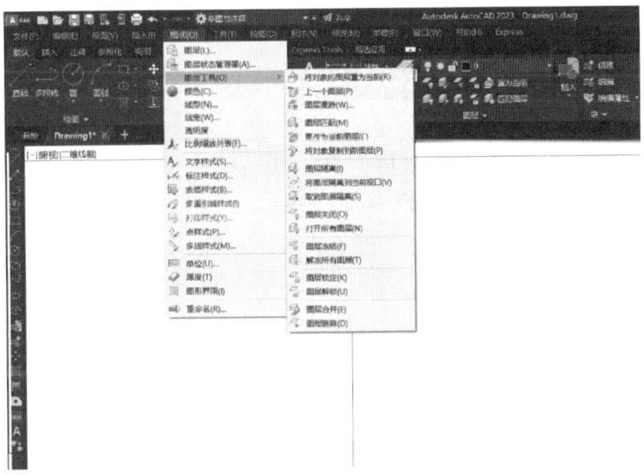

图 2-15　“图层”面板

“图层”面板中的各个按钮与“图层工具”子命令的功能相对应，其中各主要按钮的功能如下。

(1) “隔离”按钮：单击该按钮，可以将选定对象的图层隔离。

(2)“取消隔离”按钮：单击该按钮，恢复由“隔离”命令隔离的图层。

(3)“关闭”按钮：单击该按钮，将选定对象的图层关闭。

(4)“冻结”按钮：单击该按钮，将选定对象的图层冻结。

(5)“上一个”按钮：单击该按钮，恢复上一个图层设置。

(6)“锁定”按钮：单击该按钮，锁定选定对象的图层。

(7)“解锁”按钮：单击该按钮，将选定对象的图层解锁。

(8)“打开所有图层”按钮：单击该按钮，打开图形中的所有图层。

(9)“解冻所有图层”按钮：单击该按钮，解冻图形中的所有图层。

(10)“更改为当前图层”按钮：单击该按钮，将选定对象的图层更改为当前图层。

(11)“合并”按钮：单击该按钮，合并两个图层，并从图形中删除第一个图层。

(12)“删除”按钮：单击该按钮，从图形中永久删除图层。

【例 2-2】 绘制如图 2-16 所示的机械零件图，以学习 AutoCAD 绘图中常用图层的设置方法，以及相关的图层操作。

例 2-2
讲解视频

(1) 执行“文件”|“新建”命令，新建空白文件。

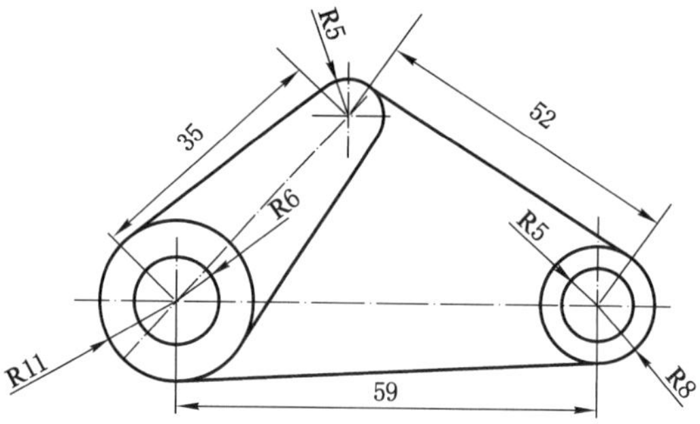

图 2-16 零件图

(2) 单击“图层”工具栏中的“图层特性管理器”按钮，打开“图层特性管理器”面板。

(3) 单击“图层特性管理器”面板左上角的“新建图层”按钮，命名新图层为“中心线”。

(4) 单击“中心线”图层的“颜色”属性，打开“选择颜色”对话框，设置颜色为“索引颜色：1”，如图 2-17 所示。单击“确定”按钮返回至“图层特性管理器”面板。

(5) 单击“中心线”图层的“线型”属性，打开“选择线型”对话框，单击“加载”按钮，弹出“加载或重载线型”对话框，选择 CENTER 线型，如图 2-18 所示。

(6) 单击“确定”按钮返回至“选择线型”对话框，选择 CENTER 线型之后，如图 2-19 所示。

(7) 单击“确定”按钮返回至“图层特性管理器”面板，“中心线”图层设置完毕，如图 2-20 所示。

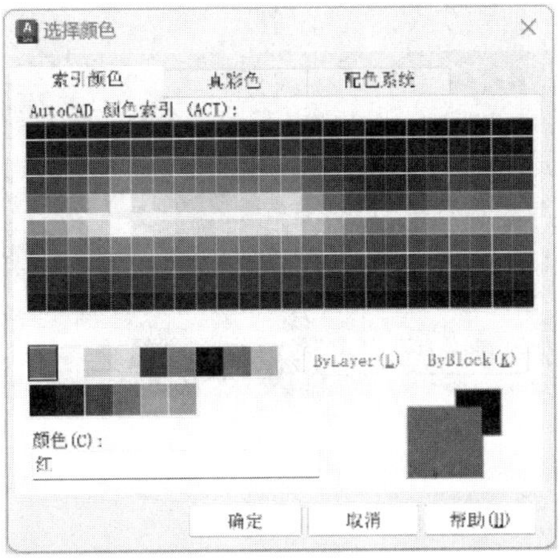

图 2-17　“选择颜色”对话框

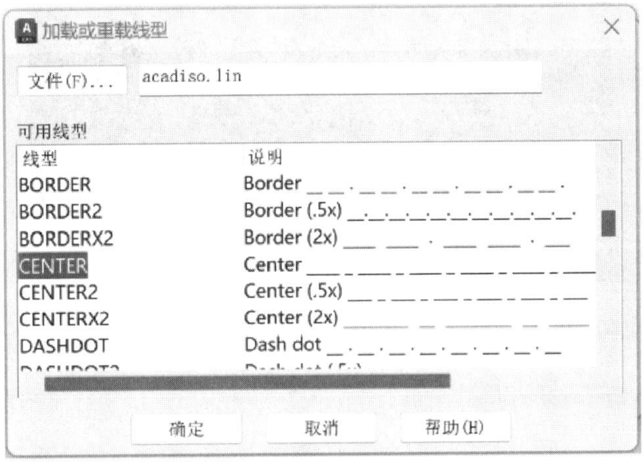

图 2-18　“加载或重载线型”对话框

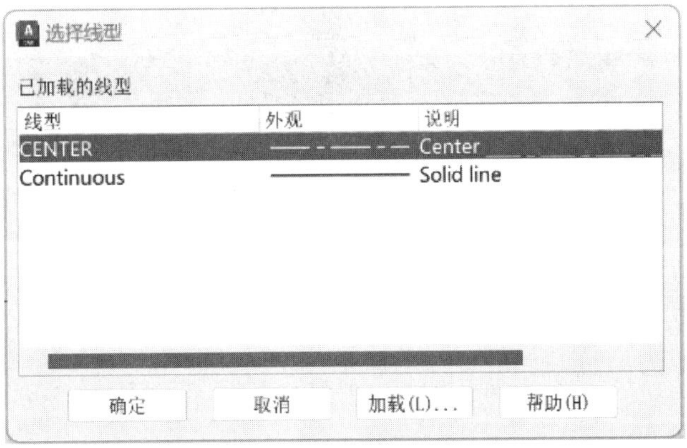

图 2-19　“选择线型”对话框

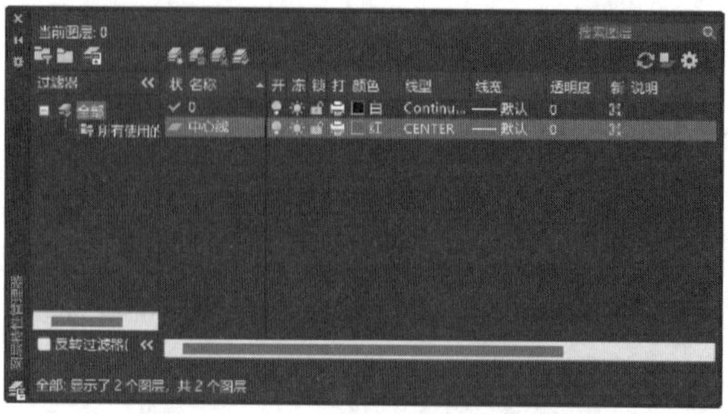

图 2-20　“中心线”图层设置结果

(8) 按照同样的方法，创建“轮廓线”图层，线宽改为 0.3 mm；创建“标注”图层，颜色改为“索引颜色:3”。如图 2-21 所示。

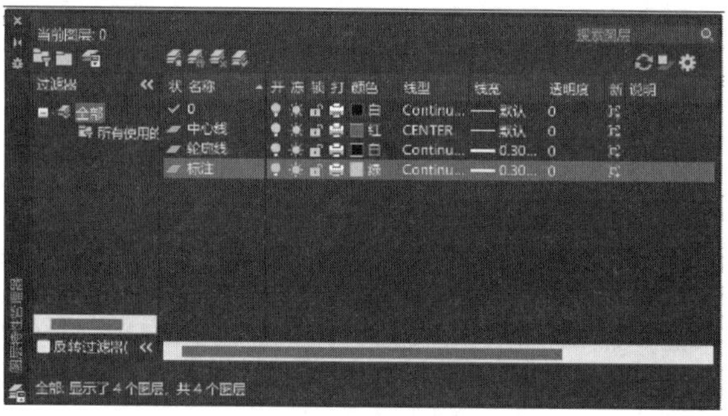

图 2-21　设置新图层

(9) 双击“中心线”图层的“状态”属性，切换“中心线”图层为当前图层，如图 2-22 所示。

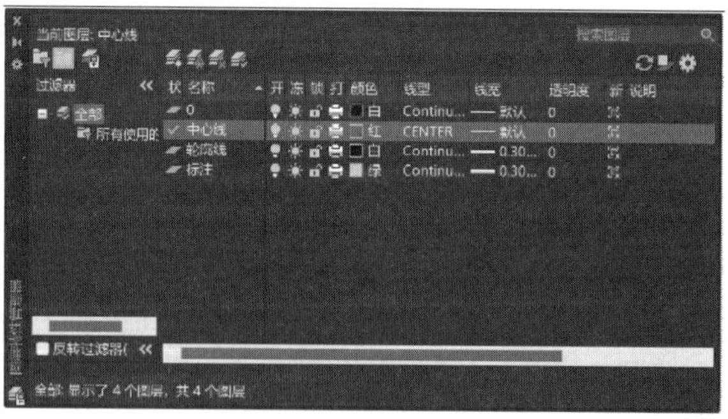

图 2-22　切换当前图层

(10) 右击工具栏中的空白处，调出“特性”工具栏，在“特性”面板中，选择“线型”下拉列表中的“其他”选项。打开“线型管理器”对话框，设置“全局比例因子”为 0.2，如图 2-23 所示。

(11) 执行“直线”命令，绘制中心线，如图 2-24 所示。

(12) 继续执行“直线”命令绘制一条与左侧中心线交点相交，且与水平线成 47°的中心

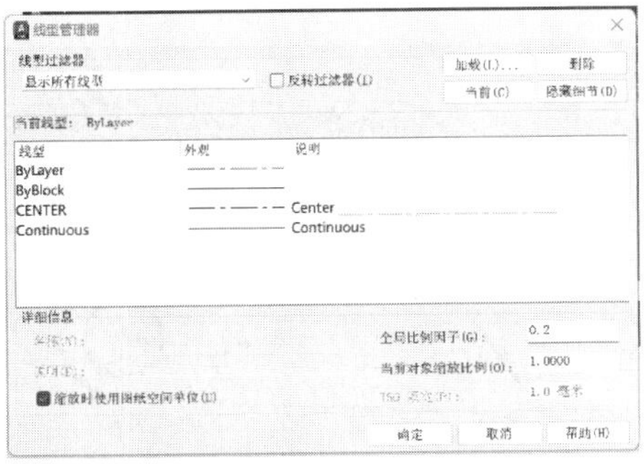

图 2-23　“线型管理器”对话框

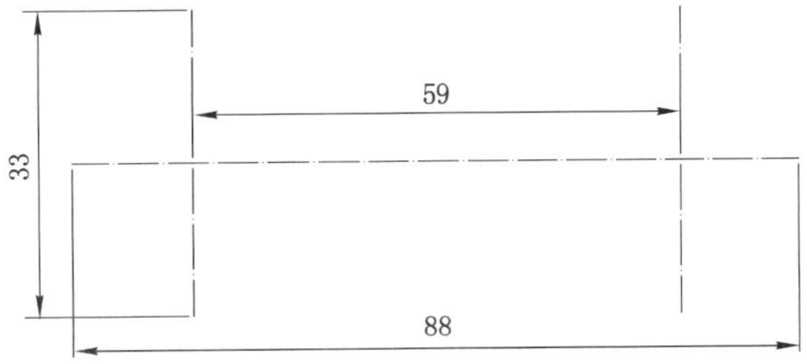

图 2-24　绘制中心线(一)

线，如图 2-25 所示。

(13) 使用相同方法绘制其他中心线，如图 2-26 所示。

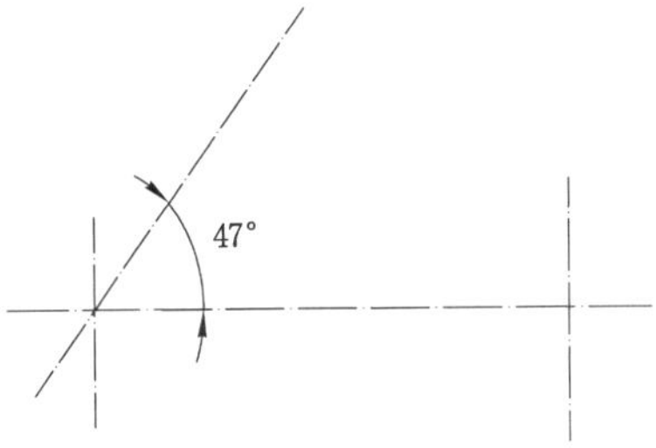

图 2-25　绘制中心线(二)

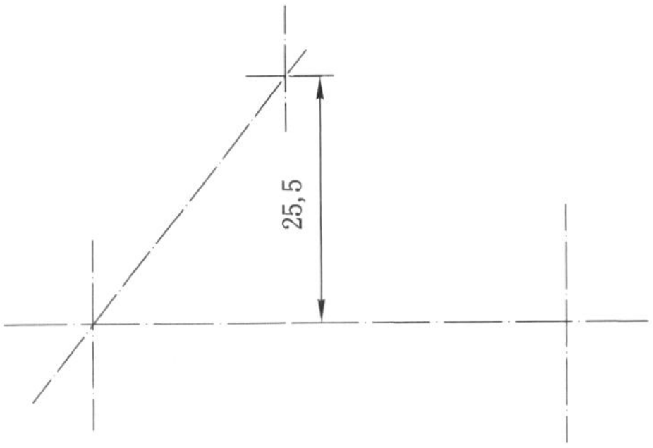

图 2-26　绘制中心线(三)

(14) 切换“轮廓线”为当前图层。执行“圆”命令。利用“对象捕捉”功能捕捉左侧中心线交点，绘制半径为 6 和 11 的两个同心圆。用同样的方法，配合“对象捕捉”功能捕捉右侧中心线交点，绘制半径为 5 和 8 的圆。以上侧中心线交点为圆心绘制半径为 5 的圆，如图 2-27 所示。

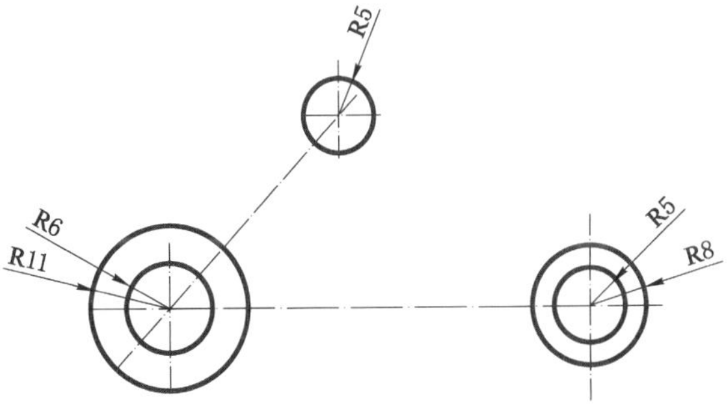

图 2-27　绘制圆

(15) 执行“直线”命令，绘制直线完成零件轮廓的绘制，如图 2-28 所示。

(16) 执行“修剪”命令，对上方的圆进行修剪，如图 2-29 所示。

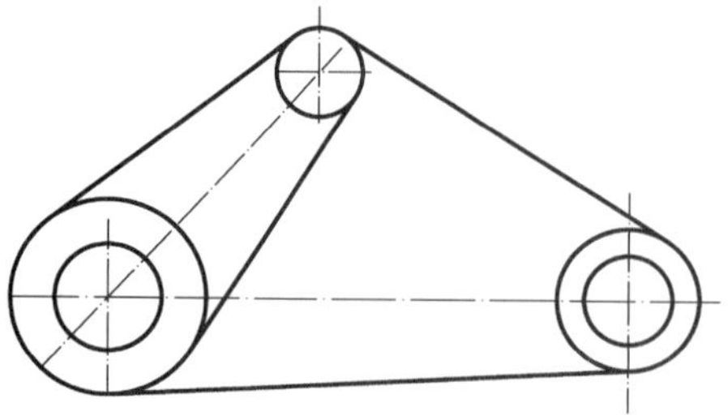

图 2-28　绘制线段

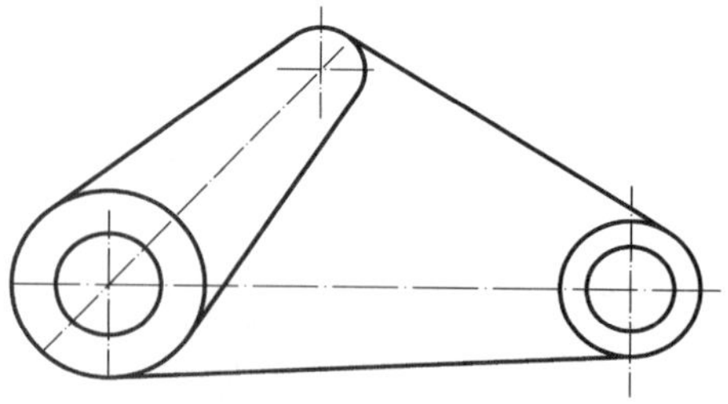

图 2-29　修剪圆

(17) 切换“标注”图层为当前图层，对图形进行尺寸标注。完成效果如图 2-30 所示。

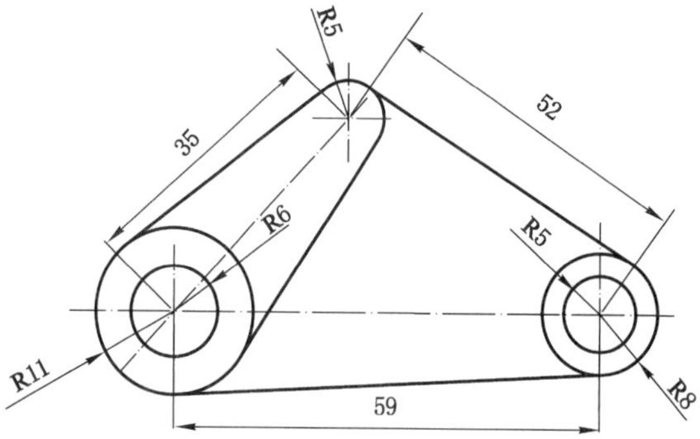

图 2-30　效果图

第二节　图形显示控制

在中文版 AutoCAD 2023 中，用户可以使用多种方法来观察绘图窗口中图形效果，如使用“视图”菜单中的子命令、“视图”工具栏中的工具按钮以及视口、鸟瞰视图等。通过这些方式可以灵活观察图形的整体效果或局部细节。

一、重画与重生成图形

在绘图和编辑过程中，屏幕上常常留下对象的拾取标记。这些临时标记并不是图形中的对象，有时会使当前图形画面显得混乱。这时就可以使用 AutoCAD 的重画与重生成图形功能清除这些临时标记。

(一) 重画图形

在 AutoCAD 中，使用“重画”命令，系统将在显示内存中更新屏幕，消除临时标记。使用重画命令(REDRAW)，可以更新用户使用的当前视区。

(二) 重生成图形

重生成与重画在本质上是不同的，利用“重生成”命令可重生成屏幕，此时系统从磁盘中调用当前图形的数据，比“重画”命令执行速度慢，更新屏幕花费时间较长。在 AutoCAD 中，某些操作只有在使用“重生成”命令后才生效，如改变点的格式。如果一直使用某个命令修改编辑图形，但似乎看不出该图形发生什么变化，此时可使用“重生成”命令更新屏幕显示。

“重生成”命令有以下两种形式：选择“视图”|“重生成”命令(REGEN)，可以更新当前视区；选择“视图”|“全部重生成”命令(REGENALL)，可以同时更新多重视口。

二、缩放视图

按一定比例、观察位置和角度显示的图形称为视图。在 AutoCAD 中，可以通过缩放视图来观察图形对象。缩放视图可以增大或减小图形对象的屏幕显示尺寸，但对象的真实尺寸保持不变。通过改变显示区域和图形对象的大小，能够更准确、更详细地绘图。

(一)“缩放”菜单和“缩放”工具栏

在 AutoCAD 2023 中，选择“视图”|“缩放”命令(ZOOM)中的子命令或使用“缩放”工具栏(图 2-31)，可以缩放视图。

通常，在绘制图形的局部细节时，需要使用缩放工具放大该绘图区域；当绘制完成后，再使用缩放工具缩小图形来观察图形的整体效果。常用的缩放命令或工具有“实时”“窗口”“动态”“圆心”和“比例”，如图 2-32 所示。

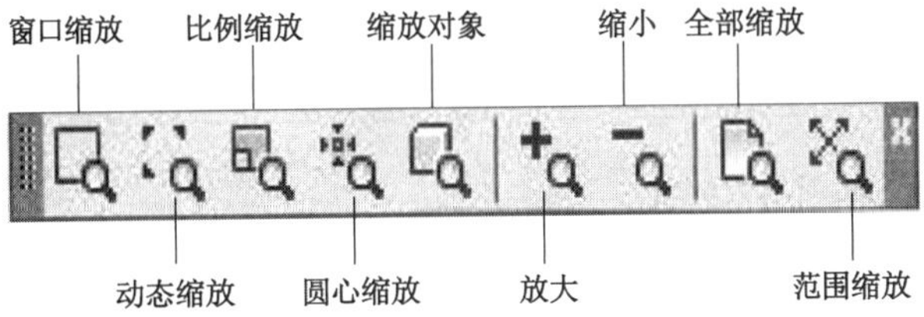

图 2-31　“缩放”工具栏

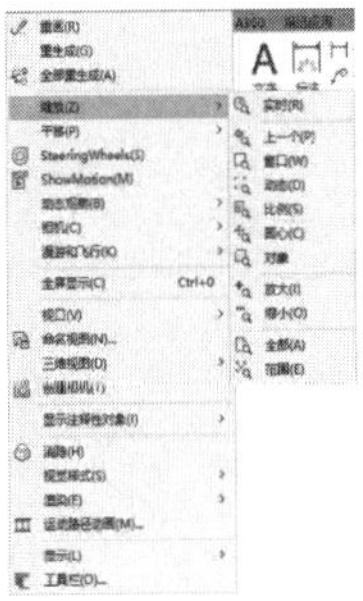

图 2-32　“缩放”面板

(二) 实时缩放视图

选择“视图”|“缩放”|“实时”命令，或在“标准”工具栏中单击“实时缩放”按钮，进入实时缩放模式，此时鼠标指针呈形状。此时向上拖动光标可放大整个图形；向下拖动光标可缩小整个图形；释放鼠标后停止缩放。

(三) 窗口缩放视图

选择“视图”|“缩放”|“窗口”命令，可以在屏幕上拾取两个对角点以确定一个矩形窗口，如图 2-33 所示，之后系统将矩形范围内的图形放大至整个屏幕。

在使用窗口缩放时，如果系统变量 REGENAUTO 设置为关闭状态，则与当前显示设置的界线相比，拾取区域显得过小。系统提示将重新生成图形，并询问是否继续下去，此时应回答 No，并重新选择较大的窗口区域。

(四) 动态缩放视图

选择“视图”|“缩放”|“动态”命令，可以动态缩放视图，如图 2-34 所示。当进入动态缩

放模式时，在屏幕中将显示一个带“×”的矩形方框。单击鼠标左键，此时选择窗口中心的“×”消失，显示一个位于右边框的方向箭头，拖动鼠标可改变选择窗口的大小，以确定选择区域大小，按 Enter 键，即可缩放图形。

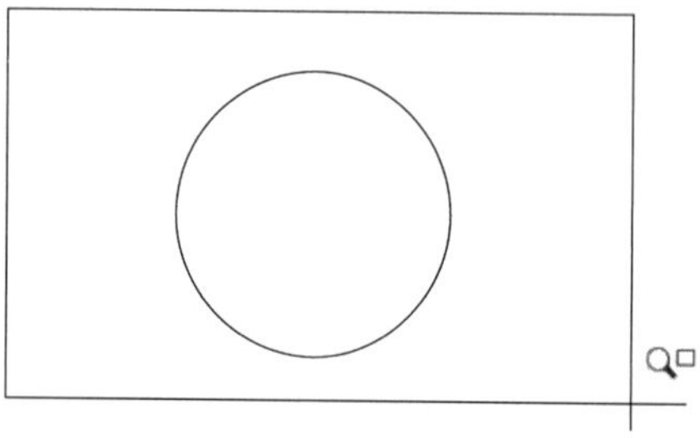

图 2-33　窗口缩放视图

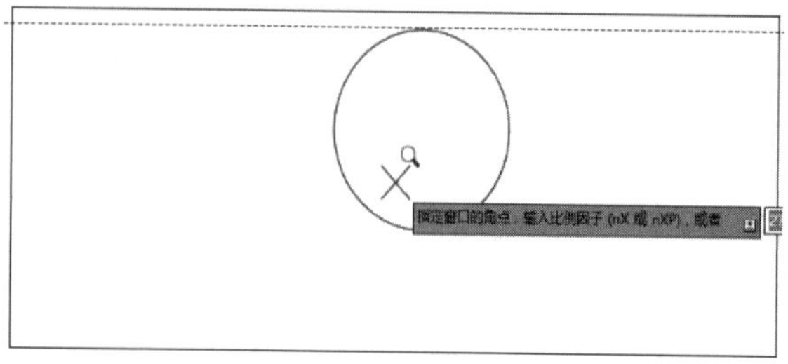

图 2-34　动态缩放视图

（五）中心缩放视图

选择“视图”|“缩放”|“圆心”命令，在图形中指定一点，然后指定一个缩放比例因子或者指定高度值来显示一个新视图，而选择的点将作为该新视图的中心点，如图 2-35 所示。如果输入的数值比默认值小，则会放大图像。如果输入的数值比默认值大，则会缩小图像。

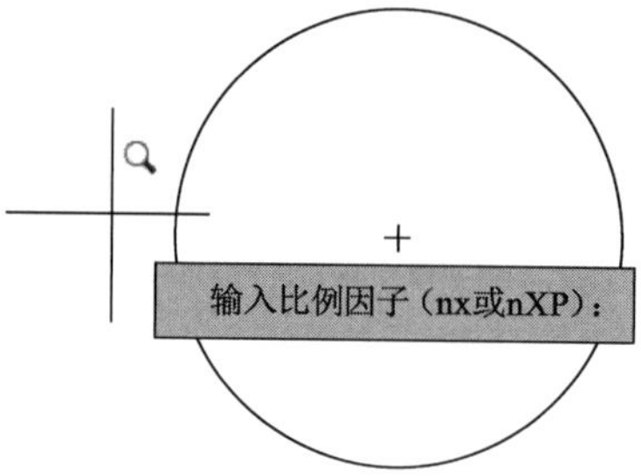

图 2-35　中心缩放视图

（六）比例缩放视图

选择“视图”|“缩放”|“比例”命令，可实现比例缩放视图。要指定相对的显示比例，可输入带 x 的比例因子数值。例如，输入 2x 将把当前视图放大两倍显示。如果正在使用浮动视口，则可以输入 xp 来相对图纸空间进行比例缩放。

三、平移视图

使用平移视图命令，可以重新定位图形，以便看清图形的其他部分。此时不会改变图形中对象的位置或比例，只改变视图。

（一）“平移”菜单

选择“视图”|“平移”命令中的子命令，如图 2-36 所示，或单击“标准”工具栏中的“实时平移”按钮，或在命令行中直接输入 PAN 命令，都可以平移视图。

使用平移命令平移视图时，视图的显示比例不变。除了可以上、下、左、右平移视图外，还可以使用“实时”和“点”命令平移视图。

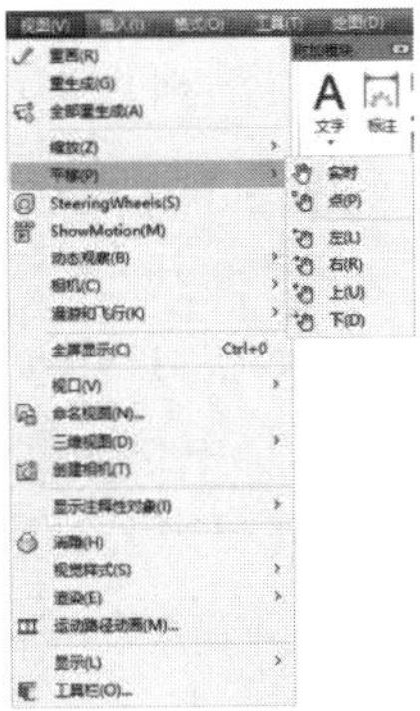

图 2-36　“平移”面板

（二）实时平移

选择“视图”|“平移”|“实时”命令，此时光标指针变成✋形状，按住鼠标左键拖动，窗口内的图形就可按光标移动的方向移动。释放鼠标，可返回到平移等待状态。按 Esc 键或 Enter 键退出实时平移模式。

（三）定点平移

选择“视图”|“平移”|“点”命令，可以通过指定基点和位移值来平移视图。

在 AutoCAD 中，“平移”功能通常又称为摇镜，它相当于将一个镜头对准视图，当镜头移动时，视口中的图形也跟着移动。

四、命名视图

用户可以在一张工程图纸上创建多个视图。当要观看、修改图纸上的某一部分视图时，将该视图恢复出来即可。

（一）命名视图

选择“视图”|“命名视图”命令(VIEW)，或在“视图”工具栏中单击“命名视图”按钮，打开“视图管理器”对话框，如图 2-37 所示。

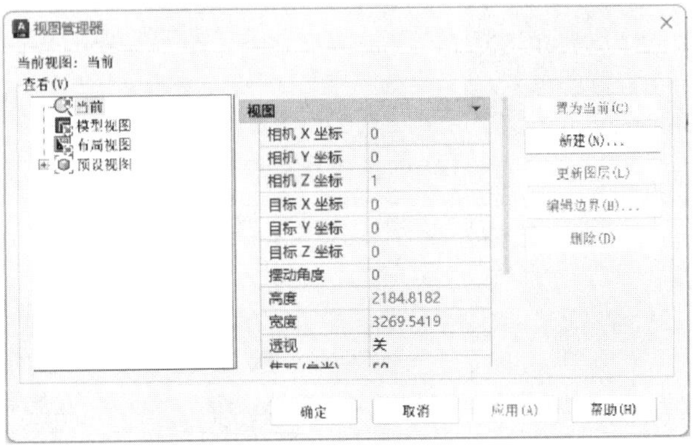

图 2-37　“视图管理器”对话框

在该对话框中，用户可以创建、设置、重命名以及删除命名视图。其中，“当前视图”选项后显示了当前视图的名称；“查看”选项组的列表框中列出了已命名的视图和可作为当前视图的类别。

（二）恢复命名视图

在 AutoCAD 中，可以一次命名多个视图，当需要重新使用一个已命名视图时，只需将该视图恢复到当前视口即可。如果绘图窗口中包含多个视口，用户也可以将视图恢复到活动视口中，或将不同的视图恢复到不同的视口中，以同时显示模型的多个视图。

恢复视图时可以进行恢复视口的中点、查看方向、缩放比例因子和透视图（镜头长度）等设置；如果在命名视图时将当前的 UCS 随视图一起保存起来，当恢复视图时也可以恢复 UCS。

五、使用平铺视口

在绘图时，为了方便编辑，常常需要将图形的局部进行放大，以显示细节。当需要观察图形的整体效果时，仅使用单一的绘图视口已无法满足需要。此时，可使用 AutoCAD 的平铺视口功能，将绘图窗口划分为若干视口。

（一）平铺视口的特点

平铺视口是指把绘图窗口分成多个矩形区域，从而创建多个不同的绘图区域，其中每一个区域都可用来查看图形的不同部分。在 AutoCAD 中，可以同时打开多达 32 000 个视口，屏幕上还可保留菜单栏和命令提示窗口。

在 AutoCAD 2023 中，使用“视图”|“视口”子菜单中的命令或“视口”工具栏，可以在模型空间创建和管理平铺视口。

（二）创建平铺视口

选择“视图”|“视口”|“新建视口”命令（VPOINTS），如图 2-38 所示，或在“视口”工具栏中单击“显示视口对话框”按钮，打开“视口”对话框。使用“新建视口”选项卡可以显示标准视口配置列表和创建并设置新平铺视口，如图 2-39 所示。

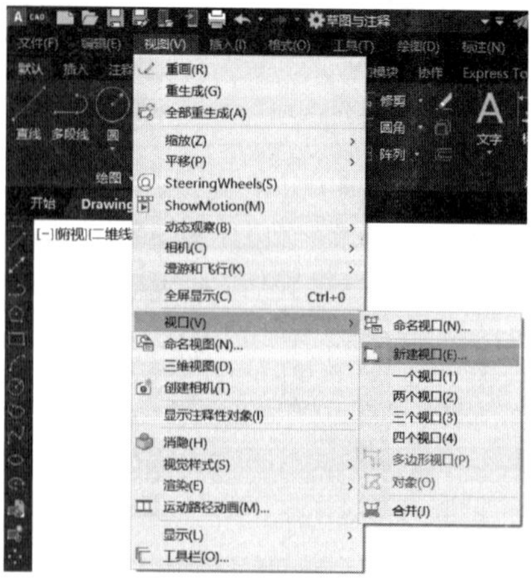

图 2-38 “新建视口”面板

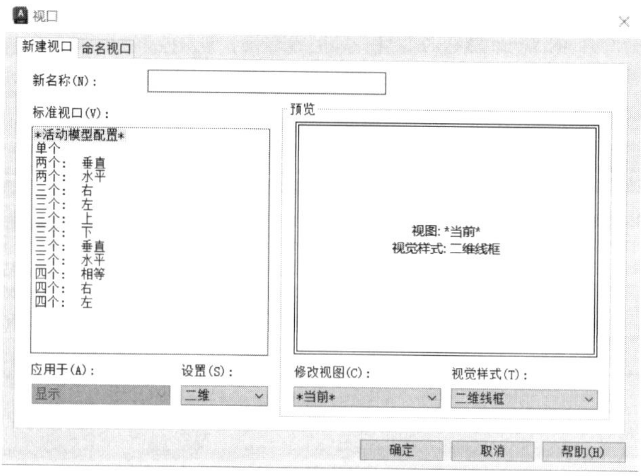

图 2-39 “视口”对话框

例如，在创建多个平铺视口时，需要在“新名称”文本框中输入新建的平铺视口的名称，在“标准视口”列表框中选择可用的标准的视口配置，此时“预览”区中将显示所选视口配置以及已赋给每个视口的默认视图的预览图像。

（三）分割与合并视口

在 AutoCAD 2023 中，选择“视图”|“视口”子菜单中的命令，可以在不改变视口显示的情况下，分割或合并当前视口。例如，选择“视图”|“视口”|“一个视口”命令，可以将当前视口扩大到充满整个绘图窗口；选择“视图”|“视口”|“两个视口”、“三个视口”或“四个视口”命令，可以将当前视口分割为 2 个、3 个或 4 个视口，如图 2-40 所示。

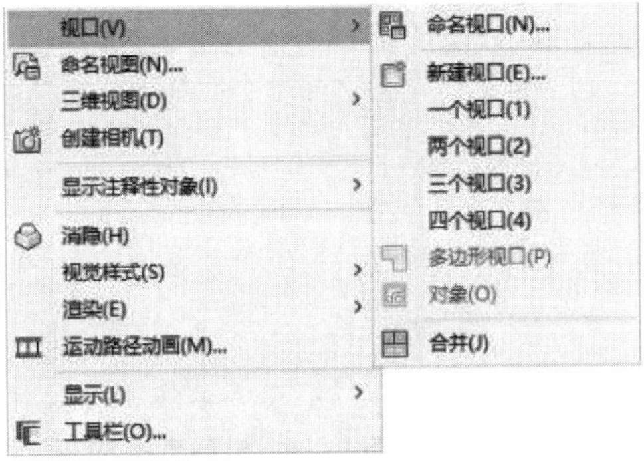

图 2-40 “视口”面板

选择“视图”|“视口”|“合并”命令，系统要求选定一个视口作为主视口，然后选择一个相邻视口，并将该视口与主视口合并。

六、使用 ShowMotion

在 AutoCAD 2023 中可以通过创建视图的快照来观察图形。在快速访问工具栏选择“显示菜单栏”命令，在弹出的菜单中选择“视图”ShowMotion 命令，或在状态栏中单击 ShowMotion 按钮，都可以打开 ShowMotion 面板，如图 2-41 所示。

单击“新建快照”按钮，打开“新建视图/快照特性”对话框，使用该对话框中的“快照特性”选项卡可以新建快照，如图 2 42 所示。各选项的功能如下。

（1）“视图名称”文本框：用于输入视图的名称。

（2）“视图类别”下拉列表框：可以输入新的视图类别，也可以从中选择已有的视图类别。系统将根据视图所属的类别来组织各个活动视图。

（3）“视图类型”下拉列表框：可以从中选择视图类型，主要包括 3 种类型——电影式、静止和已记录的漫游。视图类型将决定视图的活动情况。

（4）“转场”选项区域：用于设置视图的转场类型和转场持续时间。

（5）“活动”选项区域：用于设置视图移动类型，移动持续时间、距离和位置等。

（6）“预览”按钮：单击该按钮，可以预览视图中图形的活动情况。

（7）“循环”复选框：选择该复选框，可以循环观察该视图中图形的运动情况。

创建快照后，在 ShowMotion 面板上方将以缩略图的形式显示各个视图中图形的活动情况，如图 2-43 所示。单击某个缩略图，将显示图形的活动情况，用于观察图形。

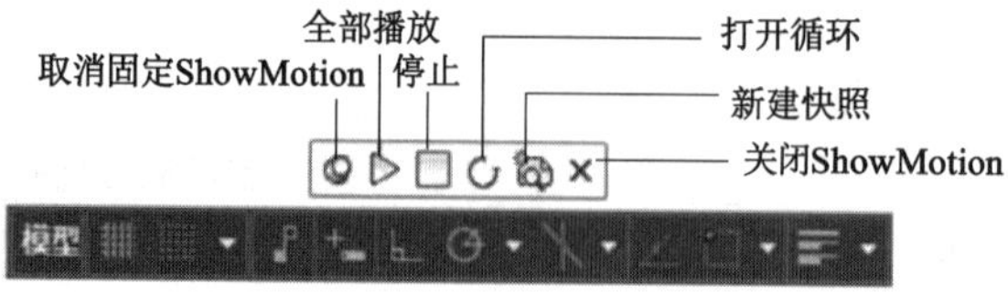

图 2-41　ShowMotion 面板

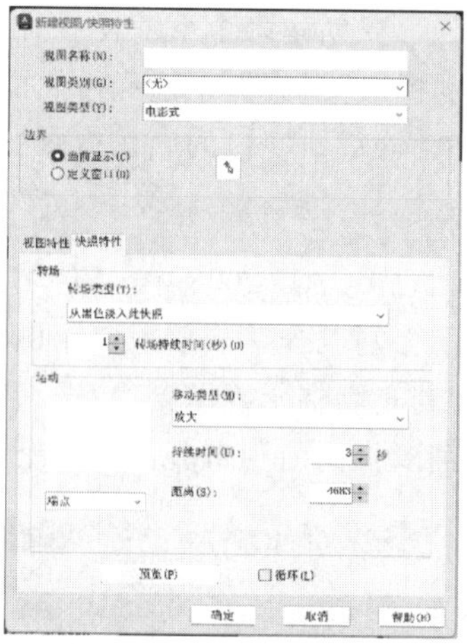

图 2-42　“新建视图/快照特性”对话框

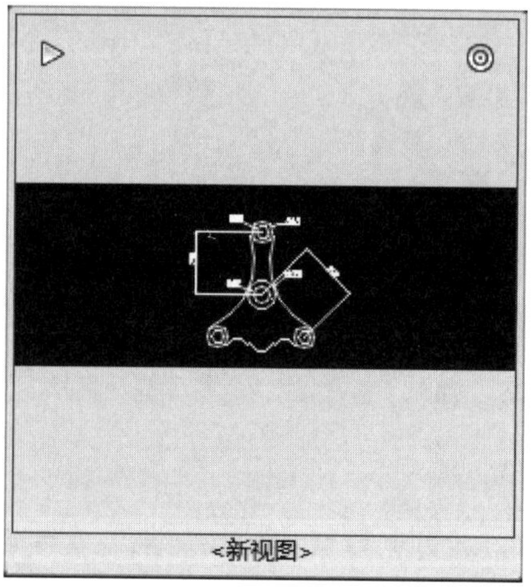

图 2-43　效果图

七、控制可见元素的显示

在 AutoCAD 中,图形的复杂程度会直接影响系统刷新屏幕或处理命令的速度。为了提高程序的性能,可以关闭文字、线宽或填充显示。

(一) 控制填充显示

使用 FILL 变量可以打开或关闭宽线、宽多段线和实体填充,如图 2-44 所示。当关闭填充时,可以提高 AutoCAD 的显示处理速度。

当实体填充模式关闭时,填充不可打印。但是,改变填充模式的设置并不影响显示具有线宽的对象。当修改了实体填充模式后,使用“视图”|“重生成”命令可以查看效果且新对象将自动反映新的设置。

(二) 控制线宽显示

当在模型空间或图纸空间中工作时,为了提高 AutoCAD 的显示处理速度,可以关闭线

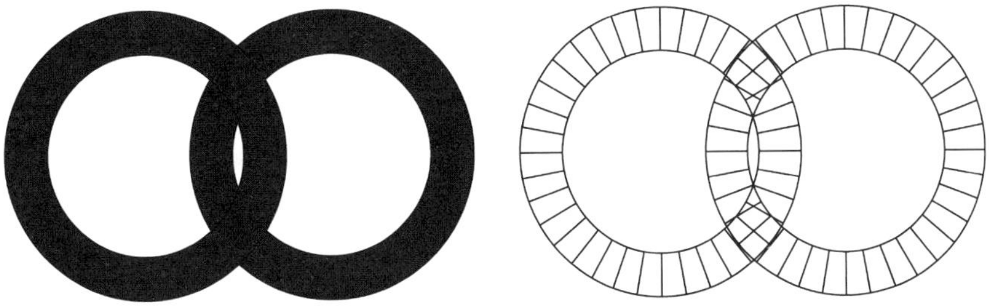

(a) 打开填充模式FILL=ON　　(b) 关闭填充模式FILL=OFF

图 2-44　“打开”或“关闭”填充模式效果对比图

宽显示。单击状态栏上的“线宽”按钮或使用“线宽设置”对话框，可以切换线宽显示的开和关，对比效果如图 2-45 所示。线宽以实际尺寸打印，但在模型选项卡中与像素成比例显示，任何线宽的宽度如果超过了一个像素就有可能降低 AutoCAD 的显示处理速度。如果要使 AutoCAD 的显示性能最优，则在图形中工作时应该把线宽显示关闭。

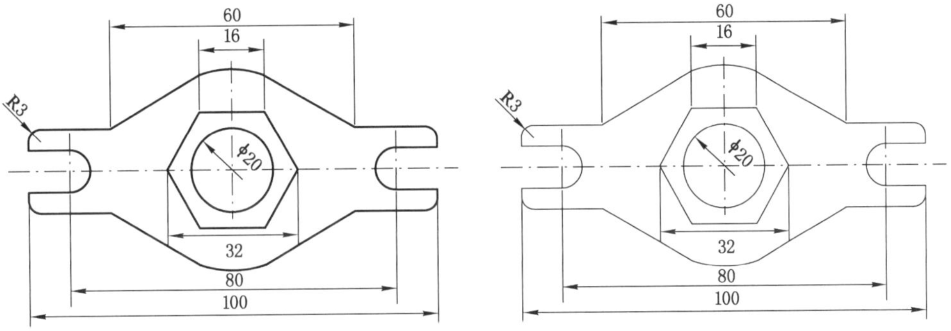

(a) 打开线宽显示　　(b) 关闭线宽显示

图 2-45　“打开”或“关闭”线宽效果对比图

(三) 控制文字快速显示

在 AutoCAD 中，可以通过设置系统变量 QTEXT 打开“快速文字”模式或关闭文字显示，对比效果如图 2-46 所示。快速文字模式打开时，只显示定义文字的框架。

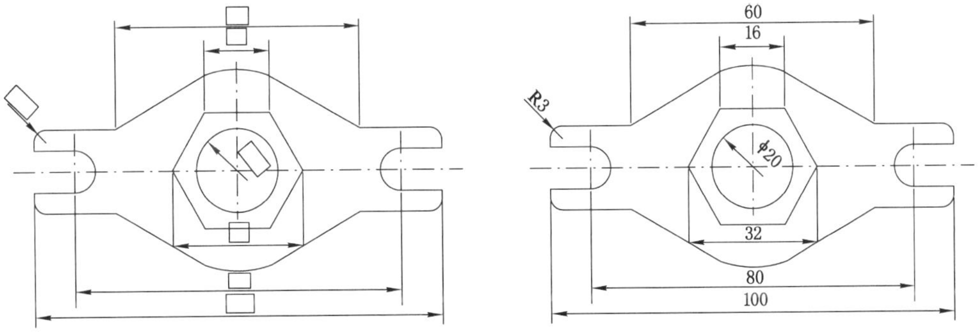

(a) 打开快速文字QTEXT=ON　　(b) 关闭快速文字QTEXT=OFF

图 2-46　“打开”或“关闭”快速文字效果对比图

与填充模式一样，关闭文字显示可以提高 AutoCAD 的显示处理速度。打印快速文字时，则只打印文字框而不打印文字。无论何时修改了快速文字模式，都可以选择“视图”|“重生成”命令查看现有文字上的改动效果，且新的文字自动反映新的设置。

第三节　坐标系使用

在绘图过程中要精确定位某个对象时，必须以某个坐标系作为参照，以便精确拾取点的位置。通过 AutoCAD 的坐标系可以提供精确绘制图形的方法，可以按照非常高的精度标准准确地设计并绘制图形。

一、认识世界坐标系与用户坐标系

坐标(x,y)是表示点的最基本方法。在 AutoCAD 中，坐标系分为世界坐标系(WCS)和用户坐标系(UCS)。两种坐标系下都可以通过坐标(x,y)精确定位点。

默认情况下，在开始绘制新图形时，当前坐标系为世界坐标系即 WCS，它包括 X 轴和 Y 轴(如果在三维空间工作，还有一个 Z 轴)。WCS 坐标轴的交汇处显示“口”形标记，但坐标原点并不在坐标轴的交汇点，而位于图形窗口的左下角，所有的位移都是相对原点计算的，并且沿 X 轴正向及 Y 轴正向的位移规定为正方向。

在 AutoCAD 中，为了能够更好地辅助绘图，经常需要修改坐标系的原点和方向，此时世界坐标系将变为用户坐标系即 UCS。UCS 的原点以及 X 轴、Y 轴、Z 轴方向都可以移动及旋转，甚至可以依赖图形中某个特定的对象。尽管用户坐标系中 3 个轴之间仍然互相垂直，但是在方向及位置上都更灵活。另外，UCS 没有“口”形标记。

二、坐标的表示方法

在 AutoCAD 2023 中，点的坐标可以使用绝对直角坐标、绝对极坐标、相对直角坐标和相对极坐标 4 种方法表示，它们的特点如下。

(1) 绝对直角坐标：是从点(0,0)或点(0,0,0)出发的位移，可以使用分数、小数或科学记数等形式表示点的 x、y、z 坐标值，坐标间用逗号隔开，例如，点(8.3,5.8)和点(3.0,5.2,8.8)等。

(2) 绝对极坐标：是从点(0,0)或点(0,0,0)出发的位移，但给定的是距离和角度，其中距离和角度用“＜”分开，且规定 X 轴正向为 0°，Y 轴正向为 90°，例如，点(4.27＜60)、点(34＜30)等。

(3) 相对直角坐标和相对极坐标：相对坐标是指相对某一点的 X 轴和 Y 轴位移，或距离和角度。它的表示方法是在绝对坐标表达方式前加上“@”，如(@－13,8)和(@11＜24)。其中，相对极坐标中的角度是新点和上一点连线与 X 轴的夹角。

三、控制坐标的显示

在绘图窗口中移动光标的十字指针时，状态栏上将动态地显示当前指针的坐标。坐标显示取决于所选择的模式和程序中运行的命令，共有 3 种方式。

(1) 模式 0，“关”：显示上一个拾取点的绝对坐标。此时，指针坐标将不能动态更新，只有在拾取一个新点时，显示才会更新。但是，从键盘输入一个新点坐标时，不会改变该显示方式。

(2) 模式 1，“绝对”：显示光标的绝对坐标，该值是动态更新的，默认情况下，显示方式是打开的。

(3) 模式 2，“相对”：显示一个相对极坐标。当选择该方式时，如果当前处在拾取点状态，系统将显示光标所在位置相对上一个点的距离和角度。当离开拾取点状态时，系统将恢复到模式 1。

四、创建用户坐标系

在 AutoCAD 中，选择“工具”|“新建 UCS”命令，如图 2-47 所示，利用它的子命令可以方便地创建 UCS，包括世界和对象等。

五、选择和命名用户坐标系

选择“工具”|“命名 UCS”命令，打开“UCS”对话框。如图 2-48 所示，单击“命名 UCS”标签打开其选项卡，并在“当前 UCS”列表中选中“世界”“上一个”或某个 UCS，然后单击“置为当前”按钮，可将其置为当前坐标系。例如，若选中世界坐标系，则命令行上方将显示“当前 UCS 名称：* 世界 * ”的标记。也可以单击“详细信息”按钮，在“UCS 详细信息”对话框中查看坐标系的详细信息。

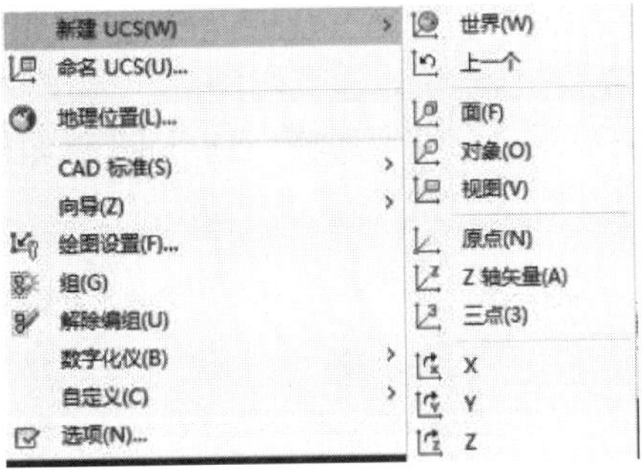

图 2-47　“新建 UCS”面板

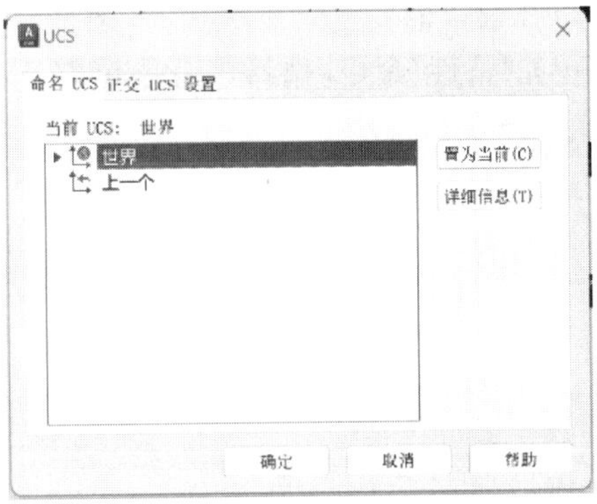

图 2-48　“命名 UCS”选项卡

六、使用正交用户坐标系

选择“工具”|“命名 UCS”命令，打开“UCS”对话框，在“正交 UCS”选项卡中的“当前 UCS”列表中选择需要使用的正交坐标系，如俯视、仰视、左视、右视、主视和后视等，如图 2-49 所示。

七、设置 UCS 的其他选项

在绘制三维图形或一幅较大图形时，为了能够从多个角度观察图形的不同侧面或不同部分，可以将当前绘图窗口切分为几个小窗口（即视口）。在这些视口中，为了便于对象编

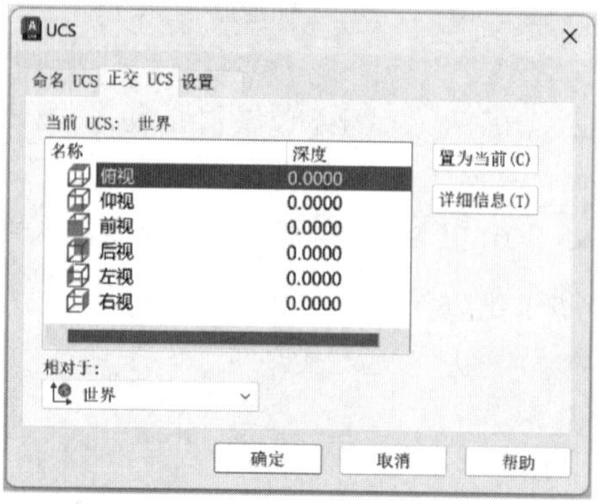

图 2-49 “正交 UCS”选项卡

辑，还可以为它们分别定义不同的 UCS。当视口被设置为当前视口时，可以使用该视口上一次处于当前状态时所设置的 UCS 进行绘图。

在 AutoCAD 2023 中，可以通过选择“视图”|“显示”|“UCS 图标”子菜单中的命令，控制坐标系图标的可见性及显示方式。

(1) “开”命令：选择该命令可以在当前视口中打开 UCS 图符显示；取消该命令，则可在当前视口中关闭 UCS 图符显示。

(2) “原点”命令：选择该命令可以在当前坐标系的原点处显示 UCS 图符；取消该命令，则可以在视口的左下角显示 UCS 图符，而不考虑当前坐标系的原点。

(3) “特性”命令：选择该命令可打开“UCS 图标”对话框，可以设置 UCS 图标样式、大小、颜色及布局选项卡中的图标颜色。

此外，在 AutoCAD 中，还可以使用“UCS”对话框中的“设置”选项卡，对 UCS 图标或 UCS 进行设置。

第四节 辅助绘图工具

一、使用捕捉和栅格功能

在绘制图形时，尽管可以通过移动光标来指定点的位置，但很难精确指定点的某一位置。在 AutoCAD 中，栅格是一些标定位置的小点，起坐标纸的作用；使用捕捉和栅格功能，可以精确定位点，提高绘图效率。

（一）打开或关闭捕捉和栅格功能

捕捉用于设定鼠标光标移动的间距。栅格是一些标定位置的小点，可以提供直观的距离和位置参照。要打开或关闭捕捉和栅格功能，可以选择以下几种方法。

(1) 在 AutoCAD 程序窗口的状态栏中，单击“捕捉”和“栅格”按钮。

(2) 按 F7 键打开或关闭栅格，按 F9 键打开或关闭捕捉。

(3) 选择“工具”|“绘图设置”命令，打开“草图设置”对话框，在“捕捉和栅格”选项卡中选中或取消“启用捕捉”和“启用栅格”复选框，如图 2-50 所示。

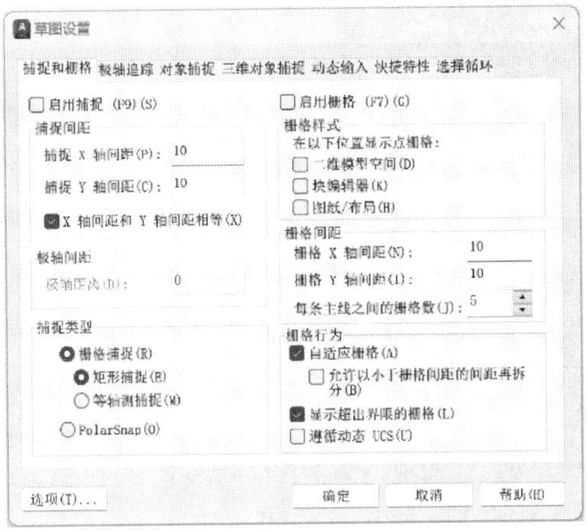

图 2-50　“草图设置”对话框

（二）设置捕捉和栅格参数

利用“草图设置”对话框中的“捕捉和栅格”选项卡，可以设置捕捉和栅格的相关参数，各选项的功能如下。

（1）“启用捕捉”复选框：打开或关闭捕捉方式。选中该复选框，可以启用捕捉。

（2）“捕捉间距”选项组：设置捕捉间距。

（3）“启用栅格”复选框：打开或关闭栅格的显示。选中该复选框，可以启用栅格。

（4）“栅格间距”选项组：设置栅格间距。如果栅格的 X 轴和 Y 轴间距为 0，则栅格采用捕捉 X 轴和 Y 轴间距的值。

（5）“捕捉类型”选项组：可以设置捕捉类型，包括“矩形捕捉”和“等轴测捕捉”两种。

（6）“栅格行为”选项组：用于设置“视觉样式”下栅格线的显示样式(三维线框除外)。

（三）使用 GRID 和 SNAP 命令

捕捉和栅格参数不仅可以通过“草图设置”对话框设置，还可以通过 GRID 与 SNAP 命令来设置。

1. 使用 GRID 命令

执行 GRID 命令时，其命令行显示如图 2-51 所示提示信息。

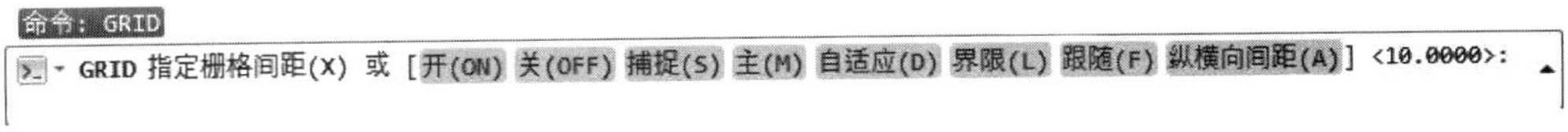

图 2-51　执行 GRID 命令

默认情况下，需要设置栅格间距。该间距不能设置太小，否则将导致图形模糊及屏幕重画太慢，甚至无法显示栅格。

2. 使用 SNAP 命令

执行 SNAP 命令时，其命令行显示如图 2-52 所示提示信息。

默认情况下，需要指定捕捉间距，并使用“打开(ON)”选项，以当前栅格的分辨率和样

图 2-52　执行 SNAP 命令

式激活捕捉模式；使用“关闭(OFF)”选项，则关闭捕捉模式，但保留当前设置。

二、使用正交功能

AutoCAD 提供的正交模式也可以用来精确定位点，它将定点设备的输入限制为水平或垂直。使用 ORTHO 命令，可以打开正交模式，用于控制是否以正交方式绘图。在正交模式下，可以方便地绘出与当前 X 轴或 Y 轴平行的线段。在 AutoCAD 程序窗口的状态栏中单击“正交”按钮，或按 F8 键，可以打开或关闭正交方式。

打开正交功能后，输入的第 1 点是任意的，但当移动光标准备指定第 2 点时，引出的橡皮筋线已不再是这两点之间的连线，而是起点到光标十字线的垂直线中较长的那段线，此时单击，橡皮筋线就变成所绘直线。

三、应用对象捕捉功能

在绘图的过程中，经常要指定一些对象上已有的点，如端点、圆心和两个对象的交点等。如果只凭观察来拾取，不可能非常准确地找到这些点。在 AutoCAD 中，可以通过“对象捕捉”工具栏和“草图设置”对话框等方式调用对象捕捉功能，迅速、准确地捕捉到某些特征点，从而精确地绘制图形。

（一）设置对象捕捉模式

在绘图过程中，当要求指定点时，单击“对象捕捉”工具栏中相应的特征点按钮，如图 2-53 所示，再把光标移到要捕捉对象上的特征点附近，即可捕捉到相应的对象特征点。

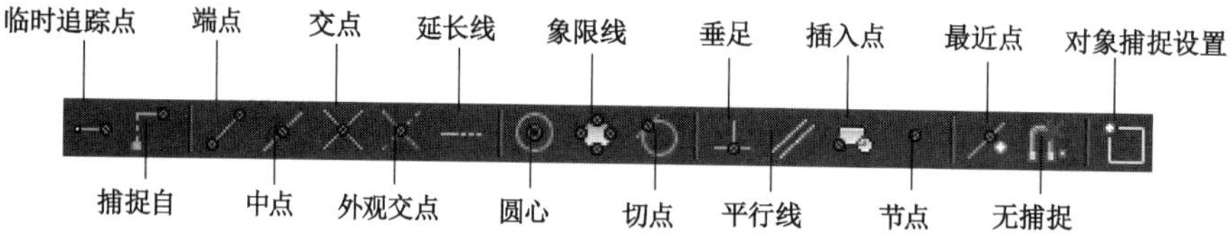

图 2-53　“对象捕捉”工具栏

1. 使用自动捕捉功能

在绘图过程中，使用对象捕捉的频率非常高。为此，AutoCAD 又提供了一种自动对象捕捉模式。自动捕捉就是当把光标放在一个对象上时，系统自动捕捉到对象上所有符合条件的几何特征点，并显示相应的标记。如果把光标放在捕捉点上多停留一会，系统还会显示捕捉的提示。这样，在选点之前，就可以预览和确认捕捉点。

要打开对象捕捉模式，可在“草图设置”对话框的“对象捕捉”选项卡中，选中“启用对象捕捉”复选框，然后在“对象捕捉模式”选项组中选中相应复选框。

2. 对象捕捉快捷菜单

当要求指定点时，可以按 Shift 键或者 Ctrl 键，右击打开对象捕捉快捷菜单。选择需要的子命令，再把光标移到要捕捉对象的特征点附近，即可捕捉到相应的对象特征点。

（二）运行和覆盖捕捉模式

在 AutoCAD 中，对象捕捉模式又可以分为运行捕捉模式和覆盖捕捉模式。

在“草图设置”对话框的“对象捕捉”选项卡中，设置的对象捕捉模式始终处于运行状态，直到关闭为止，称为运行捕捉模式。

如果在点的命令行提示下输入关键字（如 MID、CEN、QUA 等），单击“对象捕捉”工具栏中的工具或在对象捕捉快捷菜单中选择相应命令，只临时打开捕捉模式，称为覆盖捕捉模式，仅对本次捕捉点有效，在命令行中显示一个“于”标记。

要打开或关闭运行捕捉模式，可单击状态栏上的“对象捕捉”按钮。设置覆盖捕捉模式后，系统将暂时覆盖运行捕捉模式。

四、使用自动追踪功能

在 AutoCAD 中，自动追踪可按指定角度绘制对象，或者绘制与其他对象有特定关系的对象。自动追踪分为极轴追踪和对象捕捉追踪两种，是非常有用的辅助绘图工具。

（一）极轴追踪与对象捕捉追踪

极轴追踪按事先给定的角度增量来追踪特征点，如图 2-54 所示。而对象捕捉追踪则按与对象的某种特定关系来追踪，这种特定的关系确定了一个未知角度。也就是说，如果事先知道要追踪的方向（角度），则使用极轴追踪；如果事先不知道具体的追踪方向（角度），但知道与其他对象的某种关系（如相交），则用对象捕捉追踪，如图 2-55 所示。极轴追踪和对象捕捉追踪可以同时使用。

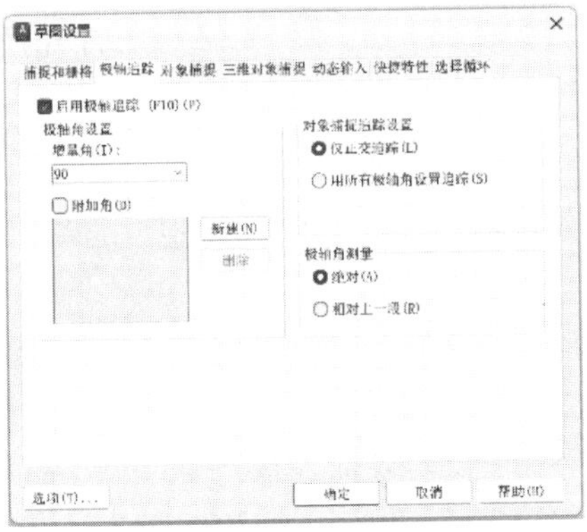

图 2-54　“极轴追踪”选项卡

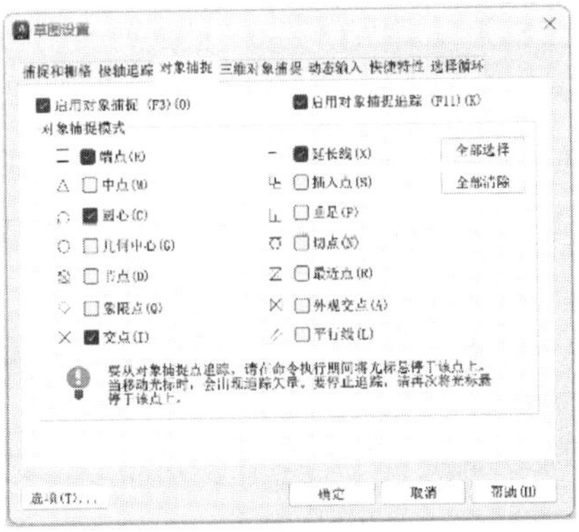

图 2-55　“对象捕捉”选项卡

【例 2-3】　设置画线极轴追踪角度为 30°，进行画线。

（1）从“工具”菜单中选择“绘图设置”命令，选择“草图设置”对话框中的“极轴追踪”选项卡，如图 2-54 所示。

例 2-3
讲解视频

（2）选择“启用极轴追踪”复选框。也可以按 F10 键或通过选择状态栏上图标启用或关闭极轴追踪。

（3）在“增量角”下拉列表中，设置极轴追踪角度 30°。

（4）在“对象捕捉追踪设置”选项组下，选择“用所有极轴角设置追踪”。

（5）在“极轴角测量”选项组下，指定极轴追踪增量是基于 UCS 还是相对上一个创建的对象。设置完毕后，选择“确定”按钮。

（6）在命令行执行画线命令，在“输入起点”提示下输入第一点，图 2-56 显示了当极轴角增量设置为 30°，光标移动 30°时显示的对齐路径。

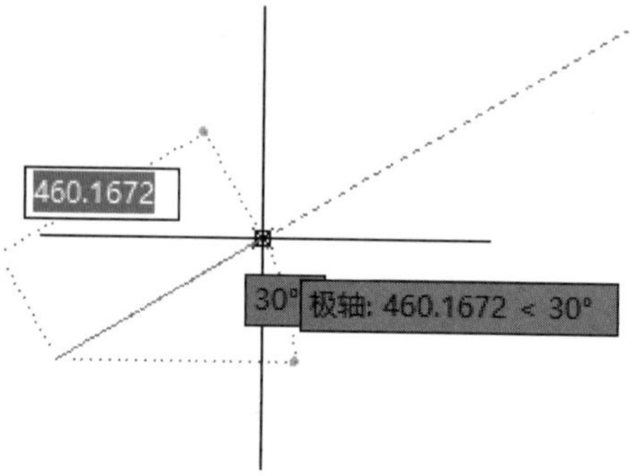

图 2-56　利用极轴追踪绘图

提示：当光标跨过 30°角时，AutoCAD 将显示对齐路径和工具栏提示。当光标从该角度移开时，对齐路径和工具栏提示消失。默认角度测量值为 30°。与“交点”或“外观交点”对象捕捉一起使用极轴追踪，可以找出极轴对齐路径与其他对象的交点。

注意：“正交”模式将光标限制在水平或垂直（正交）轴上。由于不能同时打开“正交”模式和极轴追踪，因此“正交”模式打开时，AutoCAD 会关闭极轴追踪。如果再次打开极轴追踪，AutoCAD 将关闭“正交”模式。同样，如果打开极轴捕捉，栅格捕捉将自动关闭。

（二）使用临时追踪点和捕捉自功能

在“对象捕捉”工具栏中，还有两个非常有用的对象捕捉工具，即“临时追踪点”和“捕捉自”工具。

（1）“临时追踪点”工具：可在一次操作中创建多条追踪线，并根据这些追踪线确定所要定位的点。

（2）“捕捉自”工具：在使用相对坐标指定下一个应用点时，“捕捉自”工具可以提示输入基点，并将该点作为临时参照点，这与通过输入前缀@使用最后一个点作为参照点类似。它不是对象捕捉模式，但经常与对象捕捉一起使用。

例 2-4
讲解视频

【例 2-4】 利用“临时追踪点”捕捉方式将图 2-57 所示图(a)绘制成图(b)。

（1）在命令行中输入“Line”命令，按 Enter 键。

（2）在“指定第一点：”提示下，开启端点捕捉方式选中 B 点。

（3）在“指定下一点或[放弃(U)]：”提示下，输入“tt”，按 Enter 键。

（4）在“指定临时对象追踪点”提示下，选择 A 点。拖动光标，会发现从 A 点延伸出一

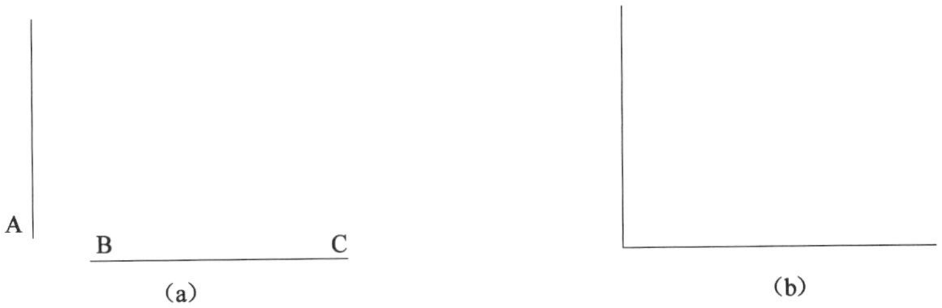

图 2-57　“临时追踪点”捕捉方式绘图

条虚线,与 BC 线交于一点。如图 2-58 所示。

(5) 用鼠标单击该点,生成图 2-59 所示图形。

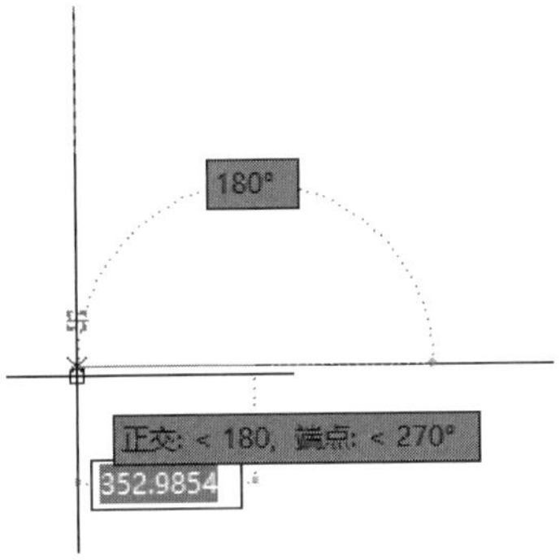

图 2-58　“临时追踪点”捕捉方式绘图

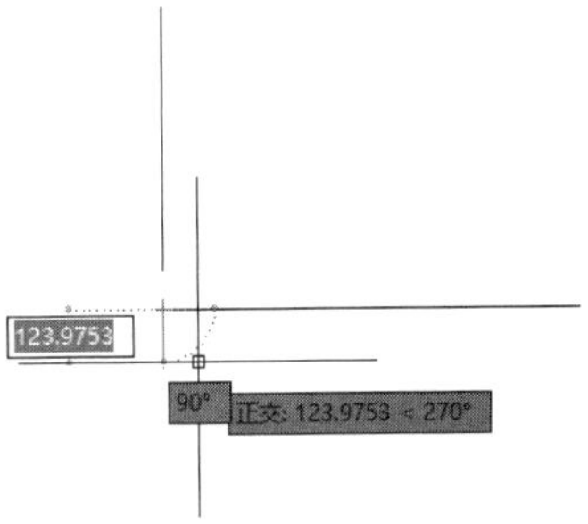

图 2-59　“临时追踪点”捕捉方式绘图

(6) 连续按两次 Enter 键重新执行直线绘制命令。在“指定第一点”提示下,选择 A 点,按 Enter 键。

(7) 在“指定下一点或[放弃(U)]:”提示下,输入“tt”,按 Enter 键。

(8) 在“指定临时对象追踪点:”提示下,选择 B 点。拖动光标,单击交点,形成如图 2-57(b)所示图形。

例 2-5
讲解视频

【例 2-5】 利用“捕捉自”捕捉方式在图 2-60 所示墙线上绘制窗线。

(1) 在命令行中输入 Line 命令,按 Enter 键。

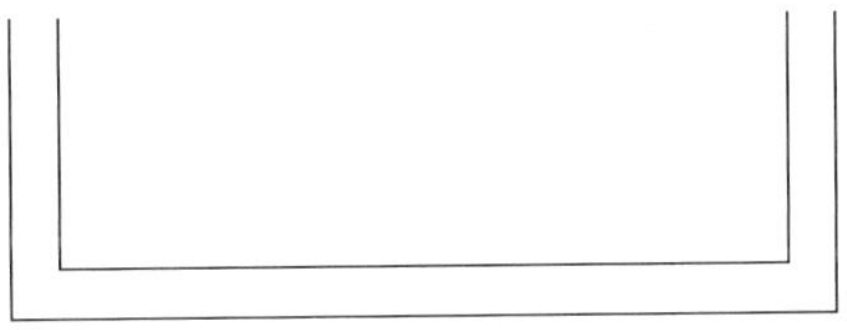

图 2-60　某段墙线

(2) 在“指定第一点:”提示下,单击“对象捕捉”工具栏图标或直接输入“from”。

(3) 在“—from 基点:”提示下,选择图 2-61 所示角点。

(4) 在“偏移”提示下,输入第一点相对基点的偏移距离“@630<0”,按 Enter 键,则自动捕捉到图 2-62 所示点,至此,为 Line 命令输入了第一点。

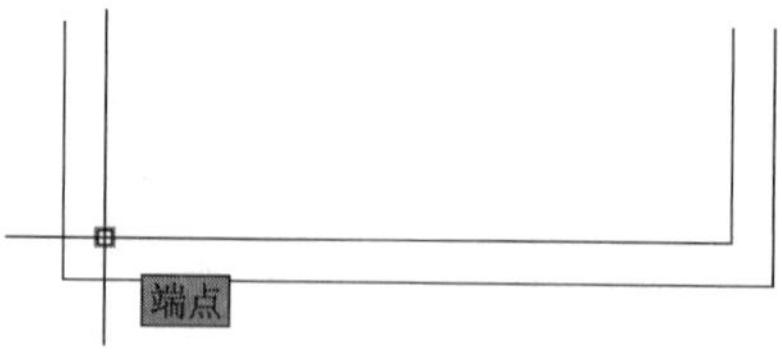

图 2-61　选定基点

(5) 在“指定下一点:”提示下,利用“垂足”捕捉方式捕捉到第二点,生成第一条窗间线。

(6) 再利用偏移、修剪、画线等命令最终生成窗线,如图 2-63 所示。

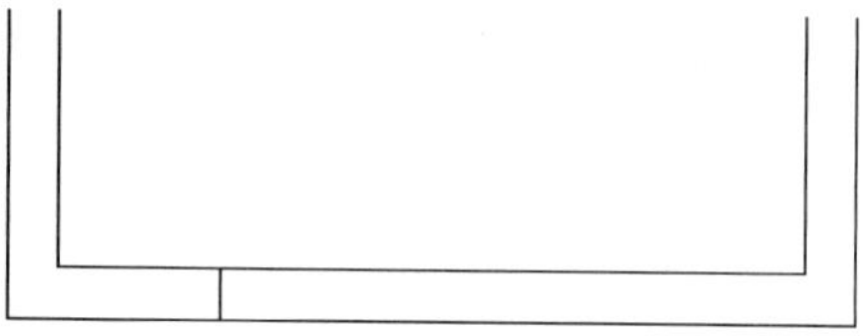

图 2-62　生成第一点

图 2-63　生成窗线

(三) 设置自动追踪功能选项

使用自动追踪功能可以快速而且精确地定位点,在很大程度上提高了绘图效率。在 AutoCAD 2023 中,要设置自动追踪功能选项,可打开“选项”对话框,在“草图”选项卡的“自动追踪设置”选项组中进行设置,其各选项功能如下。

(1) “显示极轴追踪矢量”复选框:设置是否显示极轴追踪的矢量数据。

(2) “显示全屏追踪矢量”复选框:设置是否显示全屏追踪的矢量数据。

(3) “显示自动追踪工具栏提示”复选框:设置在追踪特征点时是否显示工具栏上的相应按钮的提示文字。

五、应用动态输入功能

在 AutoCAD 2023 中,使用动态输入功能可以在指针位置显示标注输入和命令提示等信息,从而极大地方便绘图。

(一) 启用指针输入

在“草图设置”对话框的“动态输入”选项卡中,如图 2-64 所示,选中“启用指针输入”复选框可以启用指针输入功能。可以在“指针输入”选项组中单击“设置”按钮,使用打开的“指针输入设置”对话框设置指针的格式和可见性,如图 2-65 所示。

(二) 启用标注输入

在“草图设置”对话框的“动态输入”选项卡中,选中“可能时启用标注输入”复选框可以启用标注输入功能。在“标注输入”选项组中单击“设置”按钮,使用打开的“标注输入设置”对话框可以设置标注的可见性。

(三) 显示动态提示

在“草图设置”对话框的“动态输入”选项卡中,选中“动态提示”选项组中的“在十字光

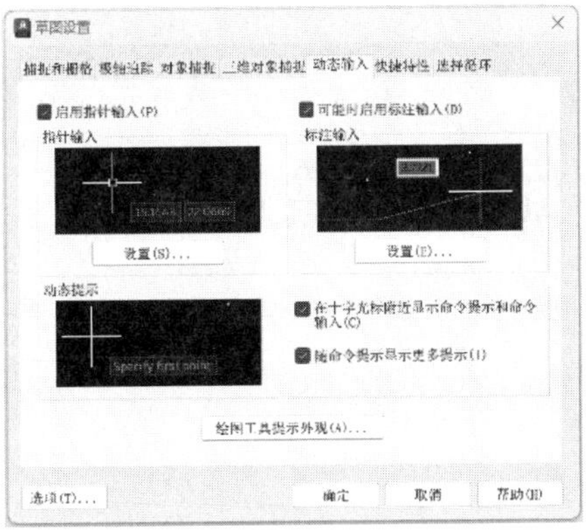

图 2-64　“动态输入”选项卡

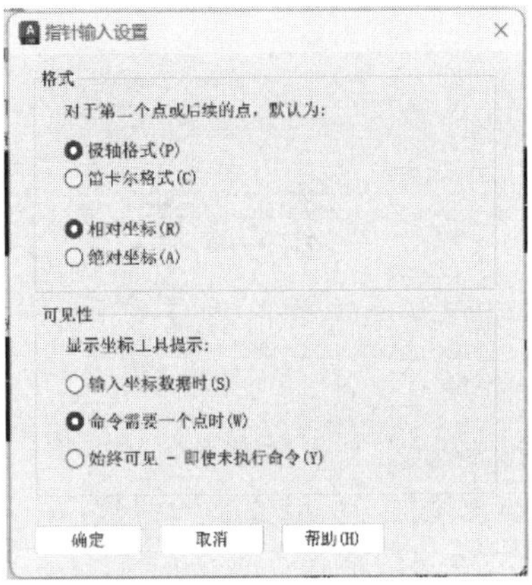

图 2-65　“指针输入设置”对话框

标附近显示命令提示和命令输入”复选框，可以在光标附近显示命令提示，如图 2-66 所示。

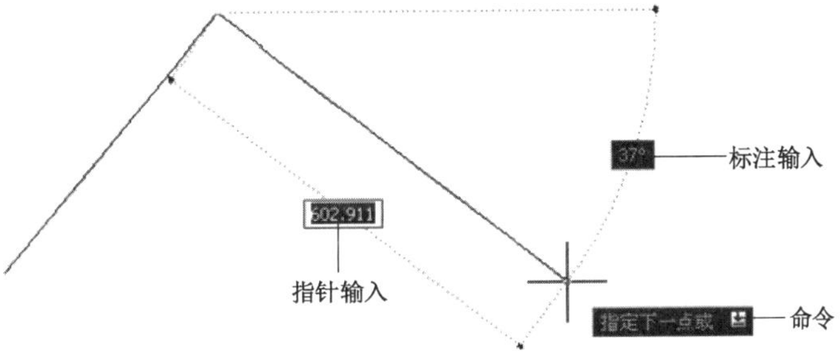

图 2-66　动态命令提示

思考与练习

1. 在 AutoCAD 2023 中，图层具有哪些特性？如何设置这些特性？

2. 如何缩放一幅图形，使之能够最大限度地充满当前视口？

3. 点的坐标有哪几种表示方法？

4. 世界坐标系和用户坐标系各有什么特点？

5. 极轴追踪和对象捕捉有什么区别？

6. 创建“辅助层”，要求该图层颜色为“洋红”，线型为“虚线”；创建“轮廓层”，要求该图层颜色为“红”，线型为“点画线”。

第三章　简单平面图形绘制

本章学习要点：

(1) 绘制点和点的等分

(2) 绘制直线、射线和构造线

(3) 绘制矩形和正多边形

(4) 绘制圆类、椭圆类图形

第一节　点的绘制

点是最基本的图形元素。在 AutoCAD 2023 中，绘制点的命令包括点(POHINT)、定数等分(DIVIDE)和定距等分(MEASURE)。在学习绘制点的操作之前，首先需要认识点对象。

一、设置点样式

AutoCAD 2023 中的点没有大小，这会给图纸绘制过程带来不便，但可以设置点的样式，使其以不同的形式显示出来。

通过以下 3 种方式执行“点样式”命令。

(1) 菜单栏：选择“格式”|“点样式”命令。

(2) 功能区：在“默认”选项卡中，单击“实用工具”面板上的“点样式”按钮。

(3) 命令行：在命令行中输入 DDPTYPE 命令。

执行上述命令后，系统将弹出如图 3-1 所示的“点样式”对话框，默认点样式为第一种，即显示“.”。在该对话框中可以设置 20 种不同的点样式，包括点的大小和形状，以满足用户绘图时的不同需要，如图 3-2 所示。对点样式进行更改后，在绘图区中的点对象也将发生相应的变化。

“点样式”对话框中各选项的含义如下。

(1) 点大小：用于设置点的显示大小，可以相对屏幕设置点的大小，也可以设置点的绝对大小。

(2) 相对于屏幕设置大小：用于按屏幕尺寸的百分比设置点的显示大小。当进行显示比例缩放时，点的显示大小并不改变。

(3) 按绝对单位设置大小：使用实际单位设置点的大小。当进行显示比例缩放时，点的显示大小随之改变。

提示：除了可以在“点样式”对话框中设置点样式外，也可以使用点数值(POMODE)和点尺寸(PDSIDE)命令设置点样式和大小。

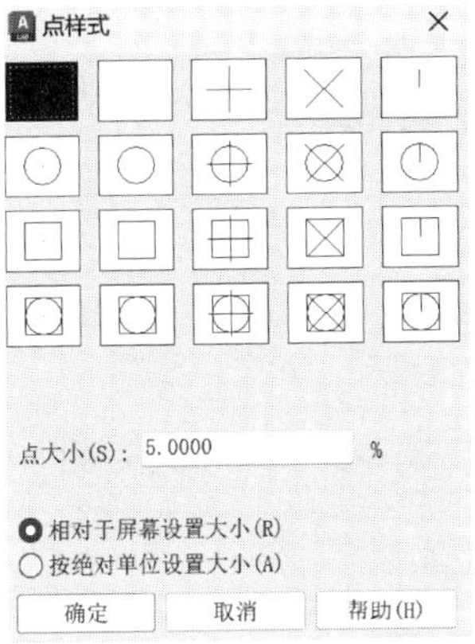

图 3-1 “点样式”对话框

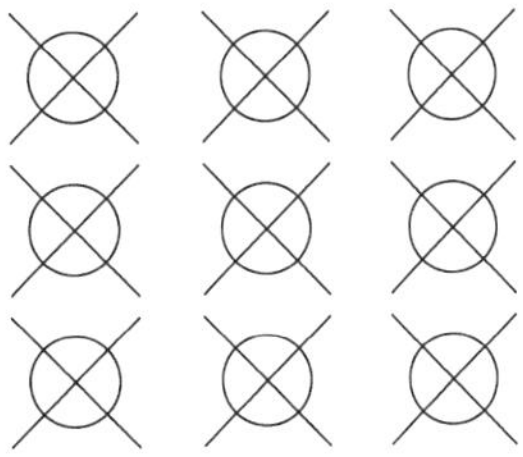

图 3-2 点效果

二、绘制单点与多点

AutoCAD 2023 中的“默认”选项卡的“绘图”面板和菜单栏中的“绘图”|“点”子菜单提供了所有绘制点的工具，如图 3-3 所示。在 AutoCAD 中，绘制点对象的操作包括绘制单点和绘制多点，分别介绍如下。

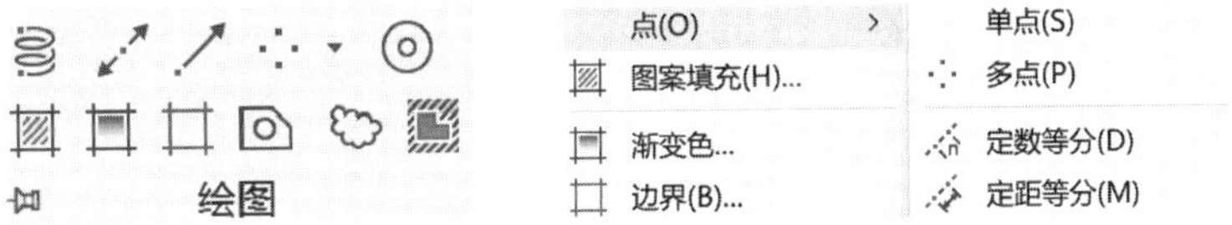

图 3-3 “点”子菜单

（一）绘制单点

在 AutoCAD 2023 中，执行“绘制单点”命令通常有以下两种方法。

（1）菜单栏：选择“绘图”|“点”|“单点”命令。

（2）命令行：在命令行中输入 POINT/PO 命令。

执行“绘制单点”命令后，系统将出现“指定点：”的提示，如图 3-4 所示，用户在绘图区中单击指定点的位置，或输入点的坐标，即可创建一个点。

（二）绘制多点

在 AutoCAD 2023 中，执行“绘制多点”命令通常有以下两种方法。

（1）菜单栏：选择“绘图”|“点”|“多点”命令。

（2）功能区：在“默认”选项卡中，单击“绘图”面板中的“多点”按钮，如图 3-5 所示。

执行“绘制多点”命令后，系统将出现“指定点：”的提示，用户在绘图区中单击即可创建点对象。

例 3-1
讲解视频

提示：执行“绘制多点”命令后，则可以在绘图区连续绘制多个点，直到按 Esc 键才可以终止操作。

【例 3-1】 绘制沙发靠背纹。

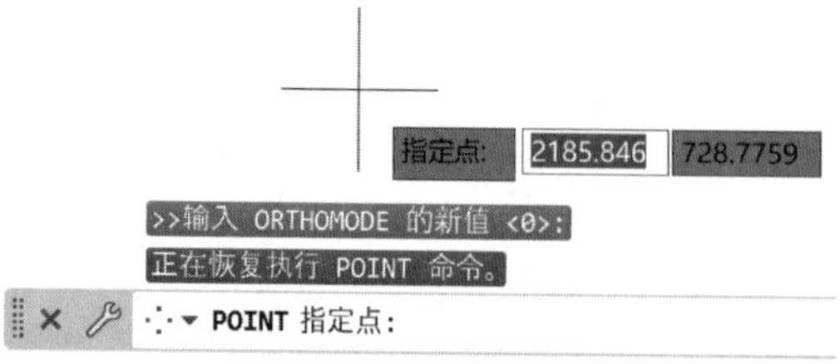

图 3-4　单击鼠标指定点

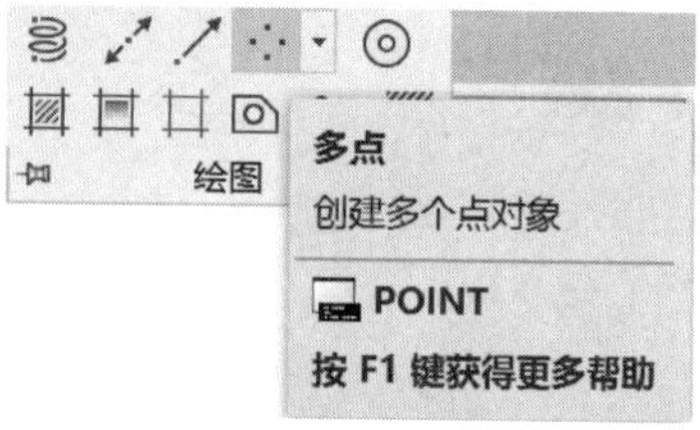

图 3-5　单击"多点"按钮

(1) 绘制图形,如图 3-6 所示。

图 3-6　初始图形

(2) 在"默认"选项卡中,单击"实用工具"面板上的"点样式"按钮,弹出"点样式"对话框,在对话框中设置点的形状和大小,如图 3-7 所示。

(3) 单击"特性"面板中的"颜色"下拉按钮,设置当前绘图的颜色为红色,如图 3-8 所示。

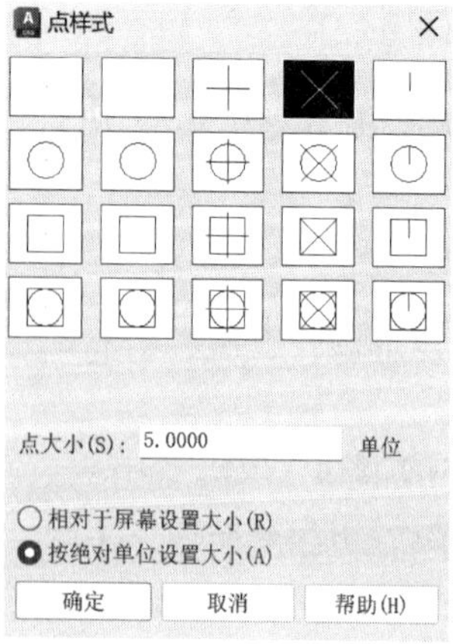

图 3-7　设置点样式

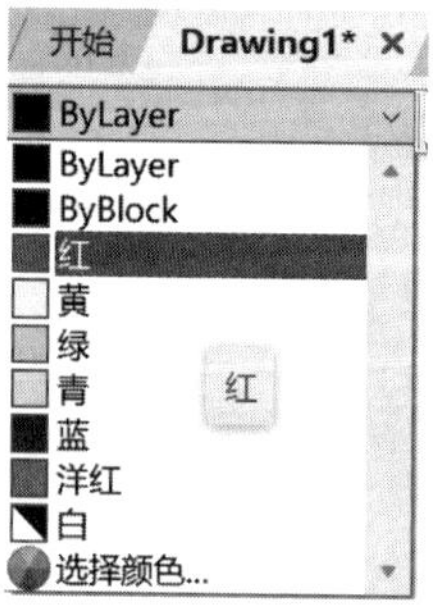

图 3-8　设置绘图颜色

(4) 在“默认”选项卡中，单击“绘图”面板中的“多点”按钮，当系统出现“指定点:”的提示时，将光标移动到图 3-9 所示的位置。

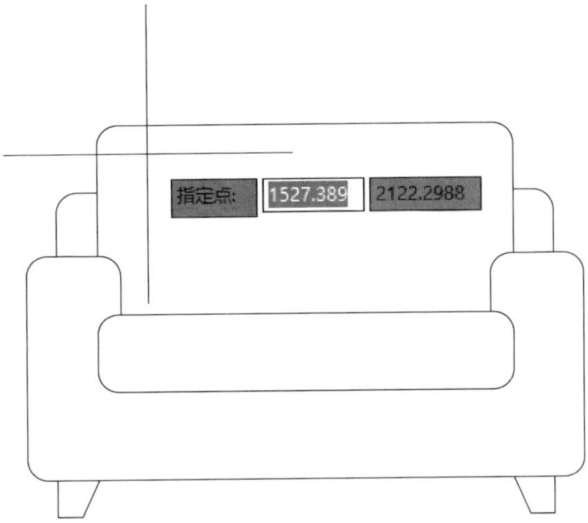

图 3-9　在指定处绘制点

(5) 单击绘制一个点图形，如图 3-10 所示。然后参照图 3-11 所示的效果，继续在其他位置绘制其他点，完成绘制后按 Esc 键结束操作。

图 3-10　创建点对象

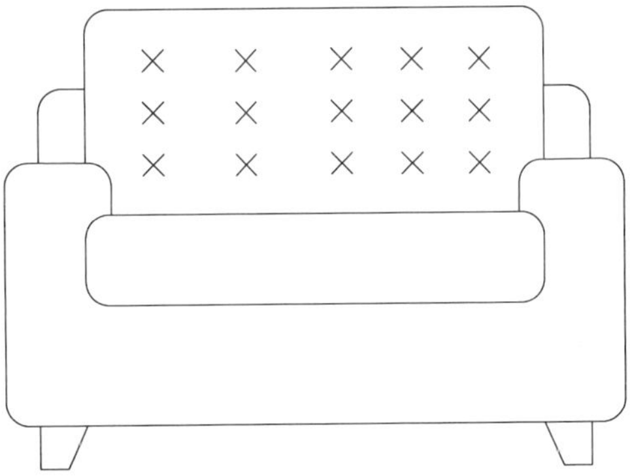

图 3-11　创建其他点

三、绘制定数等分点

使用定数等分点(DIVIDE)命令能够在某一图形上以等分数目创建点或插入块，被等分的对象可以是直线、圆、圆弧和多段线等。

可通过以下 3 种方式绘制定数等分点。

(1) 菜单栏：选择“绘图”|“点”|“定数等分”命令。

(2) 功能区：在“默认”选项卡中，单击“绘图”面板中的“定数等分”按钮。

(3) 命令行：在命令行中输入 DIVIDE/DIV 命令。

执行“定数等分”命令后，命令行提示如下。

命令:DIVIDE ↙　　//执行定数等分命令

选择要定数等分的对象:　　//选择要等分的对象

输入线段数目或[块(B)]:　　//输入要等分的数目

(按 Esc 键退出)

提示:使用 DIVIDE 命令创建的点对象主要用于作为其他图形的捕捉点,生成的点标记只是起到等分测量的作用,而非将图形断开。

例 3-2
讲解视频

【例 3-2】 绘制法兰盘左视图。

(1) 绘制一个圆,如图 3-12 所示。

(2) 设置点样式。选择"格式"|"点样式"命令,弹出"点样式"对话框,在该对话框中设置点样式,如图 3-13 所示。

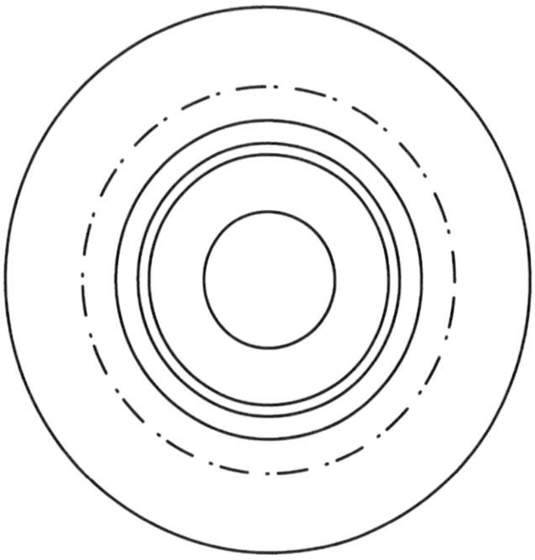

图 3-12　基础图形

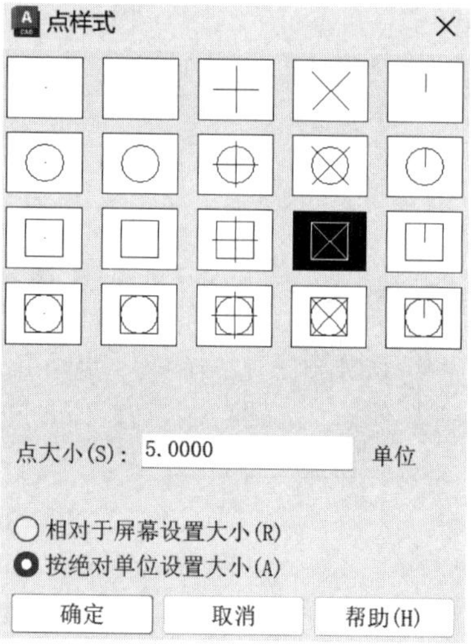

图 3-13　设置点样式

(3) 选中第二个圆,更改其线型为 CENTERX2。

(4) 绘制定数等分点。在命令行中输入 DIV(定数等分)命令,并按 Enter 键,命令行提示如下。

命令:DIV ↙　　//执行定数等分命令

选择要定数等分的对象:　　//选择要等分的圆

输入线段数目或[块(B)]:4 ↙　　//输入要等分的数目

(5) 选中全部的定数等分点以及其所在的圆。使用 RO 命令,并按 Enter 键,输入旋转角度 45°。按 Esc 键退出,完成定数等分点的绘制,如图 3-14 所示。

(6) 输入 OSNAP 命令并按 Enter 键,启动点对象捕捉,确保节点选项已启用,如图 3-15 所示。

(7) 在定数等分点位置绘制圆环,删除原本等分点,完成法兰盘左视图绘制,如图 3-16 所示。

四、绘制定距等分点

在 AutoCAD 中,除了可以将图形定数等分外,还可以将图形定距等分,即将一个对象

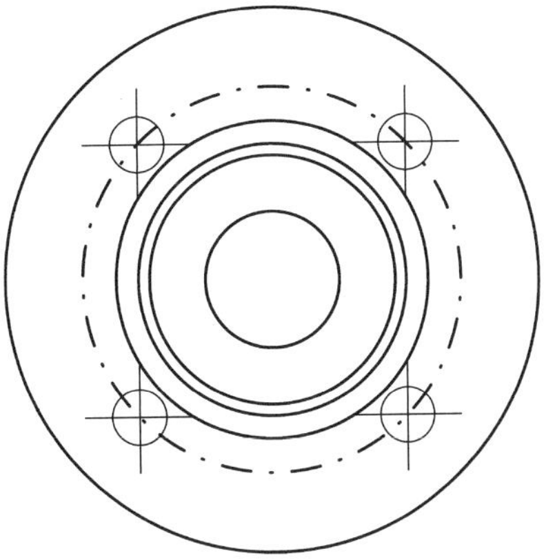

图 3-14　等分圆环

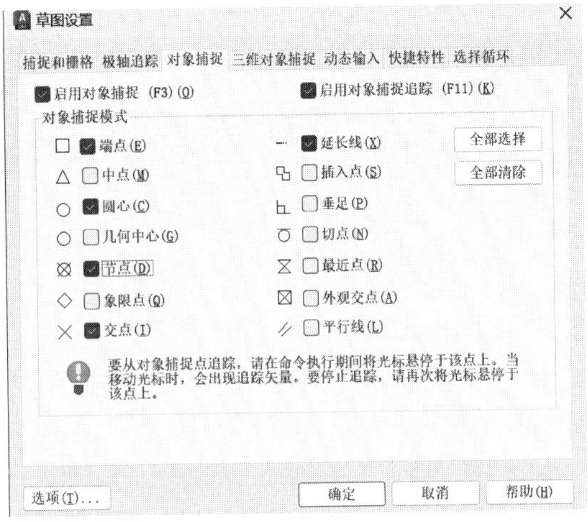

图 3-15　草图设置

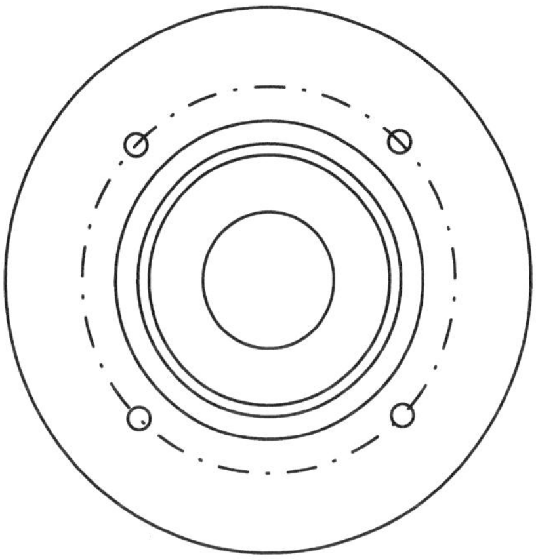

图 3-16　法兰盘左视图

以一定的距离进行划分。使用 MEASURE 命令，便可以在选择对象上创建指定距离的点或块，将图形以指定的长度分段。

可通过以下 3 种方式绘制定距等分点。

(1) 菜单栏：选择“绘图”|“点”|“定距等分”命令。

(2) 功能区：在“默认”选项卡中，单击“绘图”面板中的“定距等分”按钮。

(3) 命令行：在命令行中输入 MEASURE/ME 命令。

执行“定距等分”命令后，命令行提示如下。

命令：ME ↙　　　　　　　　　　//执行定距等分命令
选择要定距等分的对象：　　　　//选择要定距等分的对象
输入线段长度或[块(B)]：　　　//输入等分的距离
(按 Esc 键退出)

【例 3-3】　绘制常高压消火栓给水系统。

例 3-3
讲解视频

(1) 绘制前期图形，如图 3-17 所示。

(2) 设置点样式。选择“格式”|“点样式”命令，弹出“点样式”对话框，在该

对话框中设置点样式，如图 3-18 所示。

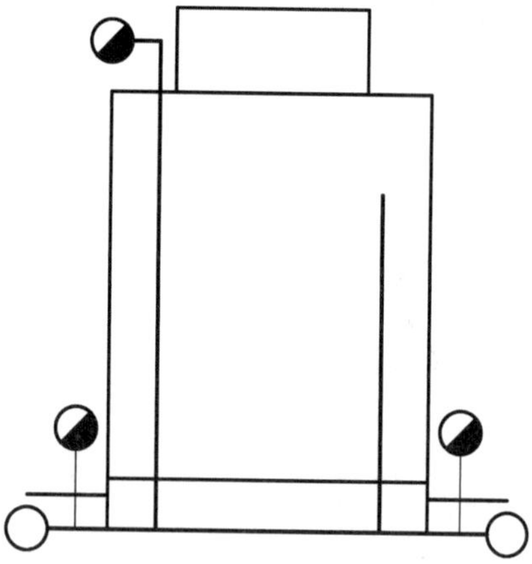

图 3-17　前期图形

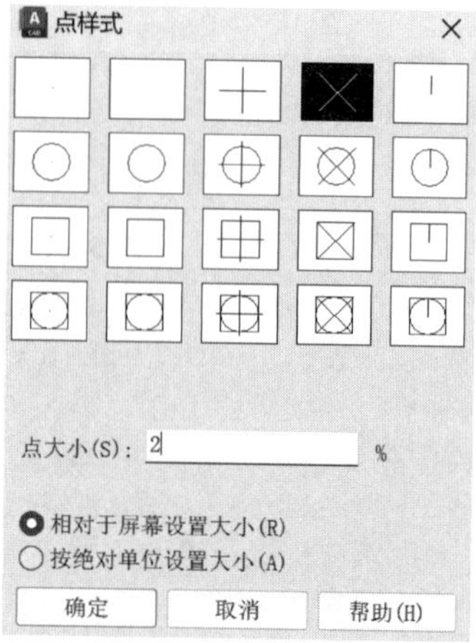

图 3-18　设置点样式

(3) 绘制定距等分点。在命令行中输入 ME(定距等分)命令，并按 Enter 键，命令行提示如下。

命令：ME↙　　//执行定距等分命令
选择要定距等分的对象：　　//选择要定距等分的两侧直线
输入线段长度或[块(B)]:42.5↙　　//输入要等分的长度

(4) 按 Esc 键退出，完成定距等分点的绘制，如图 3-19 所示。

(5) 与【例 3-2】第(6)步相同，使用 OSNAP 命令打开点对象捕捉，使用 C 命令在左侧直线生成若干圆并删除定距等分点；过原点倾斜 135°生成直线，使用 H 命令选中下半圆进行填充，如图 3-20 所示。

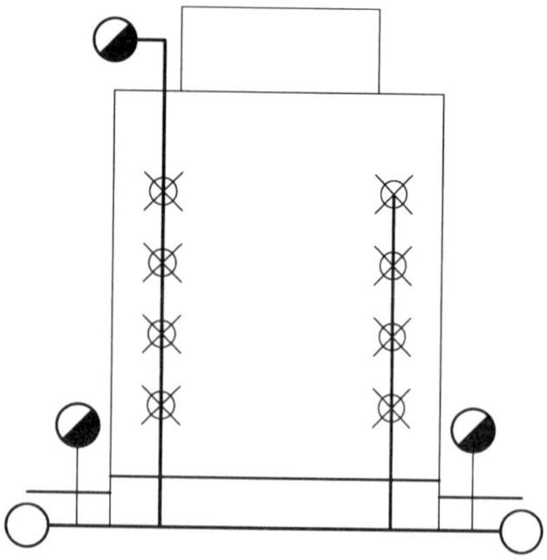

图 3-19　定距等分点绘制

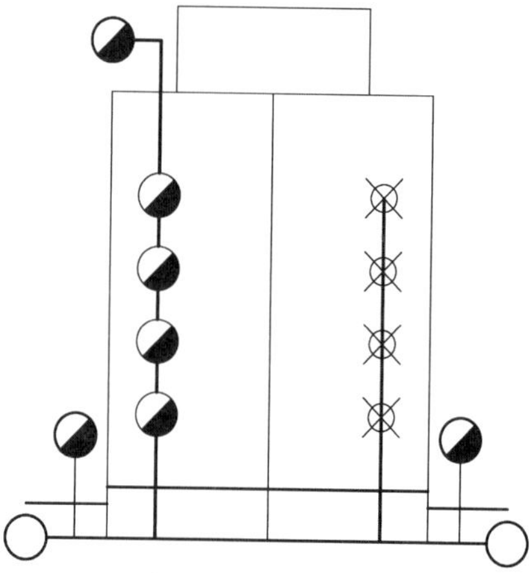

图 3-20　绘制等分点图形

(6) 选中右侧直线定距等分点，绘制水龙头并删除原本定距等分点；在命令行中输入 BL(块)命令，选中线段并将其命名为“水龙头”，按 Enter 键。如图 3-21 所示。

(7) 在命令行窗口输入 COPY 命令，选中“水龙头”，依次粘贴在原本定距等分点上，完成绘制。如图 3-22 所示。

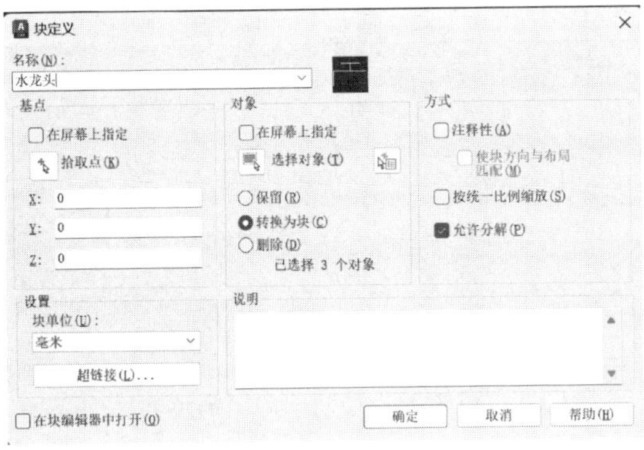

图 3-21　块定义

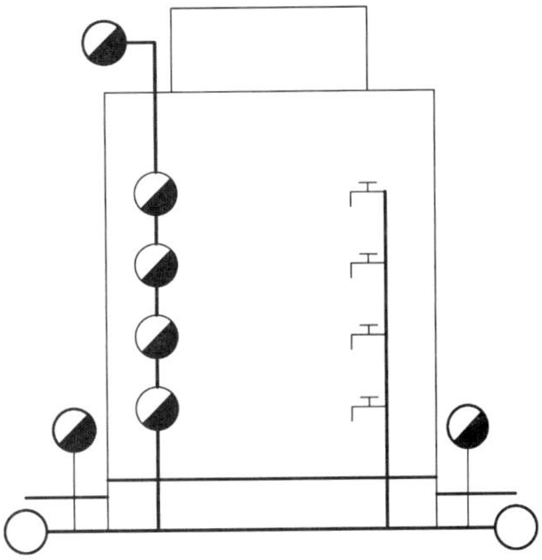

图 3-22　常高压消火栓给水系统

第二节　直线、射线和构造线绘制

图形中最常见的是直线型实体。在 AutoCAD 2023 中，直线型实体包括直线、射线和构造线三种。不同的直线对象具有不同的特性，下面进行详细讲解。

一、绘制直线

AutoCAD 2023 中的直线是有限长的，是有两个端点的线段，这与数学中的直线定义不同。直线一般可用于绘制外轮廓、中心线等。

执行“直线”命令通常有以下 4 种方法。

(1) 菜单栏：选择“绘图”|“直线”命令，如图 3-23 所示。

(2) 功能区：在“默认”选项卡中，单击“绘图”面板中的“直线”按钮，如图 3-24 所示。

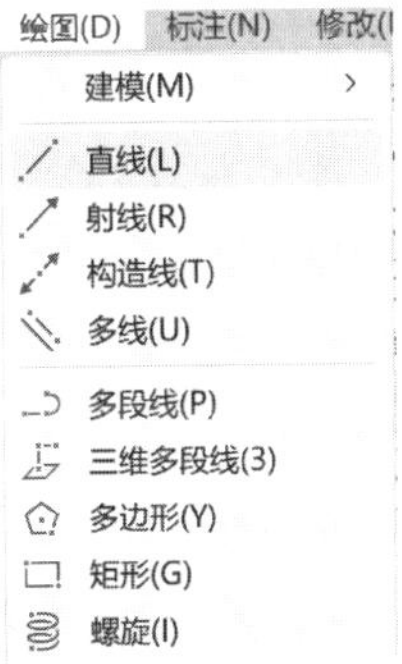

图 3-23　选择“直线”命令

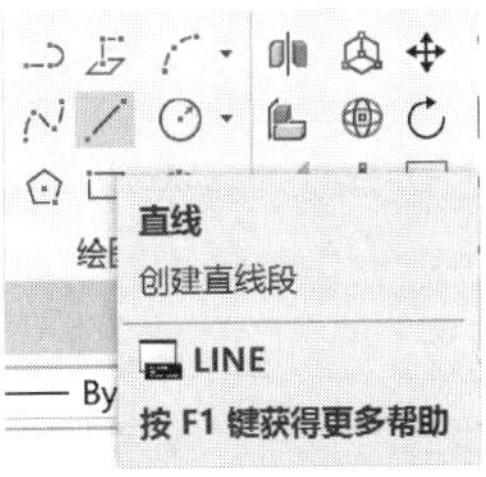

图 3-24　选择“直线”按钮

(3) 工具栏：单击“绘图”工具栏中的“直线”按钮。

(4) 命令行：在命令行中输入 LINE/L 命令。

在使用 L(直线)命令绘图过程中,如果绘制了多条线段,系统将提示“指定下一点或[闭合(C)/放弃(U)]:”,如图 3-25 所示。该提示中各选项的含义如下。

指定下一点:要求用户指定线段的下一端点。

闭合(C):在绘制多条线段后,如果输入 C 并按空格键进行确定,则最后一个端点将与第一条线段的起点重合,从而组成一个封闭的图形,如图 3-26 所示。

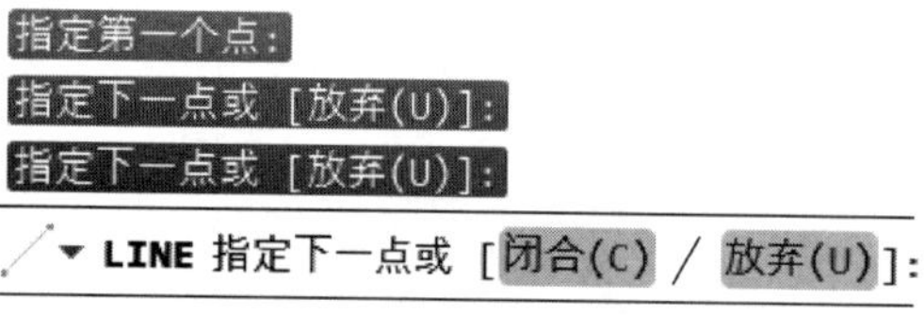

图 3-25　命令提示

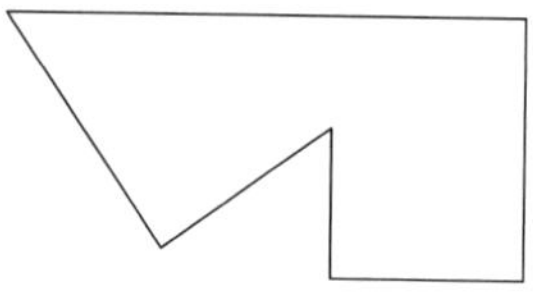

图 3-26　绘制的封闭图形

放弃(U):输入 U 并按空格键进行确定,则最后绘制的线段将被删除。

提示:在绘制直线的过程中,当需要准确地绘制水平直线和垂直直线时,可以单击状态栏中的“正交”按钮,以打开正交模式进行绘制。

例 3-4
讲解视频

【例 3-4】 绘制巷道壁和锚杆,如图 3-27 所示。

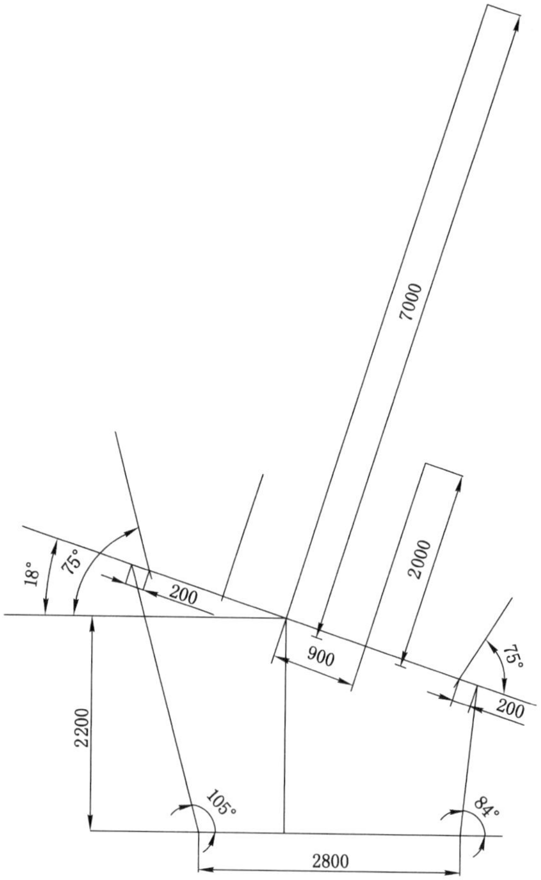

图 3-27　巷道壁及锚杆

(1) 巷道壁的绘制。

① 单击"绘图"工具栏中的直线按钮，在绘图区任意指定一点。

② 指定下一点或【放弃(U)】:@28<0，如图 3-28(a)所示。

③ 指定下一点或【放弃(U)】:@20<84，如图 3-28(b)所示。

④ 指定下一点或【放弃(U)】:@40<170，如图 3-28(c)所示。

⑤ 指定下一点或【闭合(C)/放弃(U)】:C，如图 3-28(d)所示。

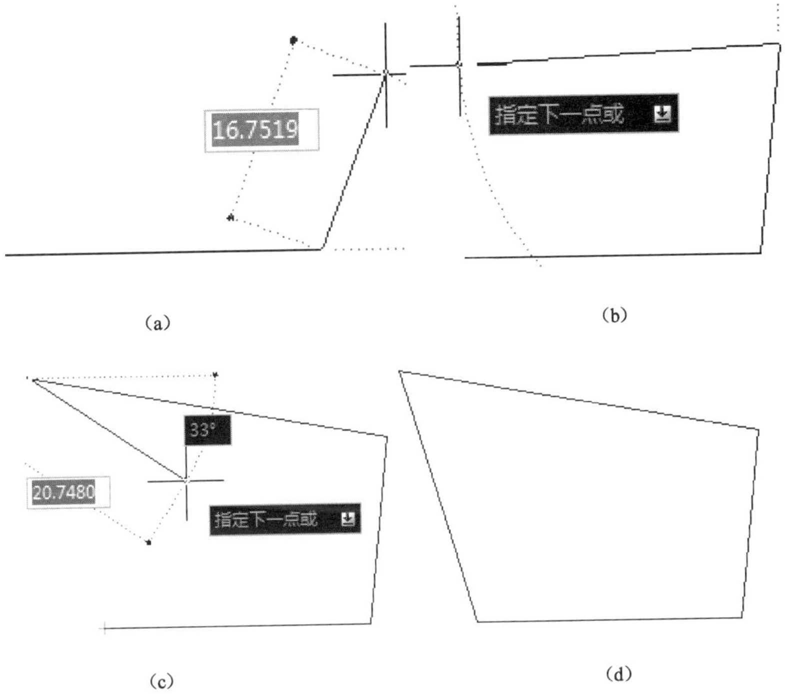

图 3-28　巷道壁的绘制过程

(2) 锚杆的绘制。

① 单击打开对象捕捉按钮 对象捕捉 。

② 单击"绘图"工具栏中的直线按钮，选择右上角为临时基点，如图 3-29(a)所示。

③ 偏移基点，<偏移>@2<170，确定了锚杆起点，如图 3-29(b)所示。

④ 指定下一点:@15.5<60，顶板内锚杆绘制结束，如图 3-29(c)所示。

⑤ 按空格键或回车键重复直线绘制命令，捕捉锚杆下部端点，如图 3-29(d)所示。

⑥ 指定下一点:@0.5<240，绘制完外露部分，锚杆全长绘制结束，如图 3-29(e)所示。

⑦ 按照此法依次绘制出其他锚杆、锚索。

二、绘制射线

射线是指在一个方向无限延伸的线，一般作为辅助线。使用射线代替构造线，有助于减轻视觉混乱。

AutoCAD 2023 中通过指定射线的起点和通过点来绘制射线。每执行一次射线绘制命

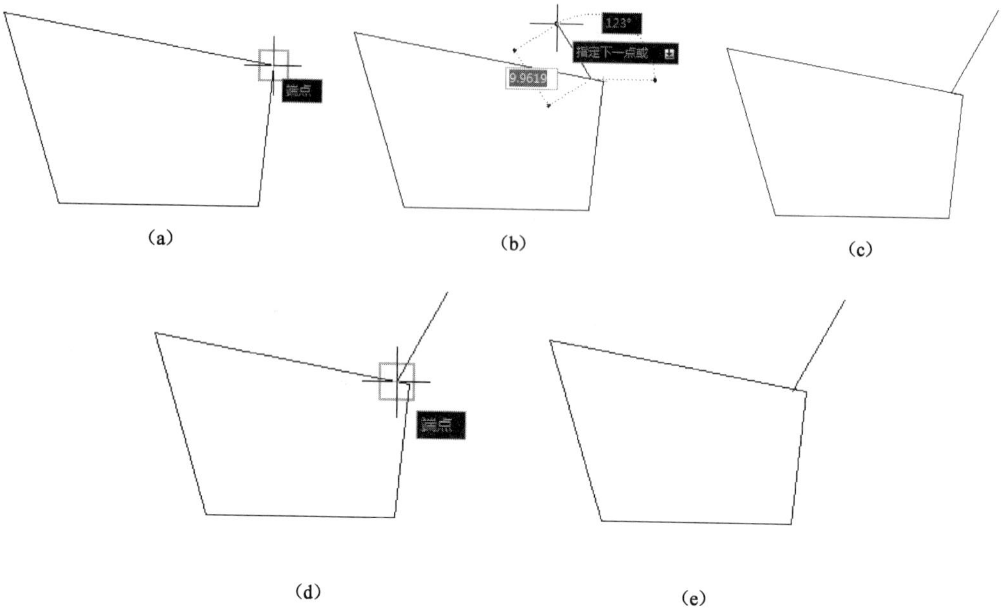

图 3-29　锚杆的绘制过程

令，可绘制一簇射线，这些射线以指定的第一点为共同的起点，如图 3-30 所示。

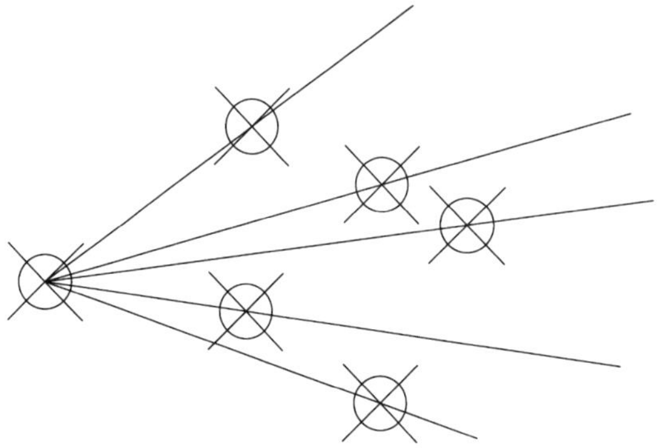

图 3-30　绘制的射线

执行“射线”命令的常用方法有如下 3 种：

(1) 菜单栏：选择“绘图”|“射线”命令。

(2) 功能区：在“默认”选项卡中，单击“绘图”面板中的“射线”按钮。

(3) 命令行：在命令行中输入 RAY 命令。

例 3-5
讲解视频

【例 3-5】 三点延线法。

(1) 绘制前期图形，使用 REC 命令绘制一个矩形，用 DELETE 键删除最左边的直线；使用 CAD 拓展工具(如果没有可使用多段线命令)中的 BREAKLINE 命令，在命令行窗口选中 Size 选项以调整折线大小，如图 3-31 所示；并按 Enter 键，选中折断线的起点和终点，完成绘制，如图 3-32 所示。

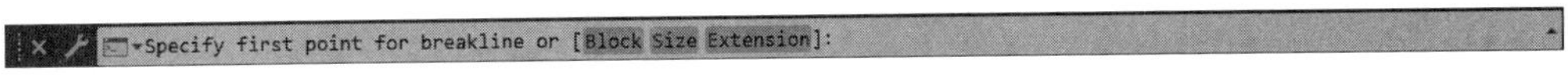

图 3-31　BREAKLINE 命令

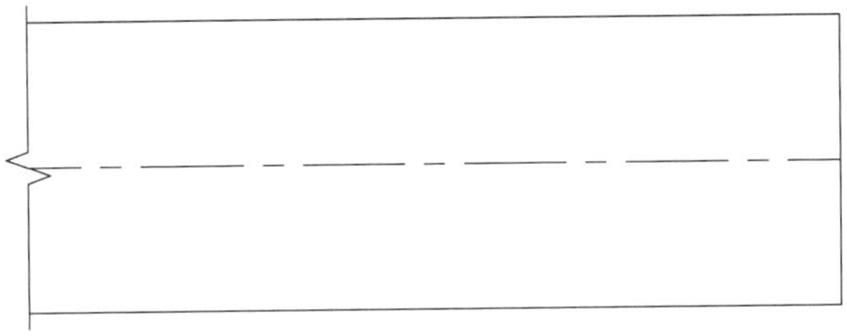

图 3-32　前期图形

(2) 选中矩形,使用 O(偏移)命令,并按 Enter 键,使其向外偏移,如图 3-33 所示。

命令:O ↙　　//执行偏移命令

选择要偏移的对象:　　//选中矩形的三条边

选择要偏移的距离:8　　//输入要偏移的距离

(3) 在矩形中间的分割线上使用 C(创建圆)命令,并按 Enter 键,画出 3 个圆,如图 3-34 所示。

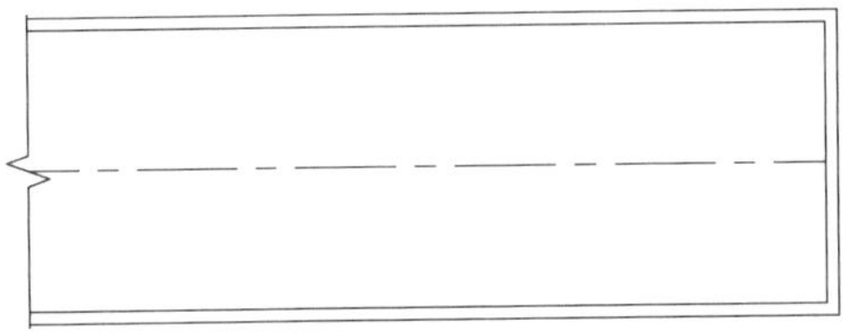

图 3-33　矩形向外偏移

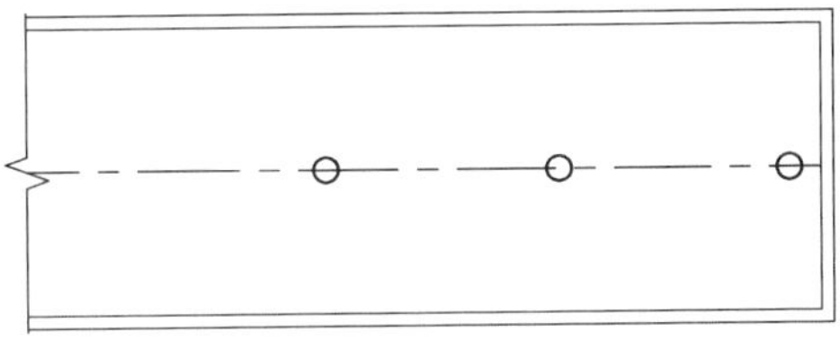

图 3-34　绘制圆

(4) 使用快捷键 H(填充),并按 Enter 键,选择 ANSI31 填充,如图 3-35 所示。

(5) 使用快捷键 POL(创建多边形),并按 Enter 键,创建三角形。

命令:POL ↙　　//执行创建正多边形命令

输入侧面数:3　　//输入侧面数 3

指定正多边形的中心点或[边(E)]:　　//选定中心点位置,在内外部矩形中间

输入选项[内接于圆(I)/外切于圆(C)]:C ↙　　//内接于圆

对三角形使用 BL(块)命令,并按 Enter 键,将其命名为“三角形”;使用 COPY(复制)命令,并按 Enter 键,复制后拖动使其分布在两矩形之间。如图 3-36 所示。

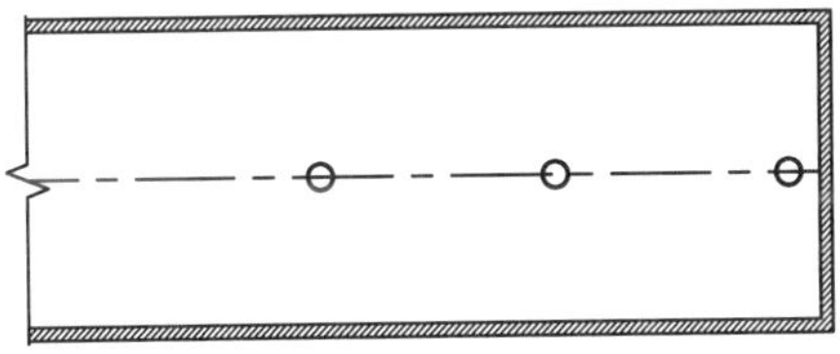

图 3-35　填充边框

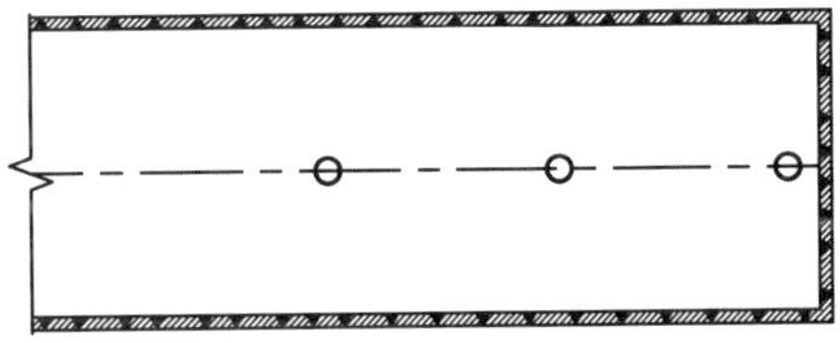

图 3-36　生成三角形

(6) 在命令行窗口使用RAY(创建射线)命令,并按Enter键,选中第一个圆与矩形分界线的交点作为射线的起始点,在射线延伸的过程中使其与第二个圆相切,并使用TR(裁剪)快捷键消除多余部分。完成绘制,如图3-37所示。

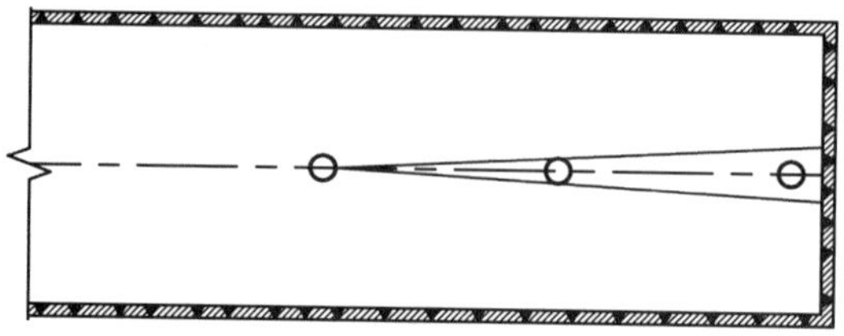

图3-37　矿井三点延线法

三、绘制构造线

构造线是两端无限延伸的直线,没有起点和终点,一般作为辅助线。AutoCAD 2023是通过指定构造线的两点实现绘制的:一为中心点,每执行一次绘制构造线操作可绘制一簇构造线;二为构造线的通过点,确定构造线的方向。典型的构造线如图3-38所示。

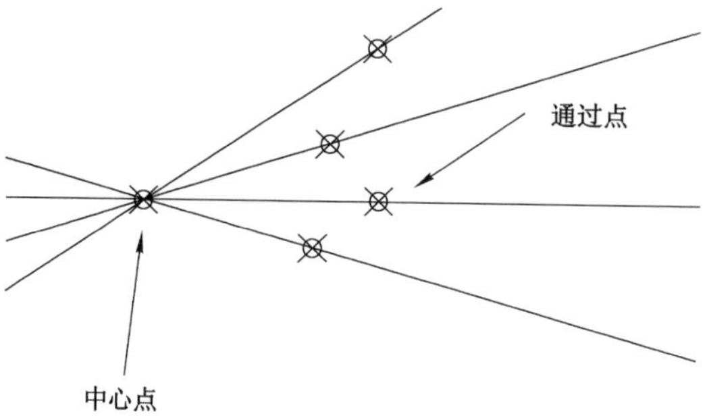

图3-38　绘制的构造线

执行"构造线"命令的方法有以下4种。

(1) 菜单栏:选择"绘图"|"构造线"命令。

(2) 功能区:在"默认"选项卡中,单击"绘图"面板中的"构造线"按钮。

(3) 工具栏:单击"绘图"工具栏中的"构造线"按钮。

(4) 命令行:在命令行中输入XLINE/XL命令。

执行绘制构造线命令后,命令行提示如下。

命令:xline ↙

指定点或[水平(H)/垂直(V)/角度(A)/二等分(B)/偏移(O)]:

此时用鼠标在绘图区单击或用键盘输入坐标值指定构造线的中心点。各选项含义如下。

(1) 水平(H):表示绘制通过选定点的水平构造线,即平行于X轴。

(2) 垂直(V):表示绘制通过选定点的垂直构造线,即平行于Y轴。

(3) 角度(A):表示以指定的角度创建一条构造线。选择该选项后,命令行将提示输入所绘制构造线与X轴正方向的夹角,然后提示指定构造线的通过点,如图3-39所示。

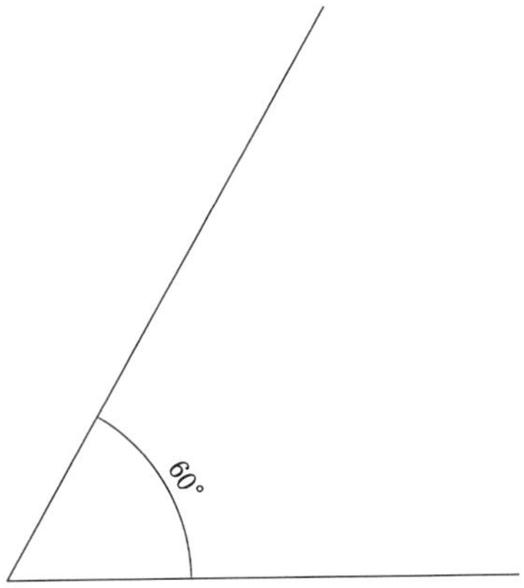

图 3-39 绘制指定角度的构造线

(4) 二等分(B):表示绘制一条将指定角度平分的构造线。选择该选项后,命令行将提示指定要平分的角度,如图 3-40 所示。

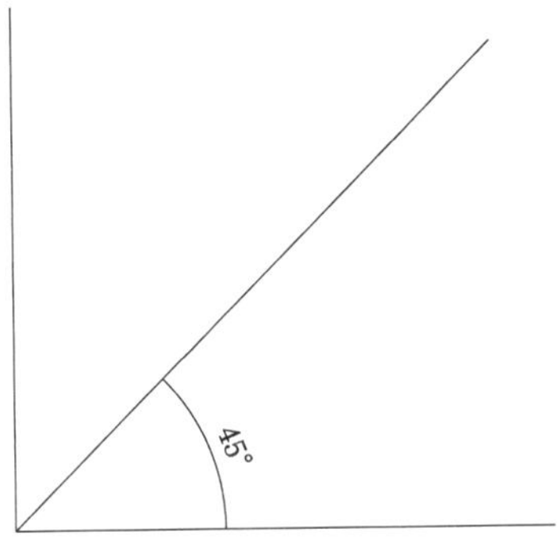

图 3-40 二等分构造线

(5) 偏移(O):表示绘制一条平行于另一个对象的参照线。选择该选项后,命令行将提示指定要偏移的对象。

例 3-6 讲解视频

【例 3-6】 绘制餐桌椅。

(1) 绘制餐桌。在"默认"选项卡中,单击"绘图"面板中的"直线"按钮,绘制长为 1200、宽为 650 的矩形作为餐桌平面图,如图 3-41 所示。命令行操作过程如下。

命令:line ↙	//执行"直线"命令
指定第一个点:	//在绘图区中任意位置单击确定第一点
指定下一点或[放弃(U)]:1200 ↙	//按 F8 键打开正交模式,向右移动光标,输入线段的长度为 1200
指定下一点或[放弃(U)]:650 ↙	//向上移动光标,输入线段的长度为 650
指定下一点或[闭合(C)/放弃(U)]:1200 ↙	//向左移动光标,输入线段的长度为 1200
指定下一点或[闭合(C)/放弃(U)]:C ↙	//激活 C 选项,封闭图形

(2) 绘制椅子。在命令行中输入 XL(构造线)命令,绘制垂直于餐桌的构造线,如图 3-42

所示。命令行操作过程如下。

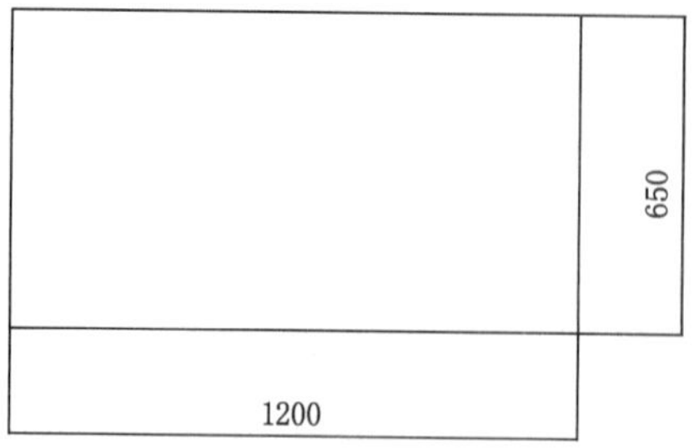

图 3-41　绘制餐桌平面

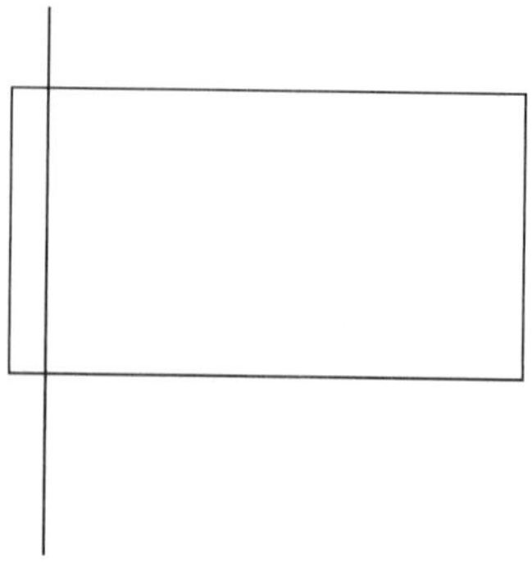

图 3-42　绘制第一条构造线

命令:xline ↙　　　　　　　　　　//执行创建构造线命令
指定点或[水平(H)/垂直(V)/角度(A)/二等分(B)/偏移(O)]:
　　　　　　　　　　　　　　　　//在餐桌面上单击指定起点
指定通过点:　　　　　　　　　　//在垂直方向上任意单击一点确定通过点,并按 Esc 键退出命令

(3) 按空格键重复"构造线"命令,绘制偏移的构造线,如图 3-43 所示。命令行操作过程如下。

命令:line ↙
指定点或[水平(H)/垂直(V)/角度(A)/二等分(B)/偏移(O)]:O ↙
　　　　　　　　　　　　　　　　//选择"偏移"选项
指定偏移距离或[通过(T)]<205.0000>:400 ↙　//输入偏移距离
选择直线对象:　　　　　　　　　//选择第一条构造线
指定向哪侧偏移:　　　　　　　　//向右拖动鼠标并单击确定,按 Esc 键退出命令

(4) 重复"构造线"命令,绘制与餐桌水平边线平行的构造线,如图 3-44 所示。命令行操作过程如下。

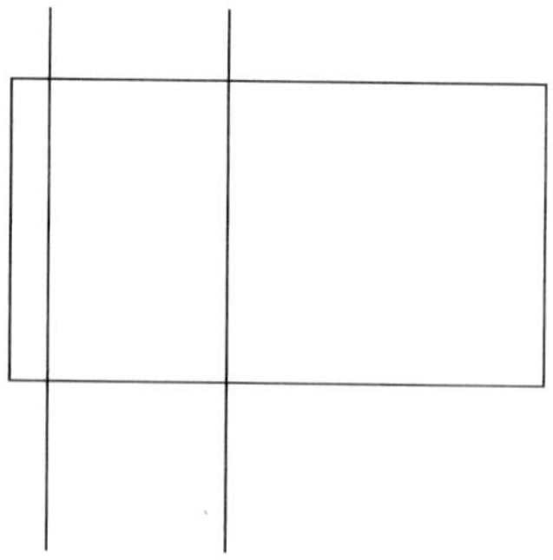

图 3-43　偏移构造线

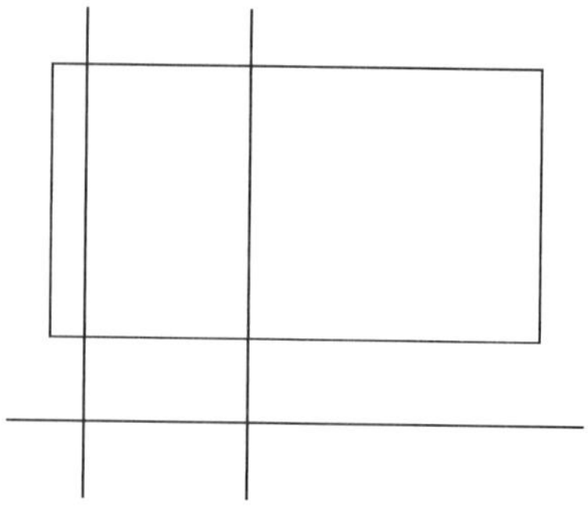

图 3-44　绘制与餐桌水平边线平行的构造线

命令：xline↙
指定点或[水平(H)/垂直(V)/角度(A)/二等分(B)/偏移(O)]：O↙
//选择“偏移”选项
指定偏移距离或[通过(T)]<400.0000>：205↙　　//输入偏移距离
选择直线对象：　　//选择餐桌下边直线
指定向哪侧偏移：　　//向下拖动鼠标并单击确定，按Esc键退出命令

(5) 重复“构造线”命令，绘制与水平构造线平行的第二条构造线，如图3-45所示。命令行操作过程如下。

命令：xline
指定点或[水平(H)/垂直(V)/角度(A)/二等分(B)/偏移(O)]：O↙
//选择“偏移”选项
指定偏移距离或[通过(T)]<205.0000>：40↙　　//输入偏移距离
选择直线对象：　　//选择刚绘制的水平构造线
指定向哪侧偏移：　　//向下拖动鼠标并单击确定，按Esc键退出命令

(6) 删除多余的构造线，结果如图3-46所示。使用相同的方法创建其他椅子的平面图，完成餐桌椅的绘制，然后进行调整，效果如图3-47所示。

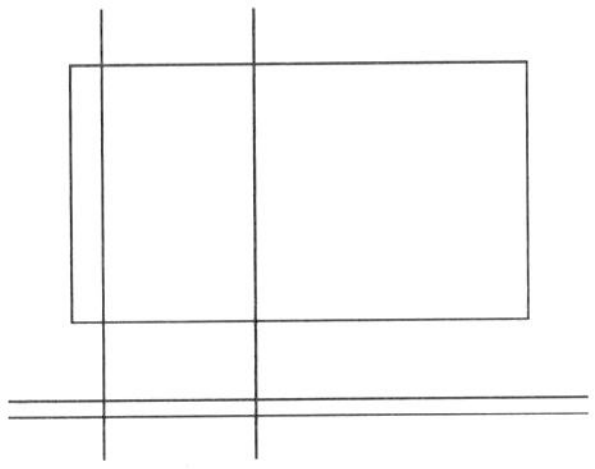

图 3-45　绘制第二条平行构造线

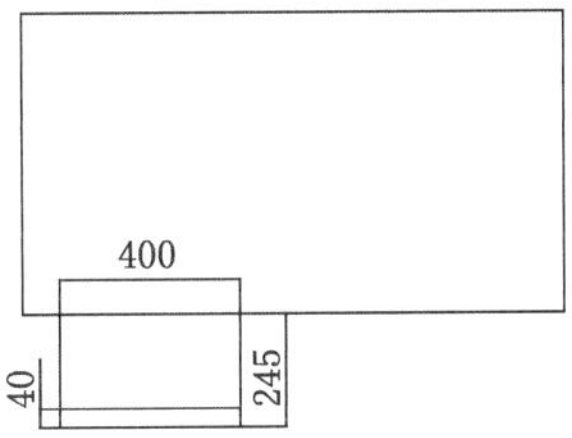

图 3-46　椅子平面效果

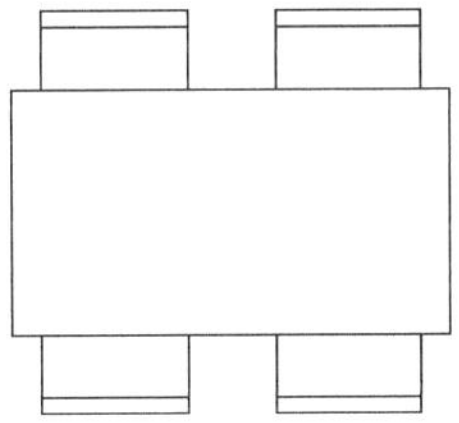

图 3-47　餐桌椅平面效果

第三节　矩形和正多边形绘制

在AutoCAD中，多边形包括矩形、正多边形等，是绘图过程中使用较多的一类图形。虽然矩形和正多边形是由若干条线段构成的，但在AutoCAD 2023中，它们是单独的图形对象。

一、绘制矩形

AutoCAD 2023中的矩形是通过确定其两个对角点而绘制完成的。既可以通过单击指定两个对角点绘制矩形，也可以通过输入坐标指定两个对角点的方式绘制矩形，如图3-48(a)所示。

启动“矩形”命令有以下4种方法。

(1) 菜单栏：选择“绘图”|“矩形”命令。

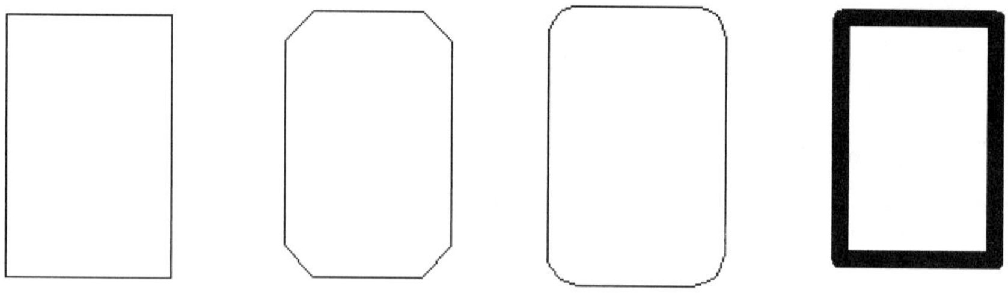

(a) 矩形　　(b) 倒角　　(c) 圆角　　(d) 宽度

图 3-48　各种样式的矩形

(2) 功能区:在“默认”选项卡中,单击“绘图”面板中的“矩形”按钮。
(3) 工具栏:单击“绘图”工具栏中的“矩形”按钮。
(4) 命令行:在命令行中输入 RECTANG/REC 命令。
执行 REC(矩形)命令后,命令行提示如下。
指定第一个角点或[倒角(C)/标高(E)/圆角(F)/厚度(T)/宽度(W)]:
指定另一个角点或[面积(A)/尺寸(D)/旋转(R)]:
其中各选项的含义如下。
(1) 倒角(C):用于设置矩形的倒角距离,如图 3-48(b)所示。
(2) 标高(E):用于设置矩形在三维空间中的基面高度。
(3) 圆角(F):用于设置矩形的圆角半径,如图 3-48(c)所示。
(4) 厚度(T):用于设置矩形的厚度,即三维空间 Z 轴方向的高度。
(5) 宽度(W):用于设置矩形的线条粗细,如图 3-48(d)所示。
(6) 面积(A):通过确认矩形面积大小的方式绘制矩形。
(7) 尺寸(D):通过输入矩形的长、宽确定矩形的大小。
(8) 旋转(R):通过指定的旋转角度绘制矩形。

提示:在绘制圆角或倒角时,如果矩形的长度和宽度太小而无法使用当前设置创建矩形,则绘制出来的矩形将不进行圆角或倒角处理。

例 3-7
讲解视频

【例 3-7】　绘制运输巷道断面图,如图 3-49 所示。

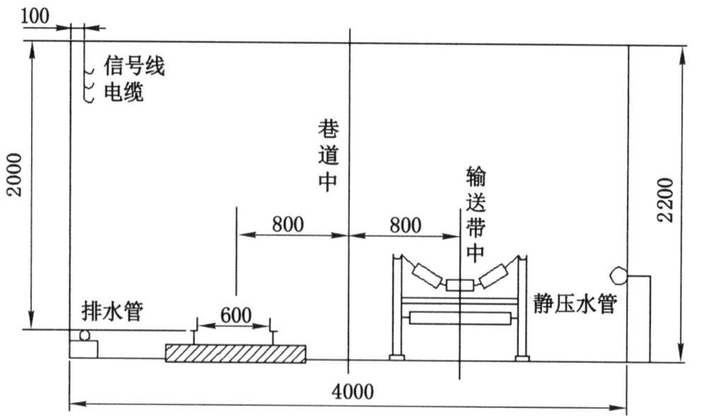

图 3-49　运输巷道断面图

(1) 单击“绘图”工具栏中的矩形按钮。

(2) 命令行显示“指定第一个角点或[倒角(C)/高程(E)/圆角(F)/厚度(T)/宽度(W)]:”。单击指定第一个角点。命令行显示“指定另一个角点或[面积(A)/尺寸(D)/旋转(R)]:”,输入 D。

(3) 输入矩形长度:4000,输入矩形宽度:2200。

(4) 与此相同,可完成枕木、带式输送机的绘制。

例 3-8
讲解视频

【例 3-8】 绘制泵体俯视图。

(1) 在命令行窗口输入 REC(创建矩形)命令。按 Enter 键,创建一个大小为 200×100 的矩形,如图 3-50 所示。命令行窗口提示如下。

命令:REC ↙　　　　//调用“矩形”命令
指定第一个角点或[倒角(C)/标高(E)/圆角(F)/厚度(T)/宽度(W)]:W ↙
　　　　//激活“宽度”选项
指定矩形的线宽＜0.0000＞:10　　　　//输入矩形线宽
指定第一个角点或[倒角(C)/标高(E)/圆角(F)/厚度(T)/宽度(W)]:
　　　　//指定任意一点为矩形的第一个角点
指定另一个角点或[面积(A)/尺寸(D)/旋转(R)]:D ↙
　　　　//激活“尺寸”选项
指定矩形的长度＜200.0000＞:200 ↙　　　　//输入矩形的长度
指定矩形的宽度＜100.0000＞:100 ↙　　　　//输入矩形的宽度
指定另一个角点或[面积(A)/尺寸(D)/旋转(R)]:
　　　　//在任意位置单击确定,完成矩形绘制

(2) 重复上述操作,在矩形中间创建一个大小为 60×80 的小矩形,使用 MOVE(移动)命令使两矩形的中心重合,如图 3-51 所示。命令行窗口提示如下。

指定基点或[位移 D]＜位移＞:　　　　//选择小矩形中点
MOVE 指定第二个点或＜使用第一个点作为位移＞:
　　　　//选择大矩形中点

图 3-50　创建矩形

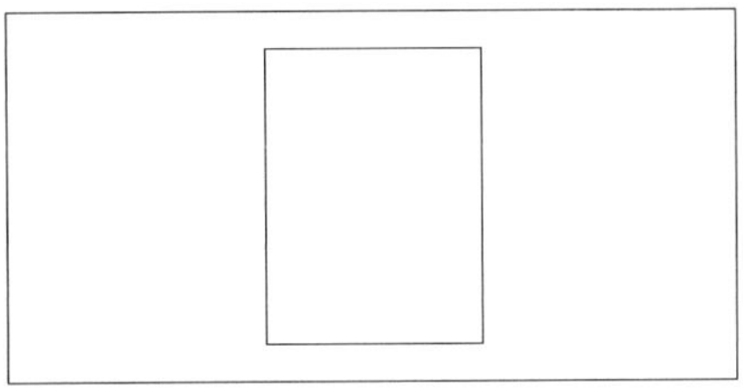

图 3-51　创建小矩形

(3) 使用 H(填充)命令,并按 Enter 键,选中小矩形,选择 ANSI31 填充图案,如图 3-52 所示。

(4) 使用 C(创建圆)命令在大矩形左部创建两个半径分别为 25 和 15 的同心圆。并使用 MI(镜像)命令,按 Enter 键,对称生成同等大小的同心圆,如图 3-53 所示。命令行提示如下。

MIRROR 选择对象：　　　　　　　　　　　//选择同心圆

MIRROR 指定镜像线的第一点：　　　　　　//选择矩形中点

MIRROR 要删除源对象吗？[是(Y)/否(N)]　　//否(N)

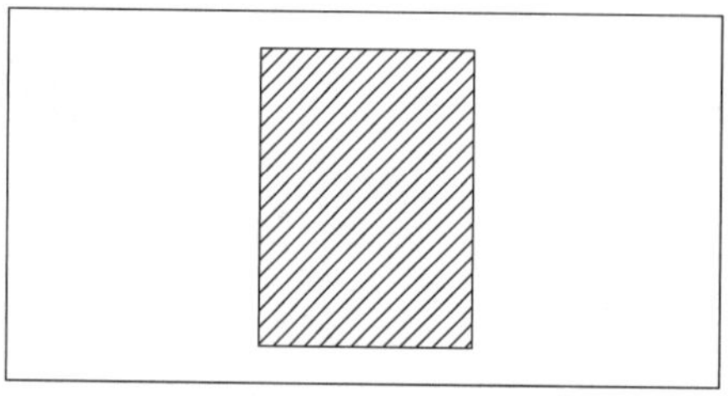

图 3-52　填充小矩形

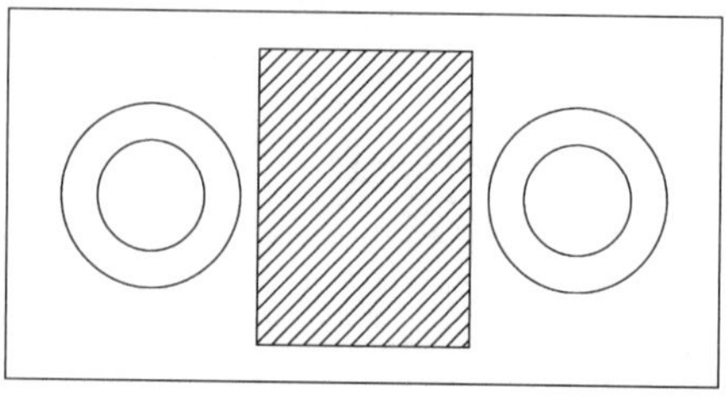

图 3-53　泵体俯视图

二、绘制正多边形

正多边形是由 3 条或 3 条以上长度相等的线段首尾相接形成的闭合图形，其边数范围值为 3～1024。图 3-54 所示为各种正多边形效果。

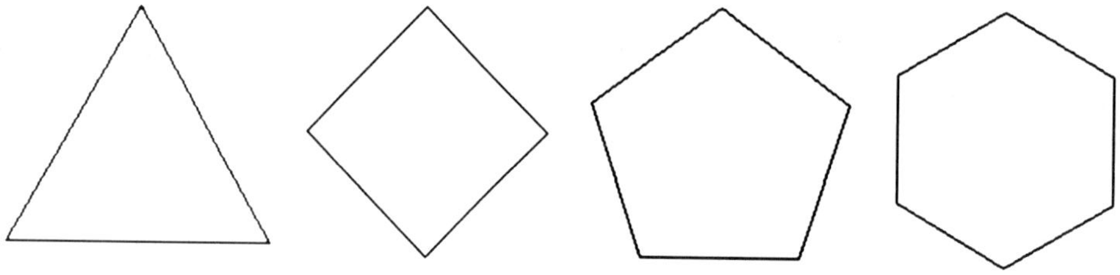

(a) 三角形　(b) 四边形　(c) 五边形　(d) 六边形

图 3-54　各种正多边形

启动“多边形”命令有以下 4 种方法。

(1) 菜单栏：选择“绘图”|“多边形”命令。

(2) 功能区：在“默认”选项卡中，单击“绘图”面板中的“多边形”按钮。

(3) 工具栏：单击“绘图”工具栏中“多边形”按钮。

(4) 命令行：在命令行中输入 POLYGON/POL 命令。

执行“多边形”命令后，命令行将出现如下提示。

命令：POLYGON ↙　　　　//执行“多边形”命令

输入侧面数＜4＞：　　　　//指定多边形的边数，默认状态为四边形

指定正多边形的中心点或[边(E)]：

　　　　　　　　　　　　//确定多边形的一条边来绘制正多边形，由边数和边长确定

输入选项[内接于圆(I)/外切于圆(C)]＜I＞：

　　　　　　　　　　　　//选择正多边形的创建方式

指定圆的半径：　　　　　//指定创建正多边形时的内接于圆或外切于圆的半径

其部分选项的含义如下。

(1) 中心点:通过指定正多边形中心点的方式来绘制正多边形。

(2) 内接于圆(I)/外切于圆(C):“内接于圆”表示以指定正多边形内接圆半径的方式来绘制正多边形,“外切于圆”表示以指定正多边形外切圆半径的方式来绘制正多边形,如图 3-55 所示。

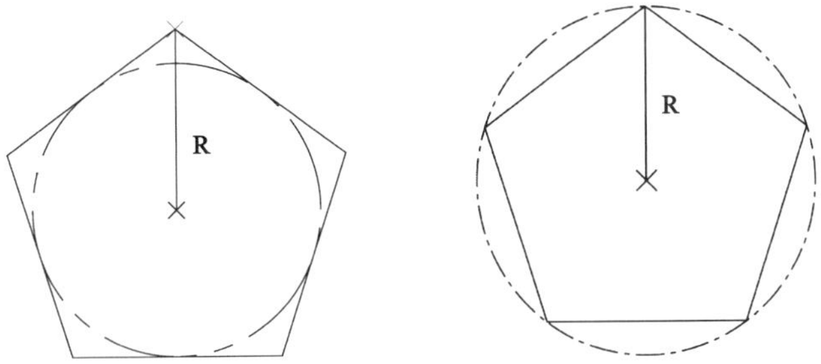

(a) 外切于圆　　(b) 内接于圆

图 3-55　通过“内接于圆(I)/外切于圆(C)”绘制正多边形

(3) 边:通过指定多边形边的方式来绘制正多边形。该方式通过边的数量和长度确定正多边形,如图 3-56 所示。

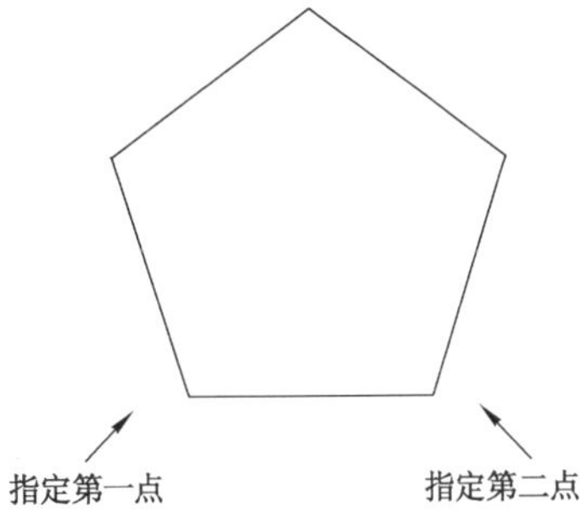

图 3-56　通过指定边长的方式绘制正多边形

【例 3-9】 绘制多边形。

例 3-9 讲解视频

(1) 绘制正多边形。在“默认”选项卡中,单击“绘图”面板中的“多边形”按钮。绘制正六边形,设置内接圆的半径为 11,如图 3-57 所示。命令行操作如下。

命令:polygon ↙　　//执行“多边形”命令
输入侧面数<4>:6 ↙　　//指定多边形的边数
指定正多边形的中心点或[边(E)]:　　//在绘图区中单击指定中心点
输入选项[内接于圆(I)/外切于圆(C)]<I>:I ↙　　//选择内接于圆类型
指定圆的半径:11 ↙　　//输入圆的半径,按 Enter 键确定

(2) 按空格键重复 POL(多边形)命令,通过指定刚绘制的正六边形边的方式来绘制正五边形,如图 3-58 所示。命令行操作如下。

命令:polygon ↙　　//执行“多边形”命令
输入侧面数<6>:5 ↙　　//指定多边形的边数

指定正多边形的中心点或[边(E)]:E ↙ //激活"边"选项
指定边的第一个端点: //指定正六边形边的端点为第一个端点
指定边的第二个端点: //指定正六边形边的端点为第二个端点

(3) 重复"多边形"命令操作,用上述方法继续绘制其他正五边形,在此不再进行详细讲解,结果如图 3-59 所示。

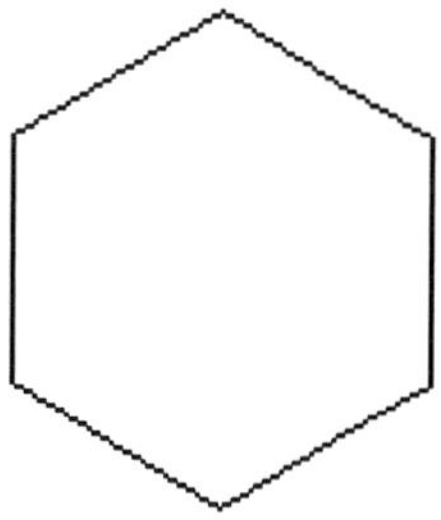
图 3-57 绘制内接于圆的正六边形

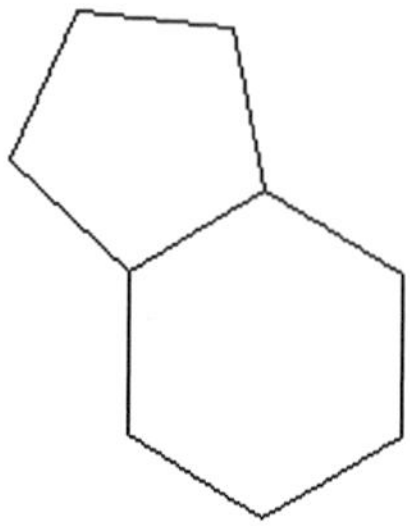
图 3-58 创建正五边形

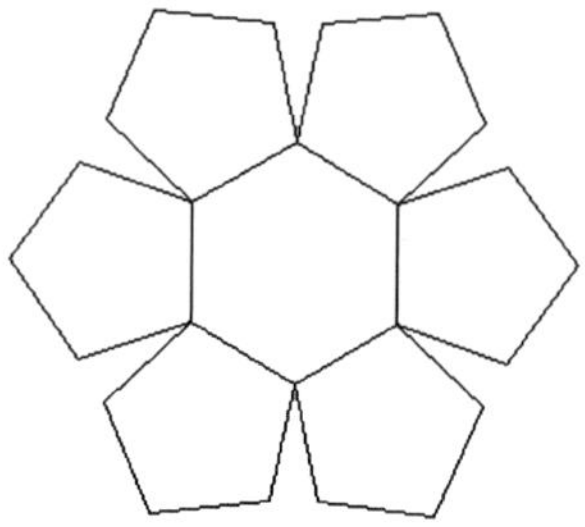
图 3-59 绘制正五边形

(4) 在"默认"选项卡中,单击"绘图"面板中的"圆"按钮。以正六边形的中点为圆心,捕捉正五边形的端点确定半径绘制圆,如图 3-60 所示。

(5) 重复"圆"命令操作,绘制内接于正六边形的圆,如图 3-61 所示。

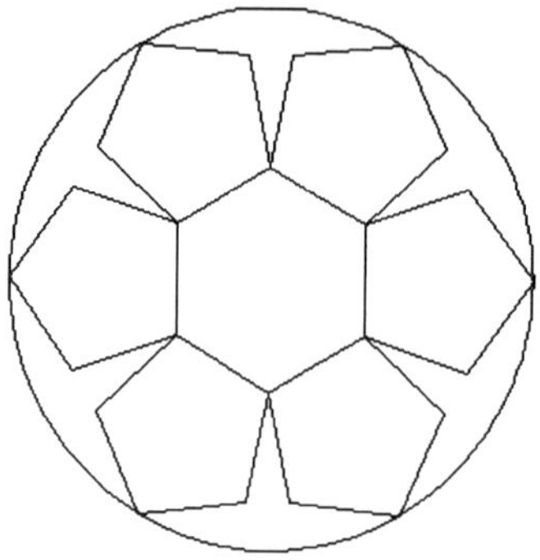
图 3-60 绘制外切圆

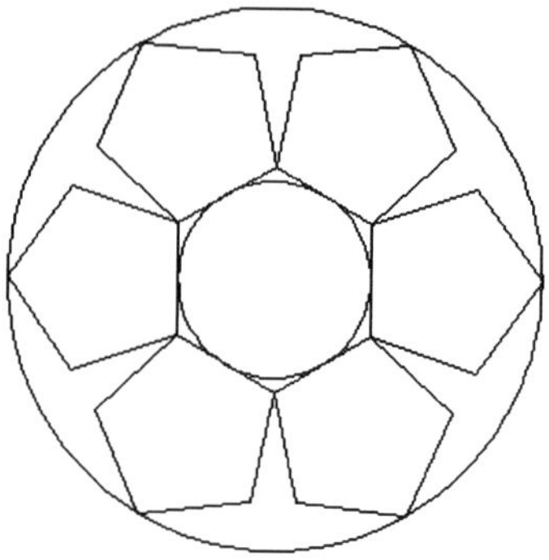
图 3-61 绘制内接圆

(6) 在命令行中输入 POL(多边形)命令,绘制外切正四边形、内接正三角形,如图 3-62 与图 3-63 所示。命令行操作如下。

命令:POL ↙ //执行"多边形"命令
输入侧面数<5>:4 ↙ //指定多边形的边数
指定正多边形的中心点或[边(E)]: //指定正六边形中点为中心点
输入选项[内接于圆(I)/外切于圆(C)]<I>:C ↙ //激活"外切于圆"选项
指定圆的半径: //捕捉外切圆的象限点,单击确定圆半径
命令:POL ↙ //执行"多边形"命令
输入侧面数<4>:3 ↙ //指定多边形的边数
指定正多边形的中心点或[边(E)]: //指定正六边形中点为中心点

输入选项[内接于圆(I)/外切于圆(C)]<C>:I↙ //激活“内接于圆”选项
指定圆的半径： //捕捉内接圆的象限点，单击确定圆半径

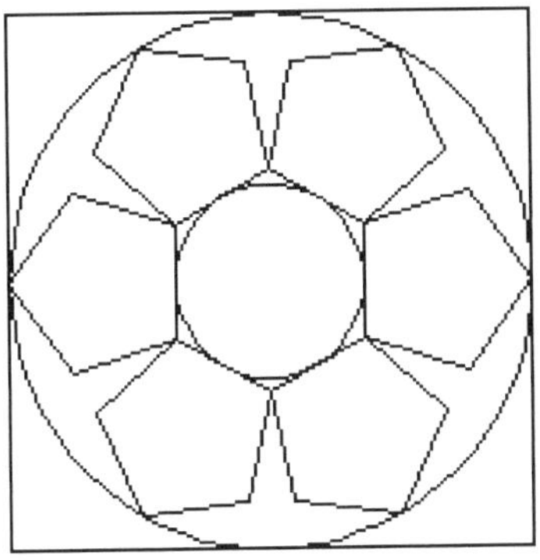

图 3-62　绘制正四边形

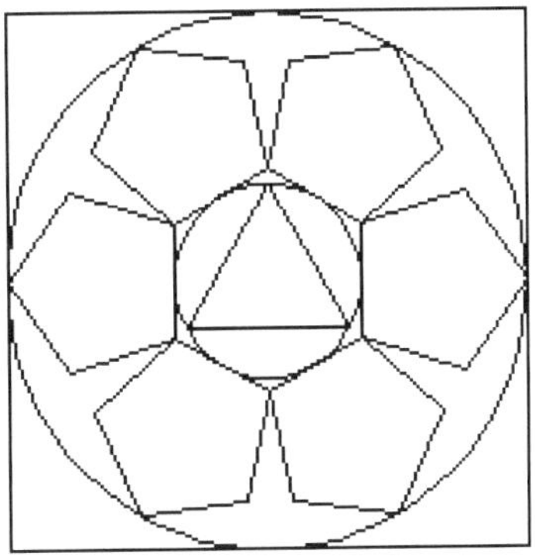

图 3-63　绘制正三角形

第四节　圆类、椭圆类图形绘制

在 AutoCAD 中，圆、圆弧、椭圆、椭圆弧和圆环都属于圆类图形，比上述的直线、射线等对象复杂，因此，AutoCAD 2023 提供了更多的方法来绘制这些对象，下面分别对其进行讲解。

一、绘制圆

在 AutoCAD 2023 中，可以通过指定圆心、半径、直径、圆周上的点和其他对象上的点的不同组合来绘制圆。

执行“圆”命令的方法有以下 4 种。

(1) 菜单栏：选择“绘图”|“圆”命令。

(2) 功能区：在“默认”选项卡中，单击“绘图”面板中的“圆”按钮。

(3) 工具栏：单击“绘图”工具栏中的“圆”按钮。

(4) 命令行：在命令行中输入 CIRCLE/C 命令。

图 3-64 所示的子菜单代表绘制圆的不同方法，比如“三点”即表示通过指定圆上的 3 个点来绘制圆。

在“绘图”|“圆”命令中提供了 6 种绘制圆的命令，各命令的含义如下。

(1) 圆心、半径(R)：通过指定圆的圆心位置和半径绘制圆，如图 3-65(a)所示。

(2) 圆心、直径(D)：通过指定圆的圆心位置和直径绘制圆，如图 3-65(b)所示。

(3) 两点(2)：通过指定圆直径的两个端点绘制圆，如图 3-65(c)所示。

(4) 三点(3)：通过指定圆周上 3 点绘制圆，如图 3-65(d)所示。

(5) 相切、相切、半径(T)：通过指定圆的半径及与圆相切的两个对象绘制圆，如图 3-65(e)所示。

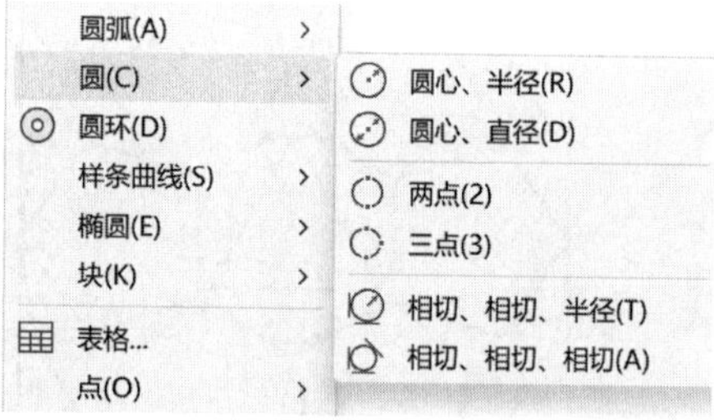

(a) 绘制圆的系列按钮

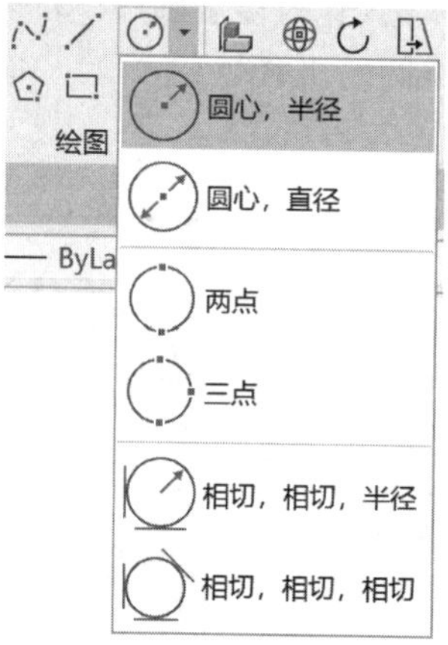

(b) “圆”子菜单

图 3-64 绘制圆的系列按钮和“圆”子菜单

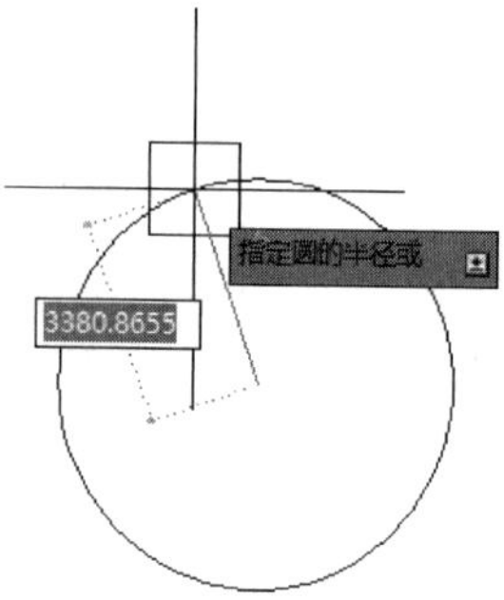

(a) 圆心、半径方式画圆

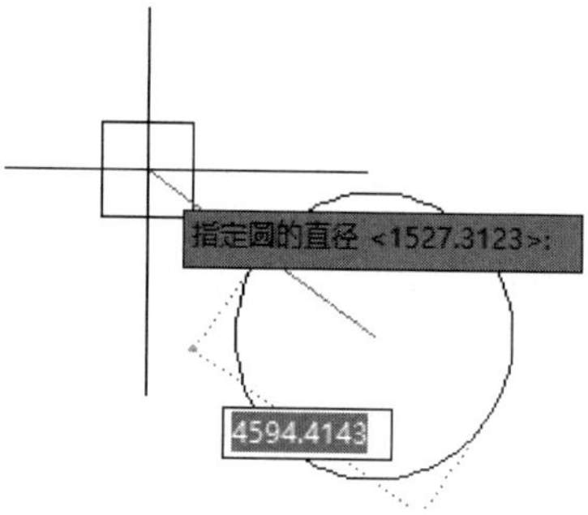

(b) 圆心、直径方式画圆

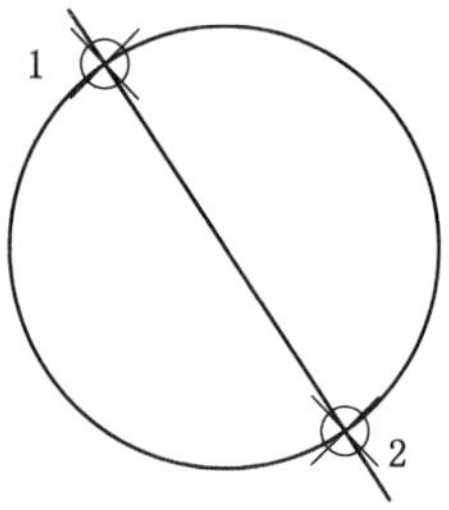

(c) 两点画圆

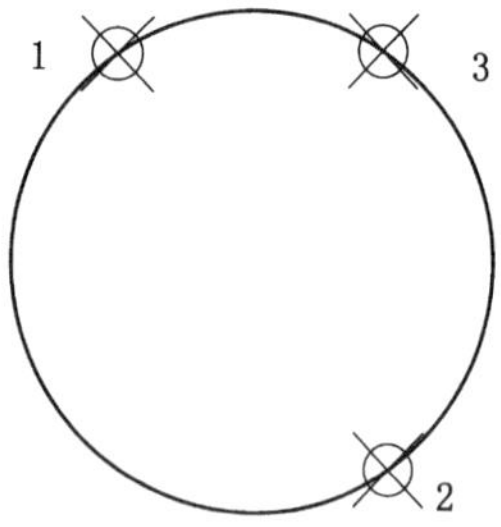

(d) 三点画圆

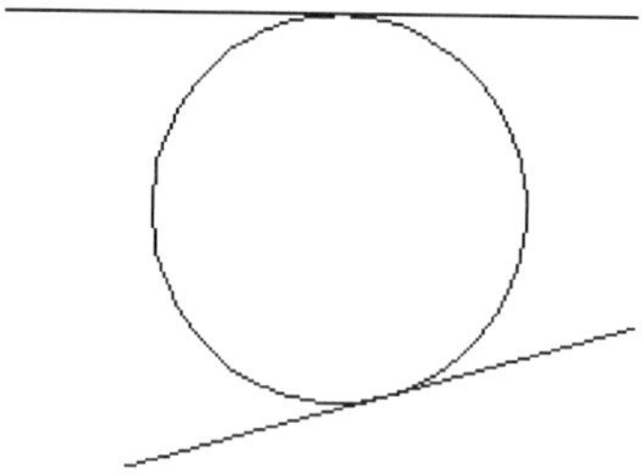

(e) 相切、相切、半径画圆

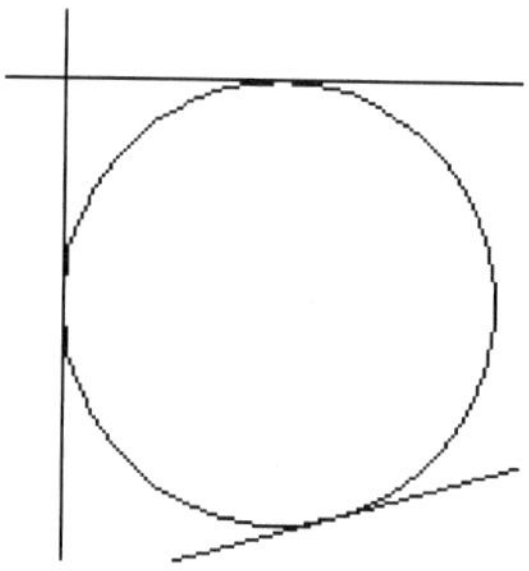

(f) 相切、相切、相切画圆

图 3-65 绘制圆的多种方式

(6) 相切、相切、相切(A)：通过指定与圆相切的 3 个对象绘制圆，如图 3-65(f)所示。

执行上述“圆”命令后，命令行提示如下。

指定圆的圆心或[三点(3P)/两点(2P)/切点、切点、半径(T)]：

此时可指定圆的圆心，然后命令行将提示指定圆的半径或直径，完成圆的绘制；或选择中括号里的选项，采用其他的方法绘制圆。

提示：命令行中的“三点（3P）/两点（2P）/切点、切点、半径（T）”分别对应“圆”子菜单里的同名选项。

例 3-10
讲解视频

【例 3-10】 绘制吊灯。

（1）绘制圆。在“默认”选项卡中，单击“绘图”面板中的“圆心、半径”命令，绘制一个半径为 435 的圆，如图 3-66 所示。命令行提示如下。

命令：circle ↙　　//调用“圆”命令

指定圆的圆心或[三点（3P）/两点（2P）/切点、切点、半径（T）]：　　//在绘图区中任意单击确定圆心

指定圆的半径或[直径（D）]＜180.0000＞：435 ↙　　//输入半径值并按 Enter 键确定

（2）在命令行中输入 L（直线）命令，以与圆的交点为起点，向下绘制一条长度为 1280 的线段，如图 3-67 所示。命令行提示如下。

命令：L ↙　　//调用“直线”命令

指定第一个点：　　//指定与圆的交点为起点

指定下一点或[放弃（U）]：1280 ↙　　//光标向下移动，引出追踪线确保垂直，输入长度 1280

指定下一点或[放弃（U）]：　　//按 Esc 键退出“直线”命令

（3）选择“绘图”|“圆”|“圆心、直径”命令，绘制一个直径为 360 的圆，如图 3-68 所示。命令行提示如下。

命令：circle ↙　　//调用“圆”命令

指定圆的圆心或[三点（3P）/两点（2P）/切点、切点、半径（T）]：

//在直线上单击确定圆心

指定圆的半径或[直径（D）]＜435.0000＞：D

指定圆的直径＜870.0000＞：360 ↙　　//输入直径值并按 Enter 键确定

图 3-66　绘制圆

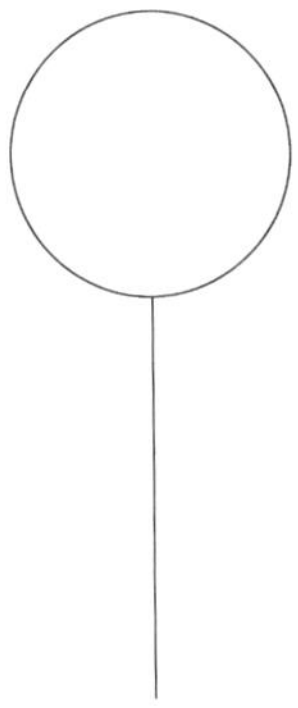

图 3-67　绘制线段

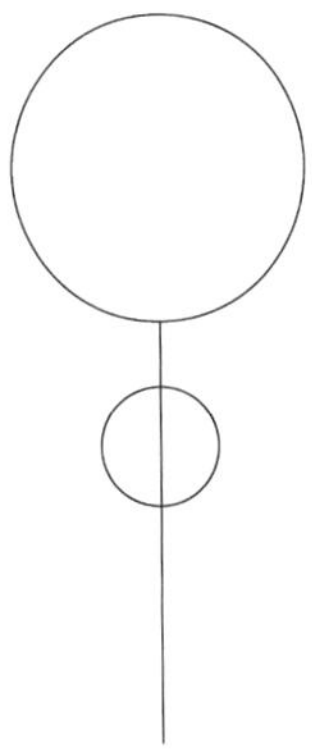

图 3-68　绘制小圆

（4）按空格键重复调用 C（圆）命令，用上述方法绘制圆，结果如图 3-69 所示。

（5）在“默认”选项卡中，单击“修改”面板中的“环形阵列”命令，将绘制的线段和圆阵列复制 18 份，结果如图 3-70 所示。命令行提示如下。

命令：arraypolar ↙ //调用“环形阵列”命令

选择对象： //选择绘制的线段和圆

类型＝极轴　关联＝是

指定阵列的中心点或[基点(B)/旋转轴(A)]： //指定绘制的大圆圆心为阵列中心

选择夹点以编辑阵列或[关联(AS)/基点(B)/项目(I)/项目间角度(A)/填充角度(F)/行(ROW)/层(L)/旋转项目(ROT)/退出(X)]<退出>：I ↙ //激活“项目”选项

输入阵列中的项目数或[表达式(E)]<6>：18 ↙ //输入项目数并按 Enter 键确定

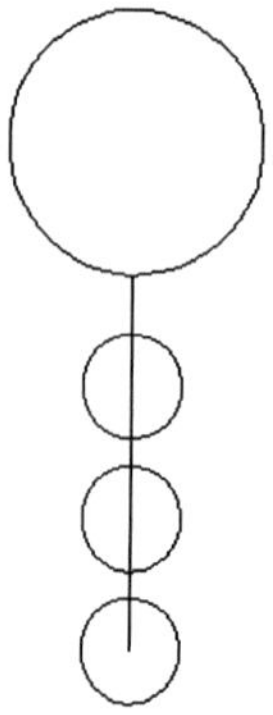

图 3-69　绘制圆

图 3-70　阵列复制圆和线段

【例 3-11】 绘制配流盘零件图。

(1) 新建“中心线”等图层，图层特性如图 3-71 与图 3-72 所示。

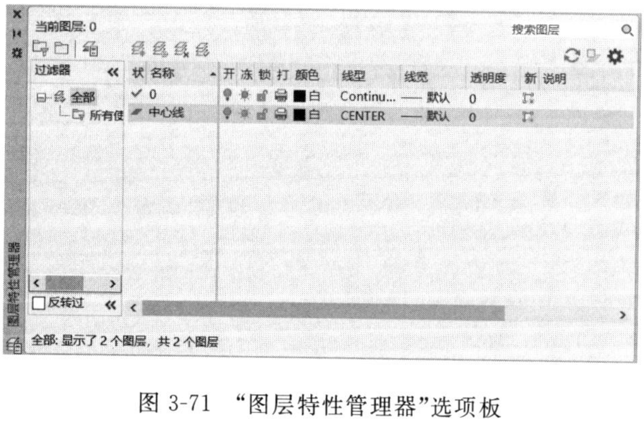

图 3-71　“图层特性管理器”选项板

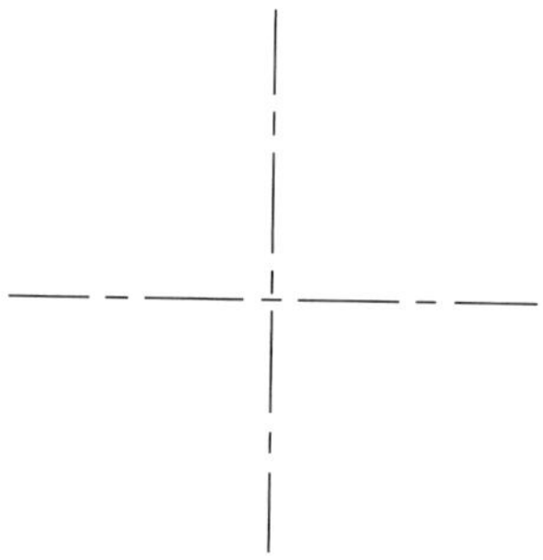

图 3-72　辅助线绘制

(2) 在“默认”选项卡中，单击“绘图”面板中的“圆心、半径”按钮，绘制一个直径为 85 的辅助圆，如图 3-73 所示。命令行提示如下。

例 3-11 讲解视频

命令：C ↙

指定圆的圆心或[三点(3P)/两点(2P)/切点、切点、半径(T)]：//指定中心线交点为圆心

指定圆的半径或[直径(D)]<42.5000>：D ↙

指定圆的直径＜85.0000＞:85 ↙

(3) 将图层切换为“粗实线”图层，继续使用C(圆)命令按照图3-74所示的尺寸绘制圆。

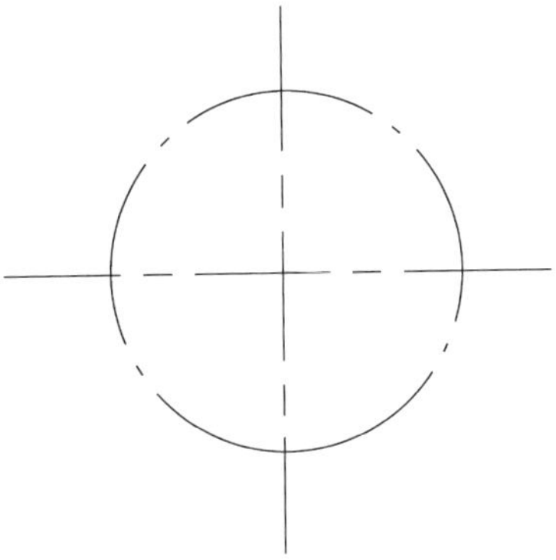

图 3-73　绘制辅助圆

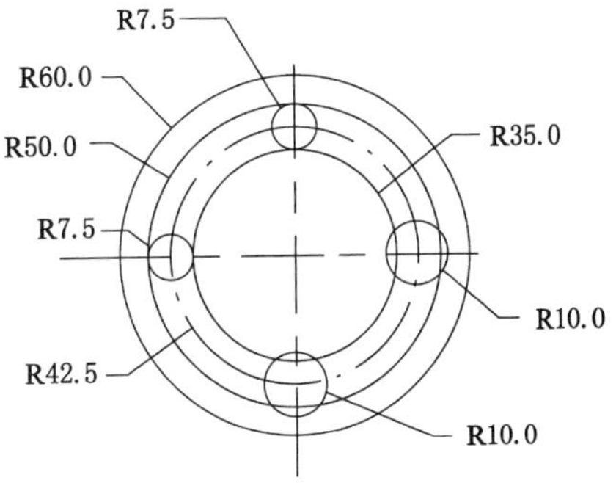

图 3-74　绘制圆

(4) 在命令行中输入TR(修剪)命令，修剪多余的圆弧，结果如图3-75所示。至此，配流盘零件图绘制完成。

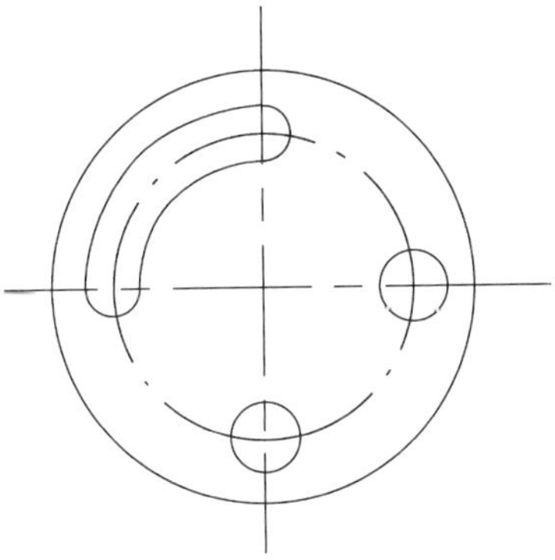

图 3-75　修剪操作

二、绘制圆弧

AutoCAD 2023提供了多种方法用于绘制圆弧，如可通过指定圆弧的圆心、端点、起点、半径、角度、弦长和方向值的各种组合形式。

执行“圆弧”命令的方法有以下4种。

(1) 菜单栏：选择“绘图”|“圆弧”命令，如图3-76所示。

(2) 功能区：在“默认”选项卡中，单击“绘图”面板中的“圆弧”按钮，如图3-77所示。

(3) 工具栏：单击“绘图”工具栏中的“圆弧”按钮。

(4) 命令行：在命令行中输入ARC/A命令。

“圆弧”命令中提供了11种绘制圆弧的命令，各命令的具体含义如下。

(1) 三点(P)：通过指定圆弧上的3个点绘制圆弧，需要指定圆弧的起点、通过点和端点，如图3-78(a)所示。

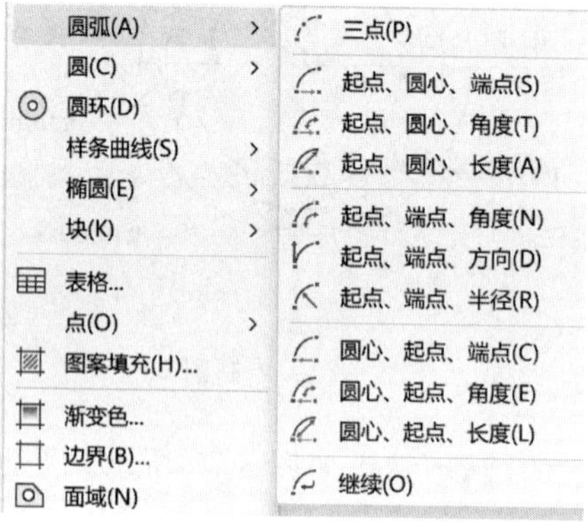

图 3-76　菜单栏选择“圆弧”命令

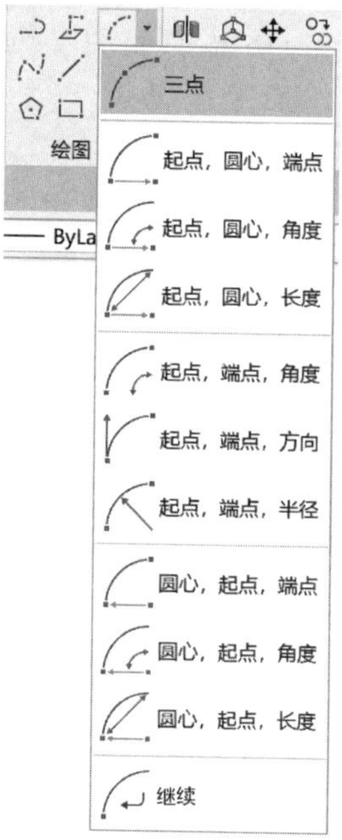

图 3-77　功能区选择“圆弧”按钮

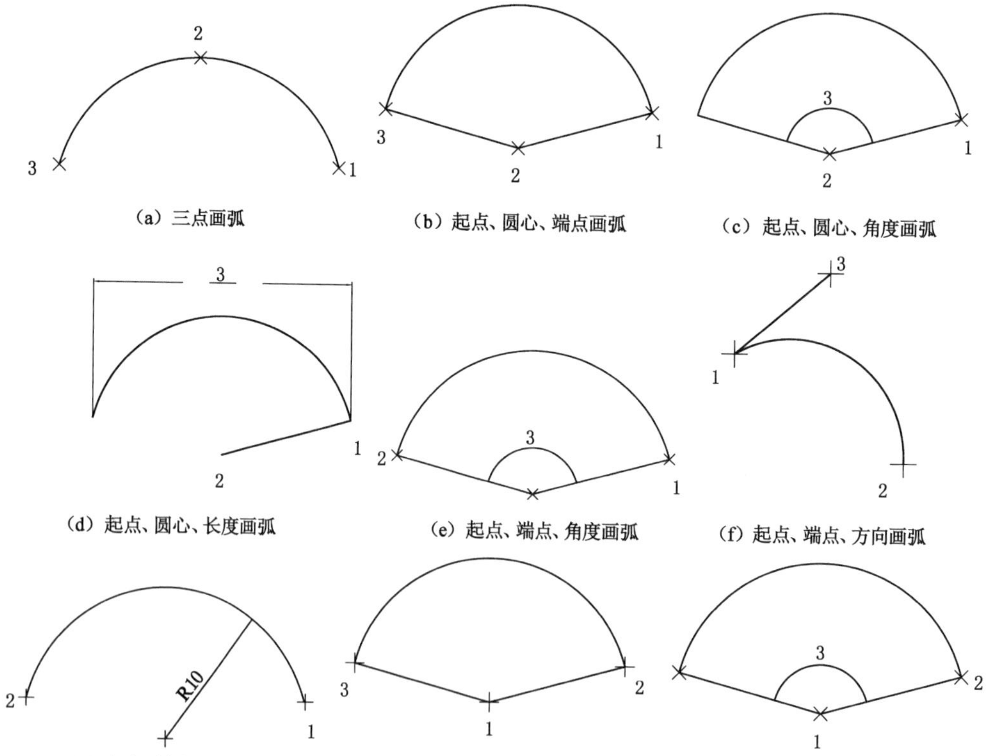

(a) 三点画弧　(b) 起点、圆心、端点画弧　(c) 起点、圆心、角度画弧

(d) 起点、圆心、长度画弧　(e) 起点、端点、角度画弧　(f) 起点、端点、方向画弧

(g) 起点、端点、半径画弧　(h) 圆心、起点、端点画弧　(i) 圆心、起点、角度画弧

图 3-78　绘制圆弧的多种方式

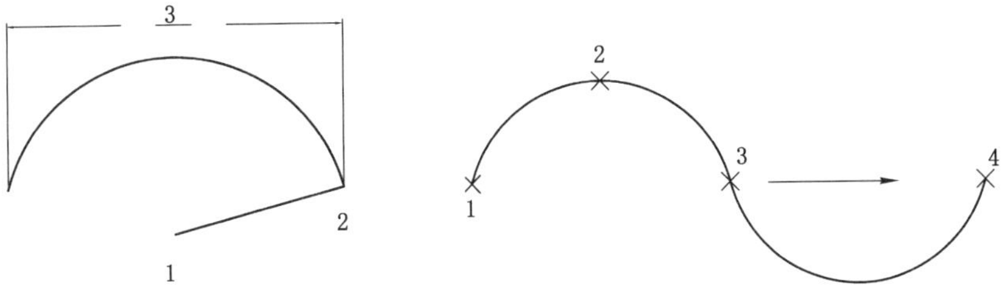

(j) 圆心、起点、长度画弧　　(k) 继续画弧

图 3-78(续)

(2) 起点、圆心、端点(S):通过指定圆弧的起点、圆心和端点绘制圆弧,如图 3-78(b)所示。

(3) 起点、圆心、角度(T):通过指定圆弧的起点、圆心和包含角绘制圆弧。执行此命令时会出现"指定包含角"的提示,在输入角时,如果当前环境设置逆时针方向为角度正方向,且输入正的角度值,则圆弧是从起点绕圆心沿逆时针方向绘制的,反之则沿顺时针方向绘制,如图 3-78(c)所示。

(4) 起点、圆心、长度(A):通过指定圆弧的起点、圆心和弧长绘制圆弧,如图 3-78(d)所示。另外,在命令行中的"指定弧长"提示信息下,如果所输入的值为负,则该值的绝对值将作为对应整圆的空缺部分的圆弧的弧长。

(5) 起点、端点、角度(N):通过指定圆弧起点、端点和包含角绘制圆弧,如图 3-78(e)所示。

(6) 起点、端点、方向(D):通过指定圆弧的起点、端点和圆弧的起点切向绘制圆弧,如图 3-78(f)所示。命令执行过程中会出现"指定圆弧的起点切向"提示信息,此时拖动鼠标动态地确定圆弧在起点处的切线方向和水平方向的夹角。拖动鼠标时,AutoCAD 会在当前光标与圆弧起点之间形成一条线,即圆弧在起点处的切线。确定切线方向后,单击拾取键即可得到相应的圆弧。

(7) 起点、端点、半径(R):通过指定圆弧的起点、端点和半径绘制圆弧,如图 3-78(g)所示。

(8) 圆心、起点、端点(C):通过指定圆弧的圆心、起点和端点绘制圆弧,如图 3-78(h)所示。

(9) 圆心、起点、角度(E):通过指定圆弧的圆心、起点和圆心角绘制圆弧,如图 3-78(i)所示。

(10) 圆心、起点、长度(L):通过指定圆弧的圆心、起点和弧长绘制圆弧,如图 3-78(j)所示。

(11) 继续(O):以上一段圆弧的端点作为起点并绘制圆弧,如图 3-78(k)所示。

提示:上述方法中,除图 3-78(k)外,起点到端点的方向均为默认的逆时针方向。

例 3-12
讲解视频

【例 3-12】 绘制高道竖曲线,如图 3-79 所示。

(1) 选择"绘图"→"直线"命令,绘制三条相交直线,如图 3-80(a)所示。

(2) 选择"绘图"|"圆"|"相切、相切、半径(T)"命令。

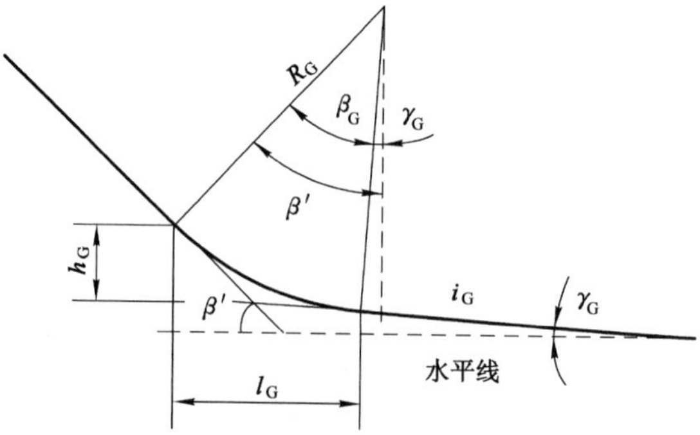

图 3-79 高道竖曲线

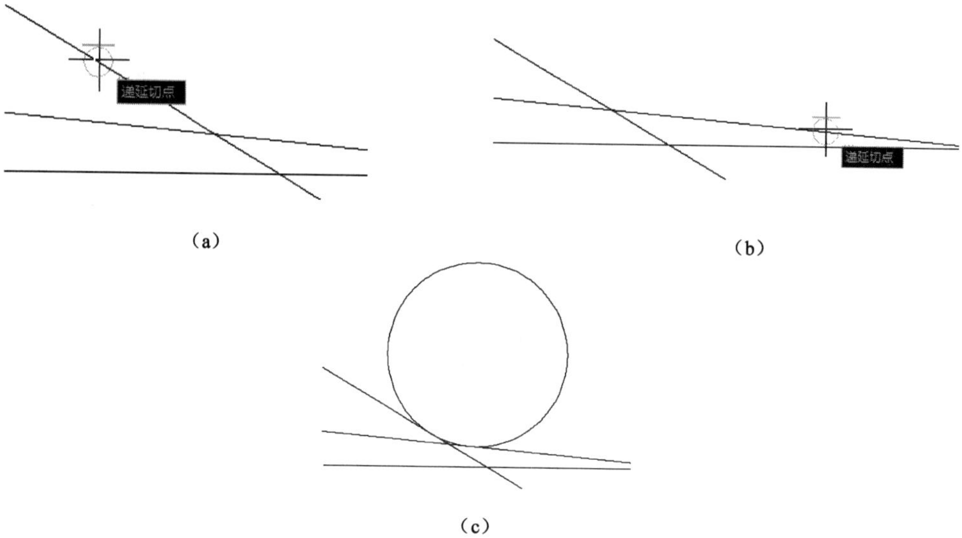

图 3-80 高道竖曲线绘制

(3) 指定对象与圆的第一个切点,移动鼠标至目标位置,如图 3-80(a)所示,单击左键。

(4) 指定对象与圆的第二个切点,移动鼠标至目标位置,如图 3-80(b)所示,单击左键。

(5) 根据命令行提示,输入圆的半径<3.8131>:30,如图 3-80(c)所示。

(6) 单击修改工具栏中的"修剪"按钮,选择两切线边为修剪边界,对大圆弧进行修剪,单击左键,竖曲线以外的圆弧部分被修剪掉,按回车键结束,得到精确的高道竖曲线。

(7) 对完成的高道竖曲线图添加对应的标注,完成绘制。

三、绘制椭圆与椭圆弧

椭圆是基于中心点、长轴及短轴绘制的,是平面上到定点的距离与到定直线间距离之比为常数的所有点的集合。椭圆弧是椭圆的一部分,它的起点和终点没有闭合。由图 3-81 可知,绘制椭圆弧的命令与"椭圆"在同一面板或菜单中。

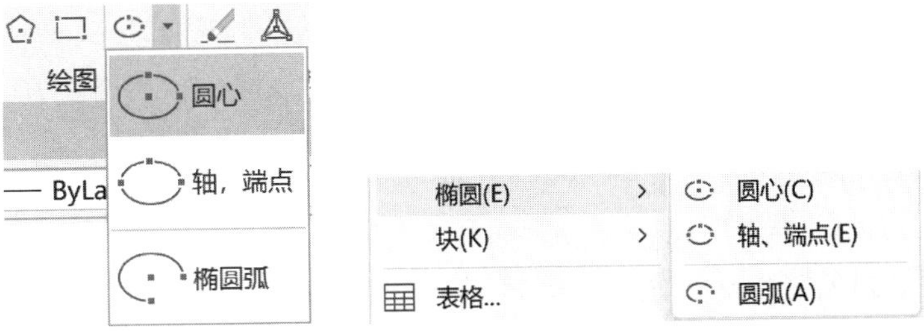

（a）“绘图”面板　　（b）“椭圆”子菜单

图 3-81　“绘图”面板和“椭圆”子菜单

（一）绘制椭圆

执行“椭圆”命令的方法有以下 4 种。

（1）菜单栏：选择“绘图”|“椭圆”命令。

（2）功能区：在“默认”选项卡中，单击“绘图”面板中的“椭圆”按钮。

（3）工具栏：单击“绘图”工具栏中的“椭圆”按钮。

（4）命令行：在命令行中输入 ELLIPSE/EL 命令。

AutoCAD 2023 菜单栏中的“绘图”|“椭圆”子菜单中提供了两种绘制椭圆的命令，其具体含义如下。

（1）圆心(C)：通过指定椭圆的中心点，再指定椭圆两条半轴长度绘制椭圆，如图 3-82(a)所示。

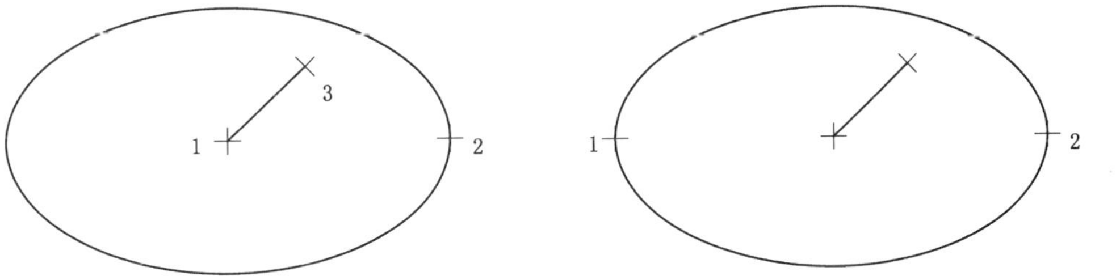

（a）通过“圆心”绘制椭圆　　（b）通过“轴、端点”绘制椭圆

图 3-82　绘制椭圆的两种方式

（2）轴、端点(E)：通过指定椭圆一条轴的两个端点，再指定另一条轴的半轴长度绘制椭圆，如图 3-82(b)所示。

执行上述“椭圆”命令后，命令行提示如下。

指定椭圆的轴端点或[圆弧(A)/中心点(C)]：

各选项的含义如下。

（1）轴端点：以椭圆轴端点绘制椭圆。

（2）圆弧(A)：用于创建椭圆弧。

（3）中心点(C)：以椭圆中心点和两轴端点绘制椭圆。

（二）绘制椭圆弧

执行“椭圆弧”命令的方法有以下 3 种。

(1) 菜单栏：选择“绘图”|“椭圆”|“椭圆弧”命令。

(2) 功能区：在“默认”选项卡中，单击“绘图”面板中的“椭圆弧”按钮。

(3) 工具栏：单击“绘图”工具栏中的“椭圆弧”按钮。

执行上述“椭圆弧”命令后，命令行提示如下

指定椭圆弧的轴端点或[中心点(C)]：

。**【例 3-13】** 绘制化工设备夹套加热搅拌容器外围的椭圆形轮廓。

例 3-13
讲解视频

(1) 在命令行中输入 EL(创建椭圆)，并按 Enter 键，创建一个长轴长度为 750，短轴长度为 376 的椭圆零件，如图 3-83 所示，命令行提示如下。

指定椭圆的轴端点或[圆弧(A)/中心点(C)]：　　　　//任选一点

指定轴的另一个端点：　　　　//输入长度 750

指定另一条轴的长度或[旋转(R)]：376 ↙　　　　//输入长度 376

(2) 选中椭圆，在其右端点使用 O(偏移)命令，使椭圆向外偏移 7.5，如图 3-84 所示。

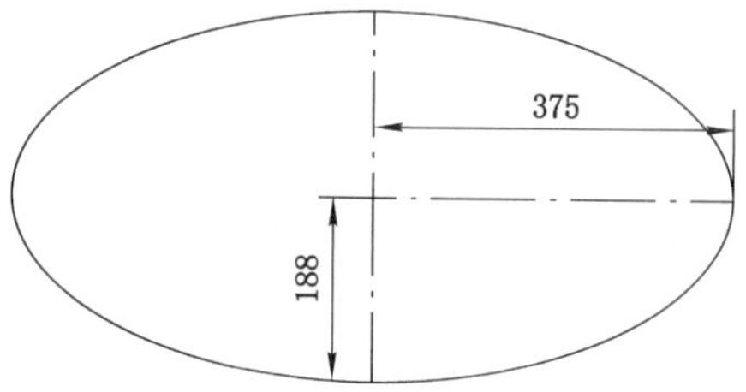

图 3-83　椭圆轮廓

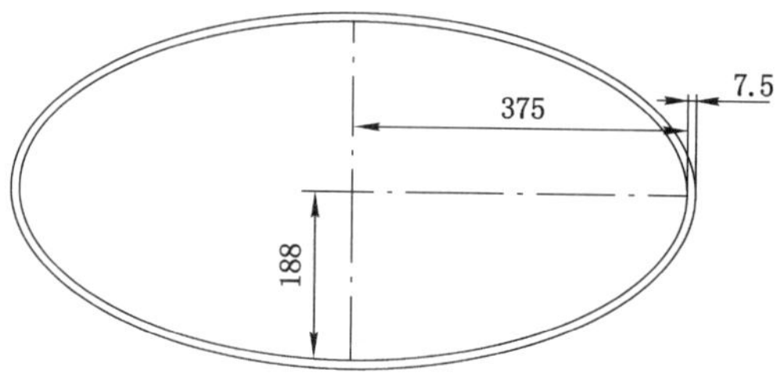

图 3-84　偏移后同心椭圆轮廓

(3) 再次使用 O(偏移)命令将首次生成的椭圆向内偏移 40，对新生成的椭圆使用 O(偏移)命令向内偏移 7.5，如图 3-85 所示。

(4) 使用 TR(裁剪)命令清除内部的椭圆，只保留右下角的部分，如图 3-86 所示。

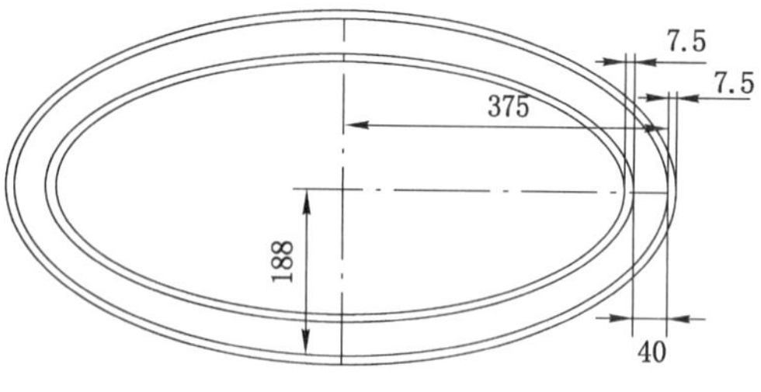

图 3-85　新生成的椭圆

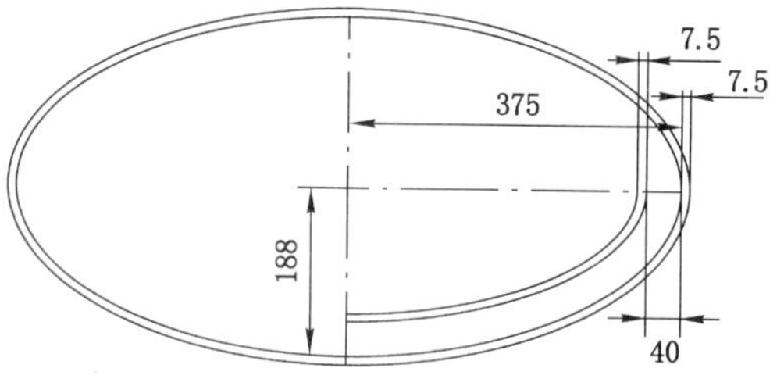

图 3-86　裁剪掉四分之三的椭圆弧

(5) 使用 H(填充)命令，选中外部椭圆轮廓以及内部四分之一椭圆轮廓，填充图案为 SOLID，如图 3-87 所示。

(6) 绘制化工设备容器底部右侧接口造型轮廓。

沿椭圆中轴线选中最低点，使用 PL(多段线)命令，垂直向上距离 15、水平向右距离 50、

垂直向上距离 7.5、水平向左距离 50，绘制一个矩形，如图 3-88 所示。

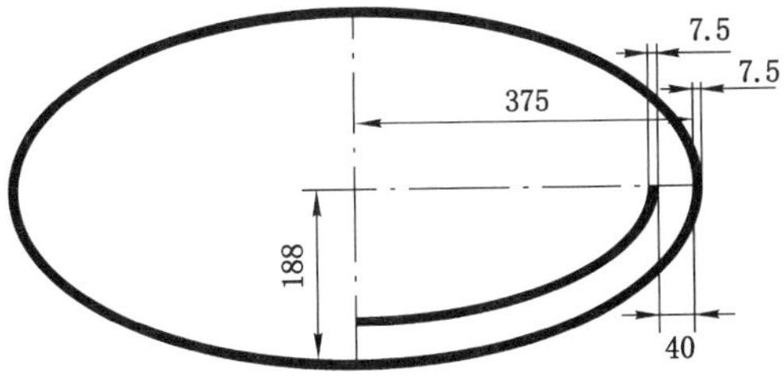

图 3-87　填充图案

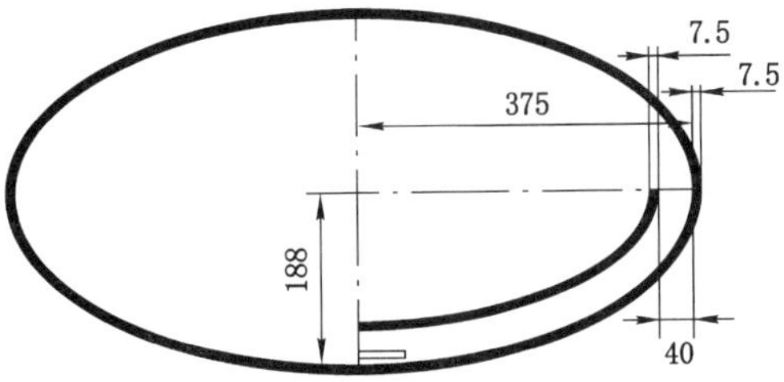

图 3-88　绘制矩形

(7) 选中矩形与中轴线的上交点，使用 PL(多段线)命令，垂直向上距离 5、水平向右距离 30、垂直向下距离 5，绘制一个矩形，如图 3-89 所示。

(8) 选中小矩形的右上角顶点，以其垂直到圆弧上边界的距离为半径，使用 C(生成圆)命令生成一个圆，使用 TR(裁剪)命令剪掉四分之三圆，只保留左上角的四分之一圆，同时删除圆与圆弧交界部分，如图 3-90 所示。

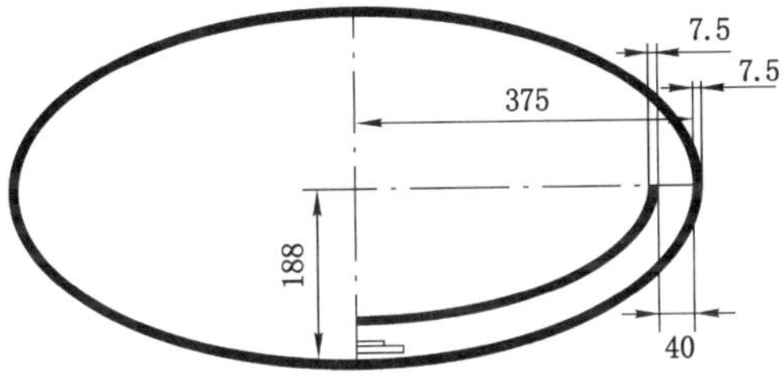

图 3-89　创建小矩形

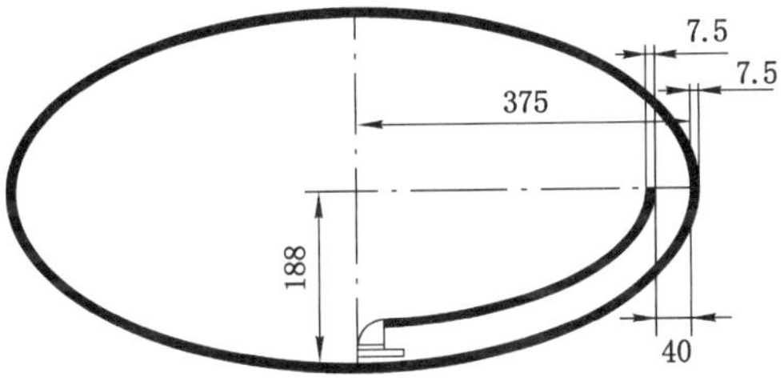

图 3-90　创建四分之一圆

(9) 选中圆弧下边界与四分之一圆的交点，使用 L(直线)命令，水平向右距离 8、垂直向下距离 15、水平向左距离 8，如图 3-91 所示。

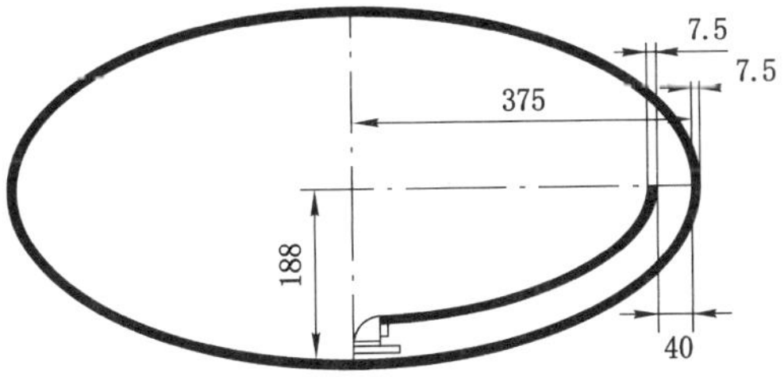

图 3-91　化工设备夹套加热搅拌容器外围轮廓

四、绘制圆环

圆环是由同一圆心、不同直径的两个同心圆组成的，控制圆环的参数是圆心、内直径和外直径。圆环可分为“填充环”(两个圆形中间的区域填充)和“实体填充圆”(圆环内直径为 0)。

执行“圆环”命令的方法有以下 3 种。

(1) 菜单栏：选择“绘图”|“圆环”命令。

(2) 功能区：在“默认”选项卡中，单击“绘图”面板中的“圆环”按钮。

(3) 命令行：在命令行中输入 DONUT/DO 命令。

默认情况下，AutoCAD 所绘制的圆环为填充的实心图形。如果在绘制圆环之前在命令行中输入 FILL，则可以控制圆环和圆的填充可见性。执行 FILL 命令后，命令行提示如下。

命令：FILL ↙

输入模式[开(ON)/关(OFF)]<开>：　　　//选择填充开关

选择“开(ON)”模式，表示绘制的圆环和圆都会填充，如图 3-92 所示。

(a) 内外直径不相等　　(b) 内直径为0　　(c) 内外直径相等

图 3-92　选择“开(ON)”模式

选择“关(OFF)”模式，表示绘制的圆环和圆不予填充，如图 3-93 所示。

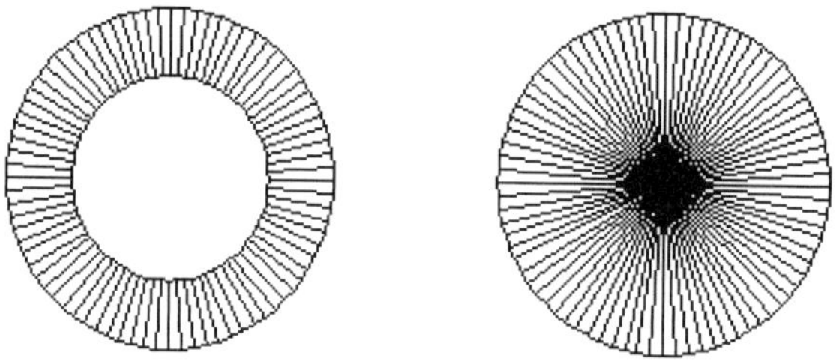

(a) 内外直径不相等　　(b) 内直径为0

图 3-93　选择“关(OFF)”模式

提示：绘制圆环时，首先要确定两个同心圆的直径，然后再确定圆环的圆心位置。

例 3-14 讲解视频

【例 3-14】 绘制法兰管俯视图。

(1) 在命令行输入 C(创建圆)，并按 Enter 键，生成一个半径为 25 的圆。使用 O(偏移)命令，使该圆分别向外偏移距离 5、25 和 35，如图 3-94 所示，命令行提示如下。

命令：O ↙　　　//执行偏移命令

指定偏移距离或[通过(T)/删除(E)/图层(L)]：//设定偏移距离 5、25 和 35

指定要偏移的那一侧上的点或[退出(E)/多个(M)/放弃(U)]

　　　//设定向外偏移

(2) 绘制定数等分点，使用 DIV(定数等分)命令，并按 Enter 键，对半径为 50 的圆进行定数等分，如图 3-95 所示，命令行提示如下。

命令：DIV ↙　　　　　　　　　　//执行定数等分命令
选择要定数等分的对象：　　　　　//选择半径为 50 的圆
输入线段数目或[块(B)]：3 ↙　　　//输入要等分的数目

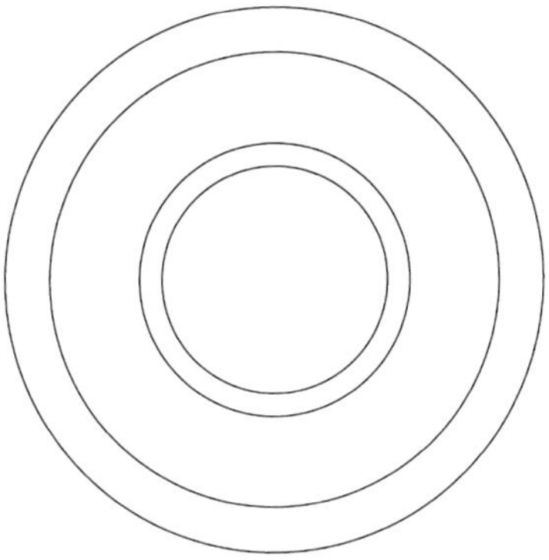

图 3-94　绘制多个圆

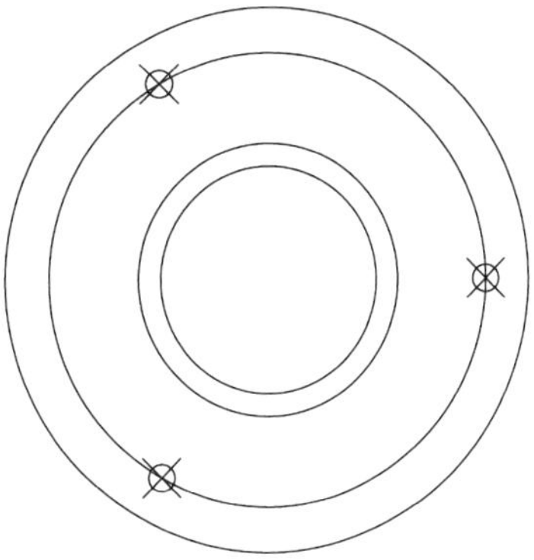

图 3-95　定数等分

(3) 在定数等分点处使用 C(圆)命令生成半径为 5、8 的同心圆，如图 3-96 所示。

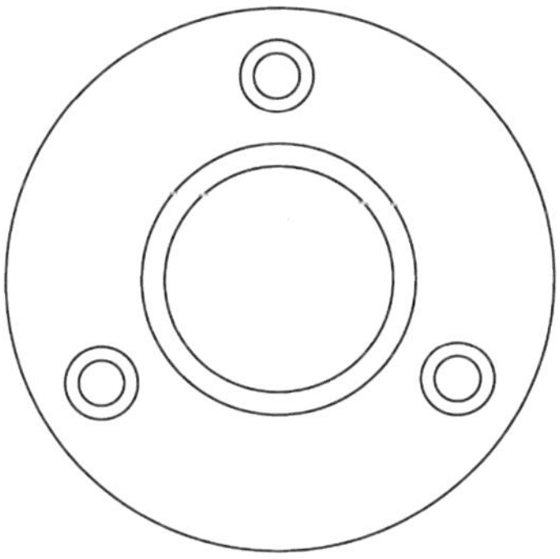

图 3-96　法兰管俯视图

第五节　徒手绘图和修订云线

一、应用徒手画图

使用“徒手画(sketch)”命令可以通过模仿手绘效果创建一系列独立的线段或多段线。这种绘图方式通常适用于签名、木纹、自由轮廓及植物等不规则图形的绘制。

执行上述命令后，命令行的提示如下。

命令：SKETCH ↙
类型＝直线
增量＝1.0000　公差＝0.5000

指定草图或[类型(T)/增量(D)/公差(L)]:

其中各选项的含义如下。

(1) 类型:指定绘制徒手画的方式。其中包括直线(L)、多段线(P)和样条曲线(S)。

(2) 增量:指定草图增量,确定的线段长度可作为徒手画的增量精度。

(3) 公差:指定样条曲线拟合公差。

二、绘制修订云线

修订云线是一类特殊的线条,它的形状类似于云朵,主要用于突出显示图纸中已修改的部分,在园林绘图中常用于绘制灌木。其组成参数包括多个控制点、最大弧长和最小弧长。

绘制修订云线的方法有以下几种。

(1) 菜单栏:选择"绘图"|"修订云线"命令。

(2) 功能区:在"默认"选项卡中,单击"绘图"面板中的"矩形"按钮、"多边形"按钮和"徒手画"按钮。

(3) 工具栏:单击"绘图"工具栏中的"修订云线"按钮。

(4) 命令行:在命令行中输入 REVCLOUD 命令。

执行上述命令后,命令行提示如下。

指定起点或[弧长(A)/对象(O)/矩形(R)/多边形(P)/徒手画(F)/样式(S)/修改(M)]<对象>:

各选项的含义如下。

(1) 弧长:指定修订云线的弧长,选择该选项后需要指定最小弧长与最大弧长,其中最大弧长不能超过最小弧长的 3 倍。

(2) 对象:指定要转换为修订云线的单个闭合对象。

(3) 矩形:通过绘制矩形创建修订云线。

(4) 多边形:通过绘制多段线创建修订云线。

(5) 徒手画:通过绘制自由形状的多段线创建修订云线。

(6) 样式:用于选择修订云线的样式。选择该选项后,命令行将出现"选择圆弧样式[普通(N)/手绘(C)]:"的提示信息,默认为"普通"选项,两者的对比效果如图 3-97 所示。

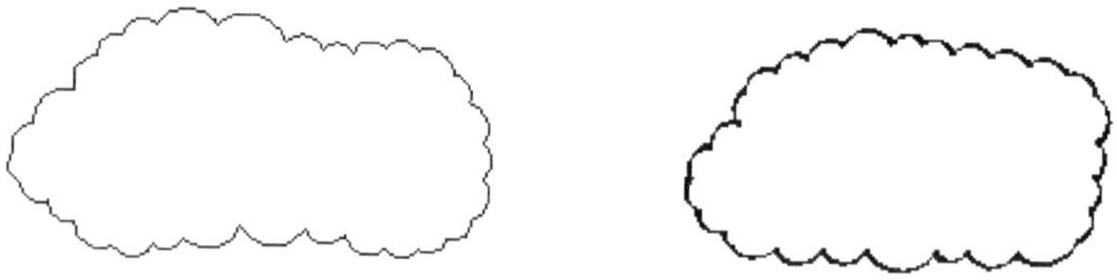

(a) 普通样式　　(b) 手绘样式

图 3-97　两种样式的修订云线

(7) 修改:对绘制的云线进行修改。

提示:在绘制修订云线时,若不希望它自动闭合,可在绘图过程中将鼠标移动到合适的位置后,通过右击来结束修订云线的绘制。

例 3-15
讲解视频

【例 3-15】 绘制平面树图例。

(1) 绘制圆。在"默认"选项卡中,单击"绘图"面板中的"圆"按钮。绘制一个半径为 500 的圆,结果如图 3-98 所示。

(2) 在"默认"选项卡中,单击"绘图"面板中的"徒手画"按钮,将绘制的圆转成修订云线,如图 3-99 所示。命令行提示如下。

命令:_revcloud ↙

最小弧长:0.5　最大弧长:0.5　样式:普通

指定起点或[弧长(A)/对象(O)/矩形(R)/多边形(P)/徒手画(F)/样式(S)/修改(M)]

＜对象＞:A ↙　　//激活"弧长"选项

指定最小弧长＜20＞:100 ↙　　//设置最小弧长

指定最大弧长＜100＞:300 ↙　　//设置最大弧长

指定起点或[弧长(A)/对象(O)/矩形(R)/多边形(P)/徒手画(F)/样式(S)/修改(M)]

＜对象＞:O ↙　　//激活"对象"选项

选择对象:　　//选择绘制的圆

反转方向[是(Y)/否(N)]＜否＞:↙

//按 Enter 键默认系统操作,修订云线绘制完成

(3) 使用 L(直线)和 C(圆)命令,完善平面树图例,如图 3-100 所示。

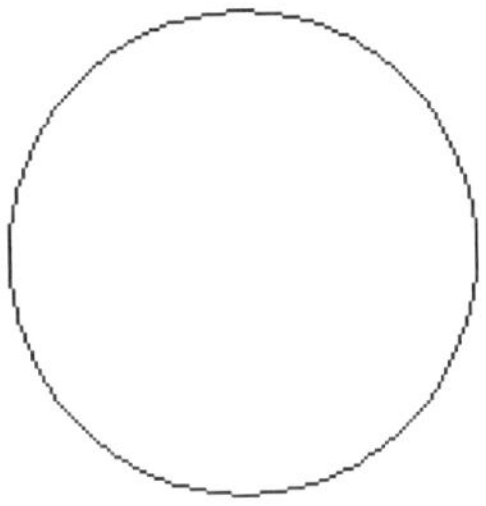

图 3-98　绘制圆

图 3-99　修订云线转换

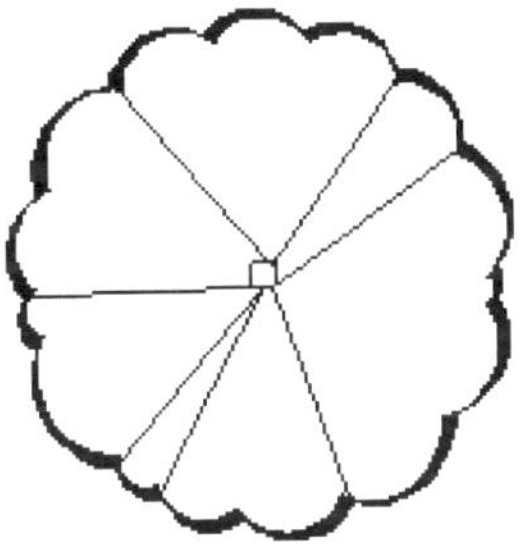

图 3-100　图例绘制效果

思考与练习

1. 在 AutoCAD 2023 中,如何等分对象?

2. 在 AutoCAD 2023 中,如何创建点对象?

3. 在 AutoCAD 2023 中,如何使用椭圆工具绘制椭圆弧?

4. 绘制图 3-101 中的几类图形。

绘图提示:图(a)通过正多边形和圆组合操作,通过"相切、相切、相切"命令,绘制内切于正四边形的 4 个圆;图(b)可运用直线命令和复制命令组合完成,使用正交命令也可完成;图(c)和(d)考虑多边形的绘制方法;图(e)考虑矩形的绘制方法。

5. 按照给定的尺寸绘制如图 3-102 所示的图形。

绘图提示:图(a)考虑椭圆及椭圆弧命令的使用;图(b)考虑圆的多种绘制方法的使用。

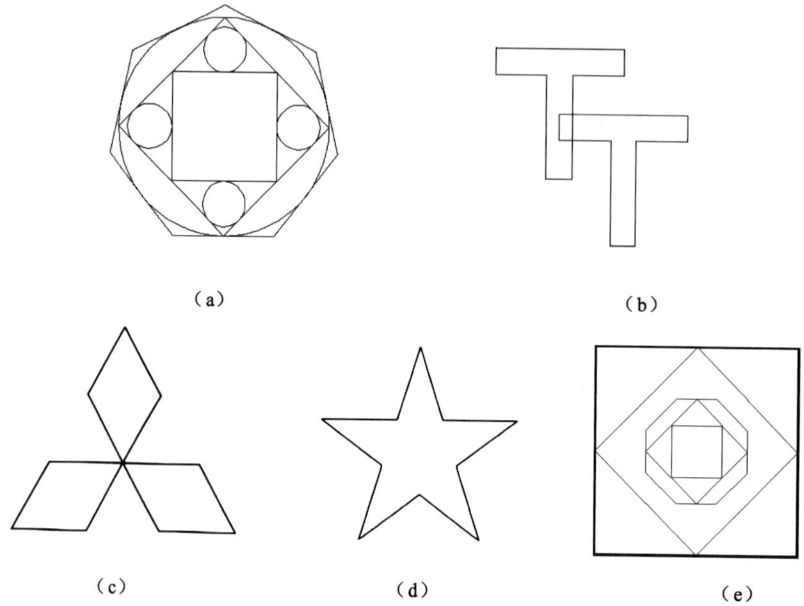

图 3-101　绘图练习(一)

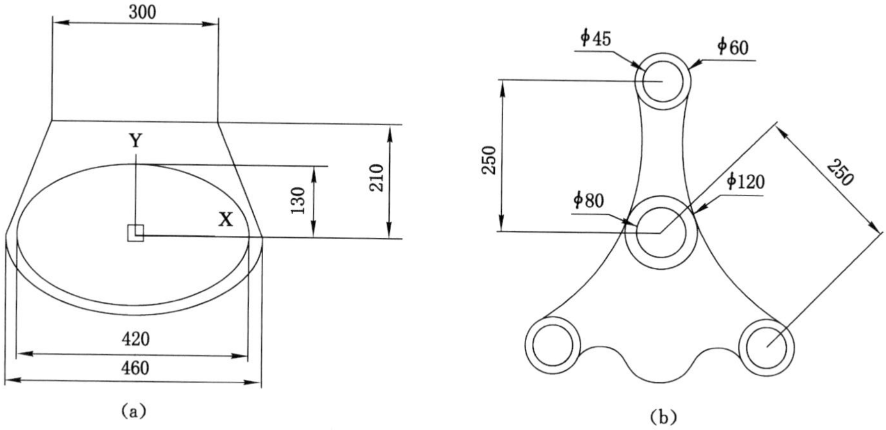

图 3-102　绘图练习(二)

第四章　复杂平面图形绘制

本章学习要点：

(1) 绘制和编辑多段线

(2) 定义、绘制和编辑多线

(3) 绘制和编辑样条曲线

(4) 创建与编辑块的方法和步骤

(5) 编辑与管理块属性的方法和步骤

第一节　多段线绘制

AutoCAD 中的多段线是作为单个对象创建的相互连接的线段序列，这些线段可以是直线、圆弧段或两者的组合线段。

与单个直线不同，多段线提供了编辑功能，可调整其宽度、曲率等。图 4-1 所示为典型的多段线。

图 4-1　多段线

一、绘制多段线

执行“多线段”命令的方法有以下 4 种。

(1) 菜单栏：选择“格式”|“多段线”命令，如图 4-2 所示。

(2) 功能区：在“默认”选项卡中，单击“绘图”面板中的“多段线”按钮，如图 4-3 所示。

(3) 工具栏：单击“绘图”工具栏中的“多段线”按钮。

(4) 命令行：在命令行中输入 PLINE/PL 命令。

执行“多段线”命令，在指定多段线起点后，命令行提示如下。

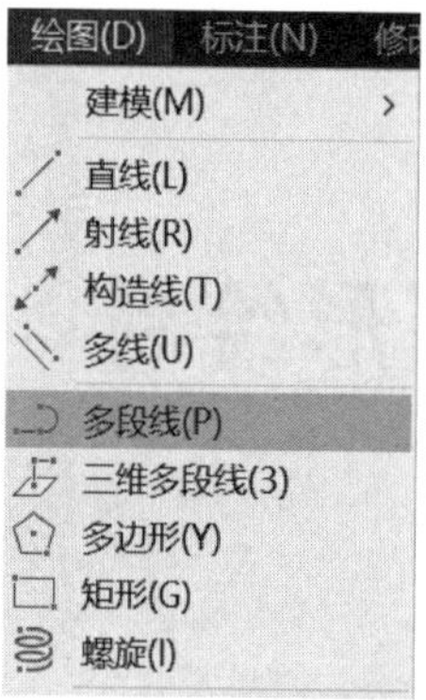

图 4-2 “多段线”命令

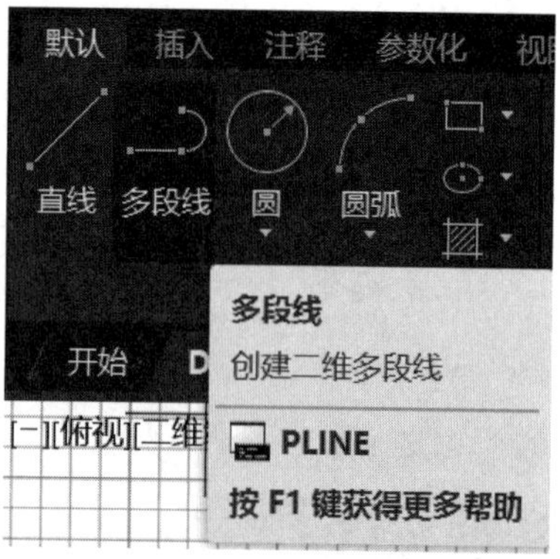

图 4-3 “多段线”按钮

指定下一个点或[圆弧(A)/半宽(H)/长度(L)/放弃(U)/宽度(W)]:

命令行中各选项的含义如下。

(1) 圆弧(A):激活该选项,将以绘制圆弧的方式绘制多段线。

(2) 半宽(H):激活该选项,将指定多段线的半宽值,AutoCAD 将提示用户输入多段线的起点宽度和终点宽度,常用此选项绘制箭头。

(3) 长度(L):激活该选项,将定义下一条多段线的长度。

(4) 放弃(U):激活该选项,将取消上一次绘制的一段多段线。

(5) 宽度(W):激活该选项,可以设置多段线宽度值。建筑制图中常用此选项来绘制具有一定宽度的地平线等元素。

提示:在绘制多段线时,AutoCAD 将按照上一线段的方向绘制一段新的多段线。若上一段是圆弧,将绘制出与此圆弧相切的线段。

二、编辑多段线

多段线绘制完成后,如需要修改,AutoCAD 2023 提供了专门的多段线编辑工具对其进行编辑。执行编辑多段线命令的方法有以下 4 种。

(1) 菜单栏:选择“修改”|“对象”|“多段线”命令。

(2) 功能区:在“默认”选项卡中,单击“修改”面板中的“编辑多段线”按钮。

(3) 工具栏:单击“修改Ⅱ”工具栏中的“编辑多段线”按钮。

(4) 命令行:在命令行中输入 PEDIT/PE 命令。

执行上述命令后,选择需编辑的多段线,命令行提示如下。

输入选项[闭合(C)/合并(J)/宽度(W)/编辑顶点(E)/拟合(F)/样条曲线(S)/非曲线化(D)/线型生成(L)/反转(R)/放弃(U)]:

其中各选项的含义如下。

(1) 闭合(C):可以将原多段线通过修改的方式闭合起来。选择此选项后,“闭合(C)”命令将自动切换到“打开(O)”命令,如果再执行“打开”命令,同样也会切换回“闭合”命令,如图 4-4 所示。

(2) 合并(J):可以将多段线与其他线段合并成一个整体。注意,如果合并的对象是直线或圆弧，则必须与多段线首或尾相连接，如图 4-5 所示；如果合并的对象是多个多段线，命令行将提示输入合并多段线的允许距离。此选项在绘图过程中应用相当广泛。

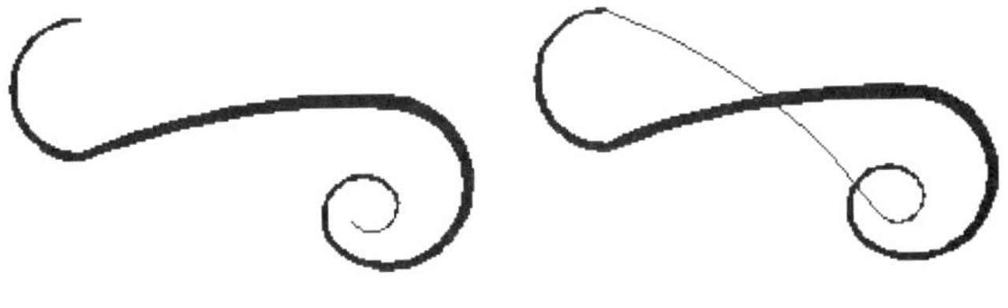

(a) 打开效果　　(b) 闭合效果

图 4-4　多段线“打开”和“闭合”效果

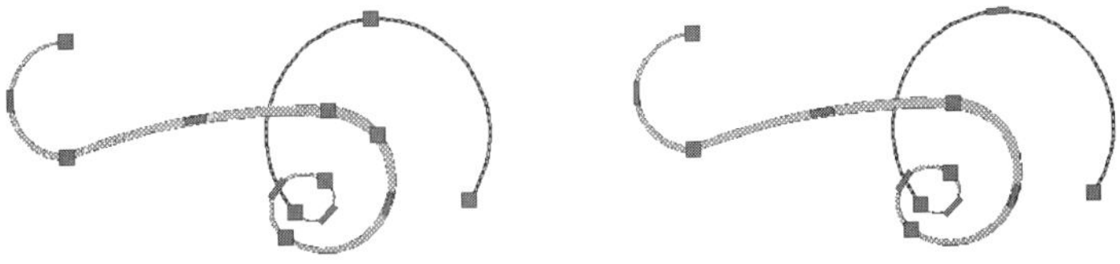

(a) 合并前　　(b) 合并后

图 4-5　多段线与圆弧的合并效果

(3) 宽度(W)：可以为整个多段线指定统一的宽度，如图 4-6 所示。

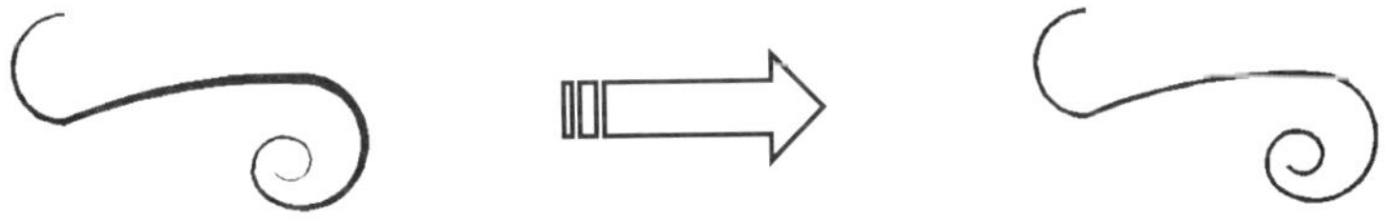

图 4-6　编辑多段线的宽度

(4) 编辑顶点(E)：用于对多段线的各个顶点逐个进行编辑。

(5) 拟合(F)：用圆弧拟合多段线，即转换为由圆弧连接每个顶点的平滑曲线，如图 4-7 所示。

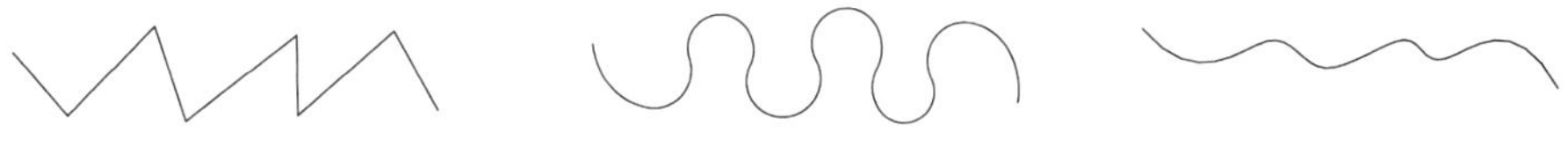

(a) 原多段线　　(b) 拟合后　　(c) 样条曲线化后

图 4-7　多段线的“拟合”和“样条曲线”

(6) 样条曲线(S)：将多段线用样条曲线拟合，如图 4-7 所示。

(7) 非曲线化(D)：删除圆弧拟合或样条曲线拟合的多段线，并拉直多段线的所有线段。

(8) 线型生成(L)：生成通过多段线顶点的连续图案的线型。此选项关闭时，将生成始末顶点处为虚线的线型。

(9) 反转(R):可实现多段线的顶点顺序的反转。

(10) 放弃(U):撤销上一步操作,可一直返回到使用 PEDIT 命令之前的状态。

【例 4-1】 绘制图 4-8 所示的箭头。

(a) 三角箭头　　(b) 工作面推进符

图 4-8　各类箭头

(1) 绘制三角箭头[图 4-8(a)]。

例 4-1 讲解视频

① 单击绘图工具栏中的多段线按钮 。

② 在绘图区任选一点作为起点。

③ 命令行显示"指定下一点或[圆弧(A)/半宽(H)/长度(L)/放弃(U)/宽度(W)]:",输入 W。

④ 使用默认宽度作为起点宽度。

⑤ 输入 1 作为端点宽度。

⑥ 命令行显示"指定下一点或[圆弧(A)/半宽(H)/长度(L)/放弃(U)/宽度(W)]:",输入 L,指定长度:3。

⑦ 命令行显示"指定下一点或[圆弧(A)/半宽(H)/长度(L)/放弃(U)/宽度(W)]:",按 Esc 键退出,完成三角箭头绘制。

(2) 绘制复杂箭头(工作面推进符)[图 4-8(b)]。

① 单击绘图工具栏中的多段线按钮 。

② 在绘图区任选一点作为起点。

③ 命令行显示"指定下一点或[圆弧(A)/半宽(H)/长度(L)/放弃(U)/宽度(W)]:",输入 W。

④ 指定起点宽度:2。

⑤ 指定端点宽度:2。

⑥ 命令行显示"指定下一点或[圆弧(A)/半宽(H)/长度(L)/放弃(U)/宽度(W)]:",输入 W。

⑦ 指定起点宽度:4。

⑧ 指定端点宽度:0。

⑨ 命令行显示"指定下一点或[圆弧(A)/半宽(H)/长度(L)/放弃(U)/宽度(W)]:",输入 L。

⑩ 指定直线长度:1.2。

⑪ 按回车键,完成推进符绘制。

【例 4-2】 绘制液封槽图形,如图 4-9 所示。

(1) 新建空白文档。

按<Ctrl+N>组合键,弹出图 4-10 所示的"选择样板"对话框,新建文档。

例 4-2 讲解视频

图 4-9　液封槽

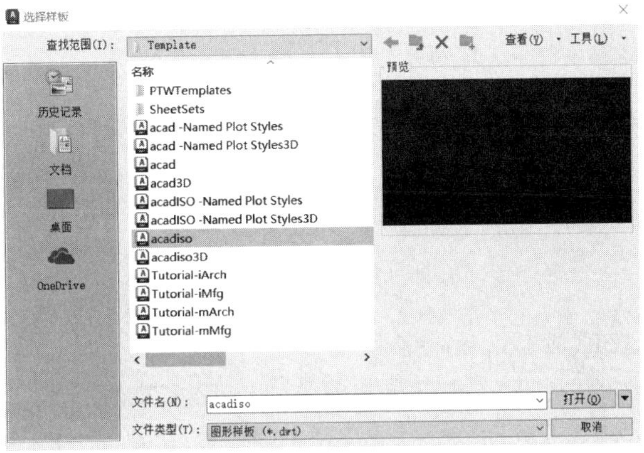

图 4-10　“选择样板”对话框

(2) 绘制容器主体。

在命令行中输入 pline(或简写为 pl),按 Enter 键。

绘制容器顶部圆盖的起点:在绘图区的适当位置(如左上角)单击以指定多段线的起点。

绘制圆盖圆弧:输入 A 进入圆弧绘制模式。

指定圆弧的起点(当前点)。

指定圆弧的圆心[可以通过输入 CE(圆心),然后选择或输入圆心的位置来指定;也可以使用圆弧上的第二个点和终点来定义它]。

指定圆弧上的第二个点(例如,在圆盖右侧边缘上方的一个点,以形成圆弧的一部分)。

指定圆弧的终点,回到起点。

从圆盖圆弧的终点(或您选择的圆盖边缘上的某个点)开始,向下拖动鼠标并单击以绘制容器的第一条垂直直线段。

重复此步骤,每次单击都沿垂直方向移动鼠标,直到达到容器所需的高度。

(3) 绘制容器底部。

绘制圆盖圆弧:输入 A 进入圆弧绘制模式。

指定圆弧的起点(当前点)。

指定圆弧的圆心[可以通过输入 CE(圆心),然后选择或输入圆心的位置来指定;也可以使用圆弧上的第二个点和终点来定义它]。

指定圆弧上的第二个点(例如,在圆盖右侧边缘上方的一个点,以形成圆弧的一部分)。

指定圆弧的终点,回到起点。

完成容器图形的绘制后,按 Enter 键结束 pline 命令。

例 4-3
讲解视频

【例 4-3】 绘制法兰盘主视图,如图 4-11 所示。

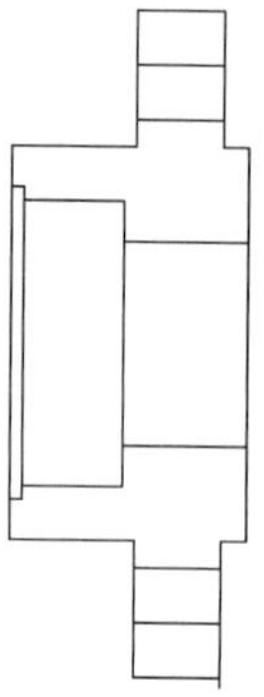

图 4-11 法兰盘主视图

在命令行中输入 PL(或 Polyline)并按回车键。

绘制第一个点:在绘图区域点击鼠标左键,确定矩形框架的一个角点作为起点。

绘制直线段:输入距离或移动鼠标到所需位置,然后点击鼠标左键,绘制矩形的一条边。

重复此步骤,继续绘制矩形的其他边,直至回到起点。

注意:在绘制过程中,不要按 Enter 键或 Esc 键。要结束当前线段并开始新线段绘制,按空格键或指定下一点。

完成所有绘制后,按 Enter 键或 Esc 键结束多段线命令。

第二节 多线绘制

多线是一种由多条平行线组成的组合图形对象,其组合范围为 2～16 条平行线,这些平行线称为元素。构成多线的元素既可以是直线,也可以是圆弧。

一、绘制多线

通过多线的样式,用户可以自定义元素的类型及元素间的间距。多线一般用于绘制建筑图的墙体、公路和电子线路等平行线对象。

执行“多线”命令的方法有以下两种。

(1) 菜单栏:选择“绘图”|“多线”命令。

(2) 命令行:在命令行中输入 MLINE/ML 命令。

执行“多线”命令之后,命令行提示如下。

指定起点或[对正(J)/比例(S)/样式(ST)]:

各选项的含义介绍如下。

(1) 对正(J):设置绘制多线相对用户输入端点的偏移位置。该选项有“上”“无”和“下”3 个选项:“上”表示多线顶端的线随着光标点移动;“无”表示多线的中心线随着光标点移动;“下”表示多线底端的线随着光标点移动。3 种对正方式如图 4-12 所示。

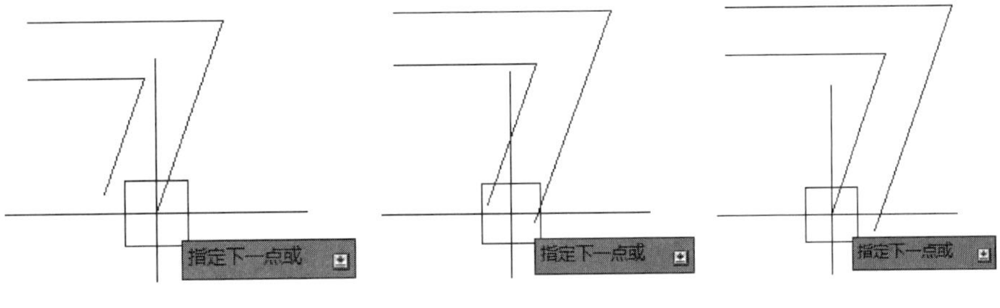

(a) “上”对正　　(b) “无”对正　　(c) “下”对正

图 4-12　多线的 3 种对正方式

(2) 比例(S):设置多线的宽度比例,如图 4-13 所示,比例因子为 10 和 100。比例因子为 0 时,多线将变为单线。

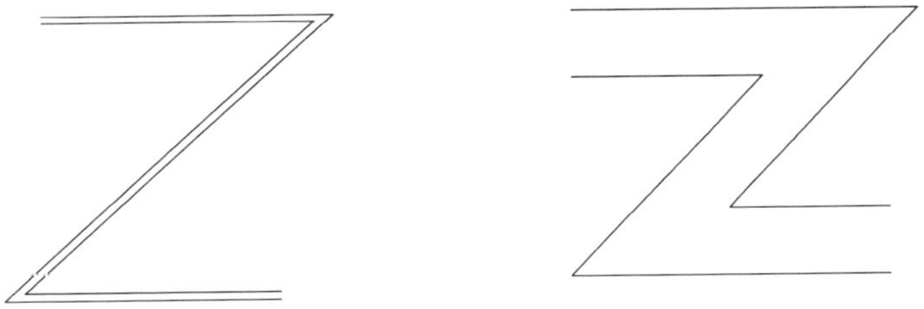

(a) 比例因子为10　　(b) 比例因子为100

图 4-13　多线的比例

(3) 样式(ST):用于设置多线的样式。激活“样式”选项后,命令行出现“输入多线样式或[?]”提示信息,此时可直接输入已定义的多线样式名称。

提示:多线的绘制方法与直线相似,不同的是多线由多条线型相同的平行线组成。绘制的每一条多线都是一个完整的整体,不能对其进行偏移、延伸和修剪等编辑操作,只有将其分解为多条线后才能编辑。

二、定义多线样式

系统默认的多线样式称为 STANDARD 样式,它由两条平行线组成,并且平行线的间距是定值。如需要绘制不同样式的多线,则可以在打开的“多线样式”对话框中设置多线的线型、颜色、线宽和偏移等特性。

执行“多线样式”命令的方法有以下两种。

(1) 菜单栏:选择“格式”|“多线样式”命令。

(2) 命令行:在命令行中输入 MLSTYLE 命令。

例 4-4
讲解视频

【例 4-4】 设置窗型多线样式。

通过对多线样式的定义，可以快速绘制出一些常用的标准图形，如机械中的键、建筑的门窗等，如图 4-14 所示。

图 4-14　通过定义多线样式而绘制的窗

(1) 新建文件。单击快速访问工具栏中的“新建”按钮，新建空白文件。

(2) 选择“格式”|“多线样式”命令，系统弹出“多线样式”对话框，如图 4-15 所示。

(3) 单击“新建”按钮，系统弹出“创建新的多线样式”对话框，然后在“新样式名”文本框中输入“窗”，如图 4-16 所示。

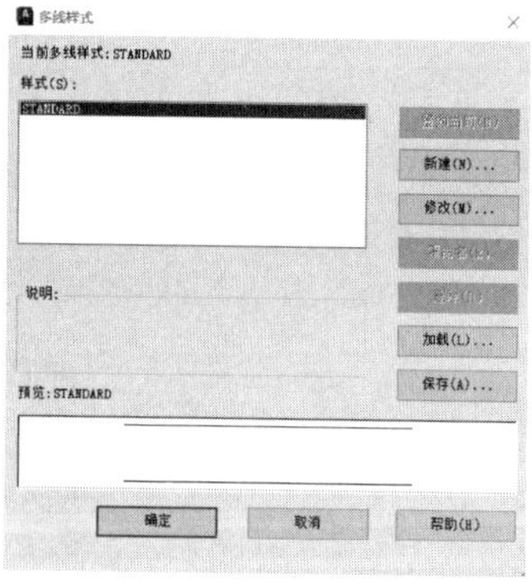

图 4-15　“多线样式”对话框

图 4-16　“创建新的多线样式”对话框

(4) 单击“继续”按钮，系统弹出“新建多线样式”对话框。在“封口”选项组中选择直线的起点和端点复选框来设置多线样式端点封口，如图 4-17 所示。

(5) 在“图元”列表框中选择 0.5 的线型样式，在“偏移”文本框中输入 120，单击“添加”按钮，输入偏移值 60，再单击“添加”按钮，输入偏移值 60，再选择 0.5 的线型样式，在“偏移”文本框中输入 120，如图 4-18 所示。

(6) 单击“确定”按钮，返回“多线样式”对话框，选择新建的“窗”样式，并将其置为当前，然后单击“确定”按钮，完成多线样式“窗”的设置。

“新建多线样式”对话框中各选项的含义如下。

(1) 说明：用来为多线样式添加说明，最多可输入 255 个字符。

(2) 封口：设置多线的平行线段之间两端封口的样式。当选择“封口”选项组中的复选框时，绘制的多段两端呈打开状态。图 4-19 所示为多线的各种封口形式。

(3) 填充：设置封闭的多线内的填充颜色；选择“无”选项，表示使用透明颜色填充。

(4) 显示连接：显示或隐藏每条多线顶点处的连接。

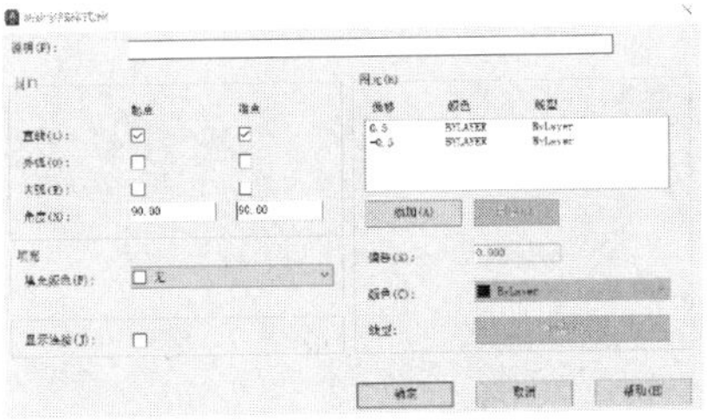

图 4-17　设置多线封口样式

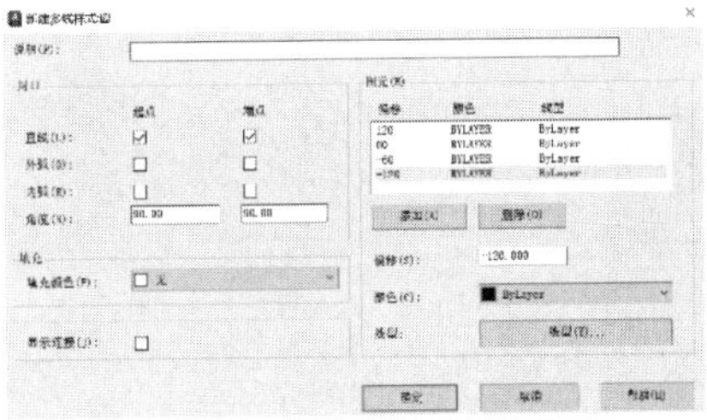

图 4-18　设置偏移值

（a）无封口

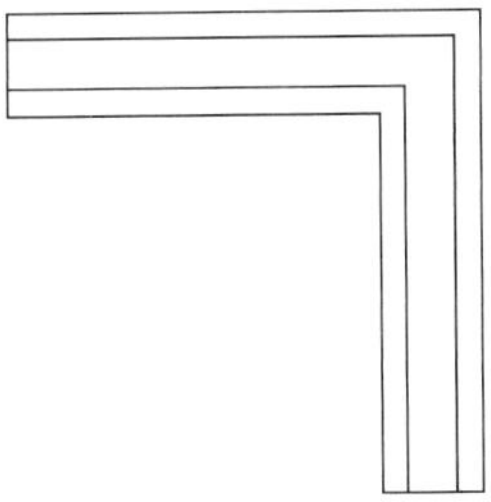

（b）直线封口

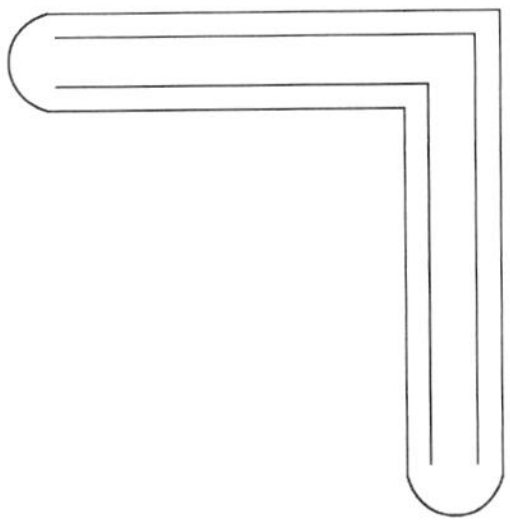

（c）外弧封口

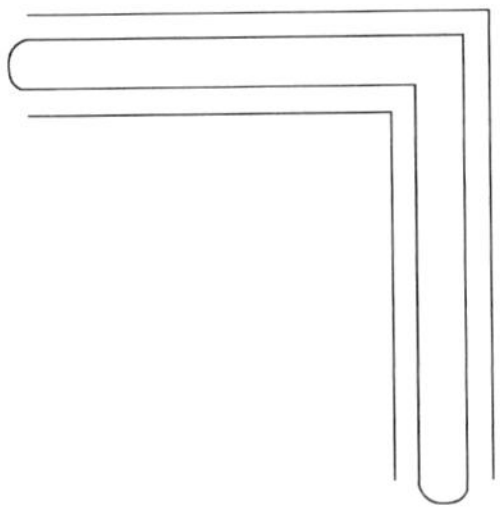

（d）内弧封口

（e）有角度

图 4-19　多线的各种封口形式

（5）图元：构成多线的元素，通过单击“添加”按钮可以添加多线的构成元素，也可以通过单击“删除”按钮删除这些元素。

（6）偏移：设置多线元素从中线的偏移值，值为正表示向上偏移，值为负表示向下偏移。

（7）颜色：设置组成多线元素的线条颜色。

（8）线型：设置组成多线元素的线条线型。

三、编辑多线

多线绘制完成以后，可以根据不同的需要进行多线编辑。执行“多线编辑”命令的方法有以下两种。

（1）菜单栏：选择“修改”|“对象”|“多线”命令。

（2）命令行：在命令行中输入 MLEDIT 命令。

执行多线编辑命令之后，系统弹出“多线编辑工具”对话框，如图 4-20 所示。

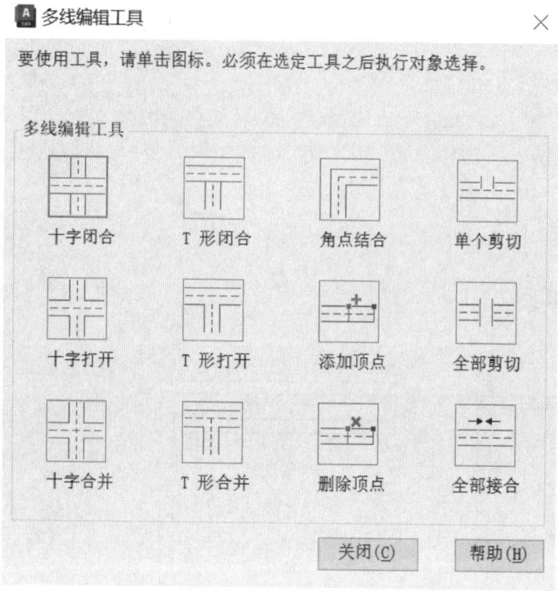

图 4-20 “多线编辑工具”对话框

该对话框中共有 4 列 12 种多线编辑工具:第 1 列为十字交叉编辑工具,第 2 列为 T 字交叉编辑工具,第 3 列为角点结合编辑工具,第 4 列为中断或接合编辑工具。单击选择其中的一种工具图标,即可使用该工具。

例 4-5
讲解视频

【例 4-5】 绘制窗扇。

(1) 用多段线命令绘制如图 4-21 所示的基本轮廓。

(2) 绘制外轮廓。在命令行中输入 ML(多线)命令并按 Enter 键,按 F3 键,开启对象捕捉模式,绘制窗扇的外轮廓,如图 4-22 所示。命令行的提示如下。

命令:ML ↙　　//调用“多线”命令

当前设置:对正=上,比例=20.00,样式=STANDARD

指定起点或[对正(J)/比例(S)/样式(ST)]:　　//默认“多线”的设置

指定下一点:　　//捕捉矩形轮廓任意角点

指定下一点或[放弃(U)]:　　//按上面的方式捕捉第二点

指定下一点或[闭合(C)/放弃(U)]:　　//按上面的方式捕捉第三点

指定下一点或[闭合(C)/放弃(U)]:C ↙　　//激活“闭合”选项,按 Enter 键完成外轮廓的绘制

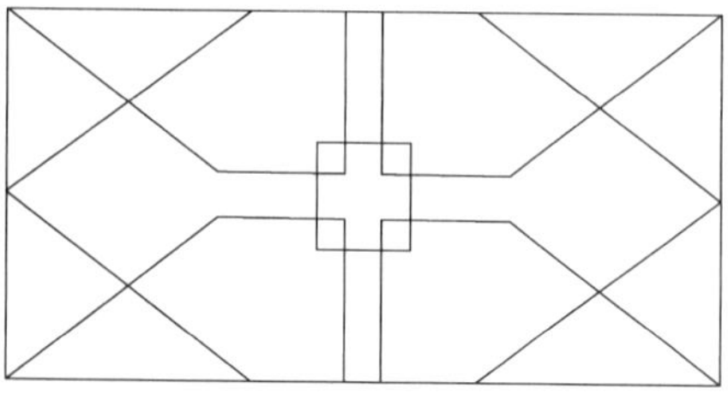

图 4-21 基本轮廓

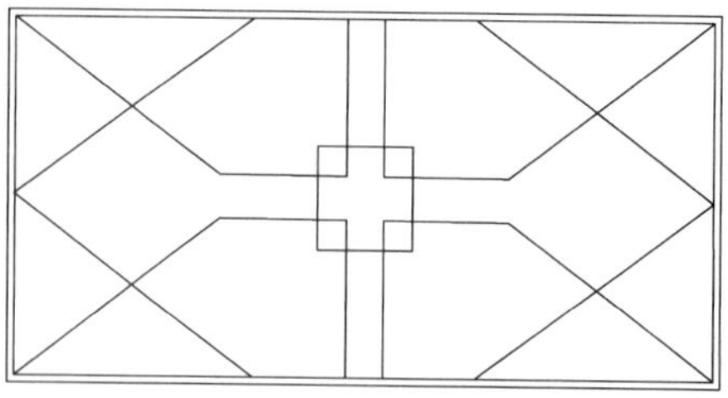

图 4-22 绘制外轮廓

(3) 绘制内轮廓。按空格键重复“多线”命令，绘制窗扇的内轮廓，如图 4-23 所示。命令行提示如下。

命令：ML↙ //调用“多线”命令
当前设置：对正＝上，比例＝20.00，样式＝STANDARD
指定起点或[对正(J)/比例(S)/样式(ST)]：J↙ //激活“对正”选项
输入对正类型[上(T)/无(Z)/下(B)]<上>：Z↙ //设置对正类型为无
指定起点或[对正(J)/比例(S)/样式(ST)]： //指定多线绘制的起点
指定下一点： //按照辅助线，绘制窗扇内轮廓
指定下一点或[放弃(U)]：
指定下一点或[闭合(C)/放弃(U)]：
指定下一点或[闭合(C)/放弃(U)]：
……

(4) 编辑多线。双击多线，弹出“多线编辑工具”对话框，选择合适的编辑工具对需要结合的对象进行编辑，结果如图 4-24 所示。

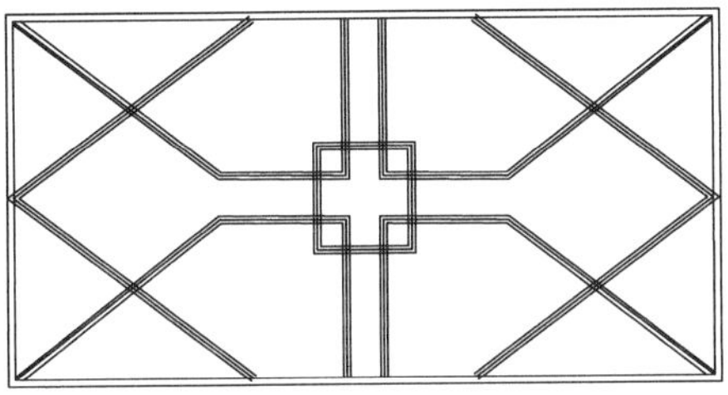

图 4-23 绘制内轮廓

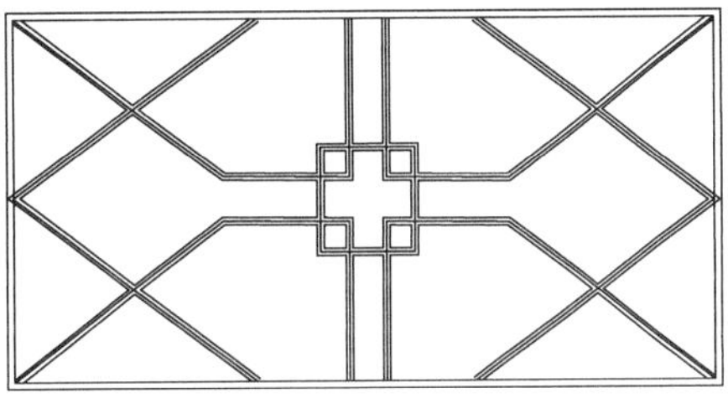

图 4-24 编辑多线

(5) 在命令行中输入 X(分解)命令，选择内轮廓多线进行分解操作。

(6) 在命令行中输入 TR(修剪)命令，对内轮廓超出外轮廓的地方进行修剪，如图 4-25 所示。

(7) 删除多余的辅助线，最终效果如图 4-26 所示。

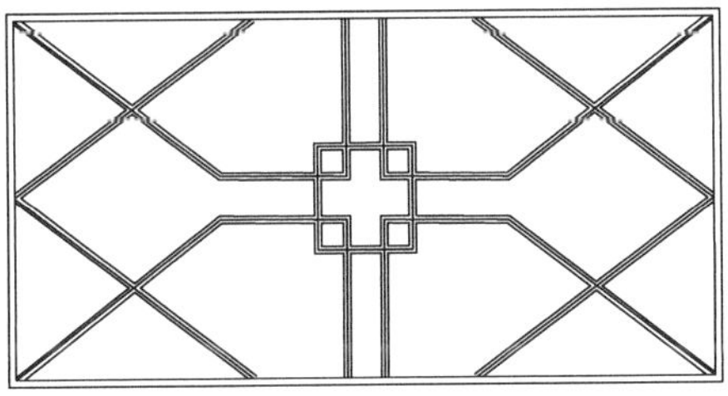

图 4-25 修剪多线

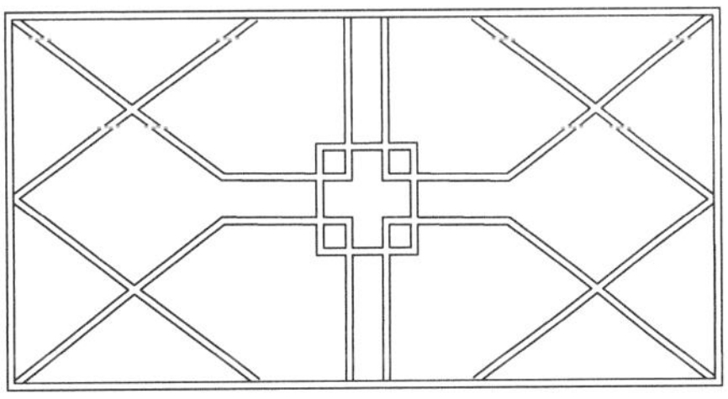

图 4-26 窗扇绘制效果

【例 4-6】 利用多线绘制回采巷道，如图 4-27 所示。

例 4-6 讲解视频

(1) 绘制运输大巷 1。

单击下拉菜单“绘图”|“多线”命令，命令行显示“指定起点或[对正(J)/比例(S)/样式(ST)]：”，输入 S，更改原多线比例，输入多线比例：1；命令行显示

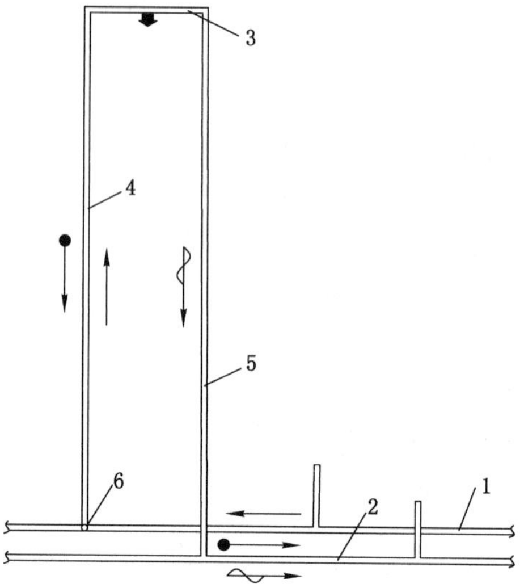

图 4-27　回采巷道示意图

“指定起点或[对正(J)/比例(S)/样式(ST)]:”,用鼠标点击指定一点作为起点,命令行显示指定下一点,输入 90,按回车键结束。

(2) 绘制回风大巷 2。

采用“复制”命令绘制回风大巷 2,如图 4-28 所示。

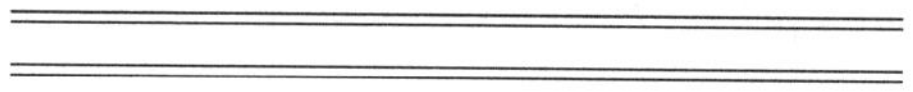

图 4-28　运输大巷和回风大巷的绘制

(3) 绘制回采巷道。

在图 4-28 的基础上绘制回采巷道。单击下拉菜单“绘图”|“多线”命令,命令行显示“指定起点或[对正(J)/比例(S)/样式(ST)]:”,用鼠标单击指定起点位置,指定下一点:90,指定下一点:21,如图 4-29(a)所示,命令行显示“指定下一点[或放弃(U)]:”,用鼠标指定与回风大巷搭接,按回车键结束,如图 4-29(b)所示。

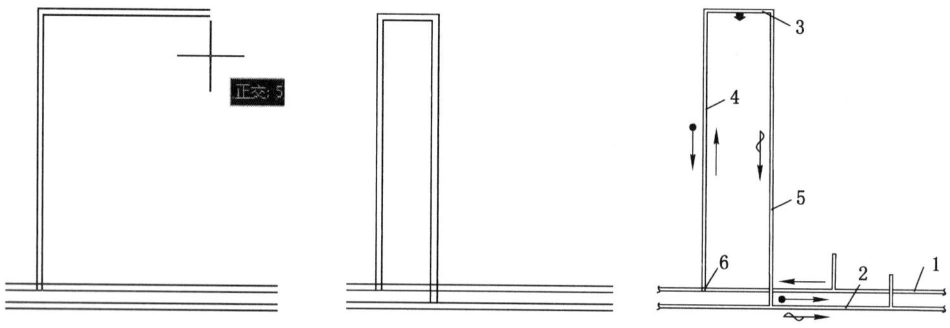

(a)　(b)　(c)

图 4-29　回采巷道绘制过程

(4) 完成图形绘制。

继续采用“多线”“多线编辑”及文字标注等命令，依次完成系统回采巷道效果图的绘制，如图 4-29(c)所示。

第三节　样条曲线绘制

样条曲线是经过或接近一系列给定点的光滑曲线。在 AutoCAD 2023 中，既可以使用拟合点绘制样条曲线，也可以使用控制点绘制样条曲线。与前面介绍过的圆、圆弧之类的曲线不同，它可以自由编辑。

一、绘制样条曲线

执行“样条曲线”命令的方法有以下 4 种。

(1) 菜单栏：选择“绘图”|“样条曲线”命令，如图 4-30 所示。

(2) 功能区：在“默认”选项卡中，单击“绘图”面板中的“样条曲线拟合”按钮或“样条曲线控制点”按钮，如图 4-31 所示。

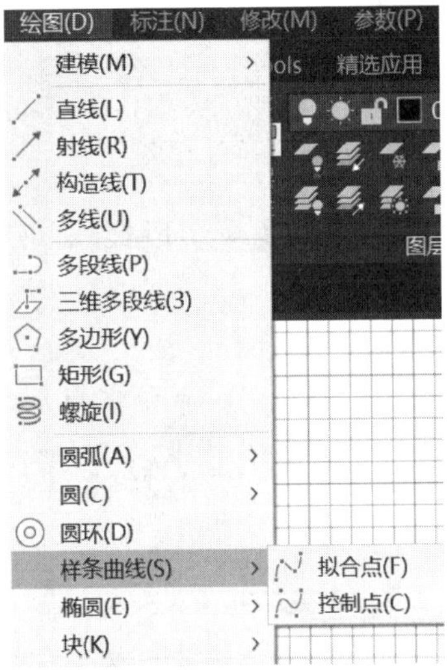

图 4-30　“样条曲线”命令

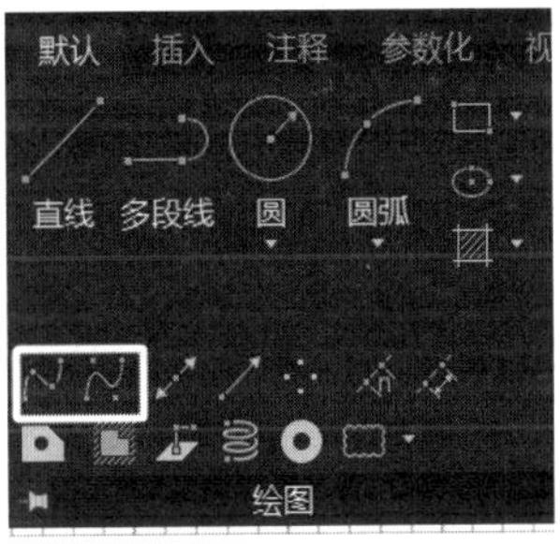

图 4-31　“样条曲线拟合”或“样条曲线控制点”按钮

(3) 工具栏：单击“绘图”工具栏中的“样条曲线”按钮。

(4) 命令行：在命令行中输入 SPLINE/SPL 命令。

执行上述命令后，命令行提示如下。

指定第一个点或[方式(M)/节点(K)/对象(O)]：

命令行中各选项的含义如下。

(1) 方式(M)：通过该选项确定样条曲线的创建方式，分为“拟合点”与“控制点”两种，如图 4-32 所示。

(2) 节点(K)：控制样条曲线节点参数化的运算方式，分为“弦(C)”“平方根(S)”与“统一(U)”3 种方式，以确定样条曲线中连续拟合点之间的零部件曲线如何过渡。

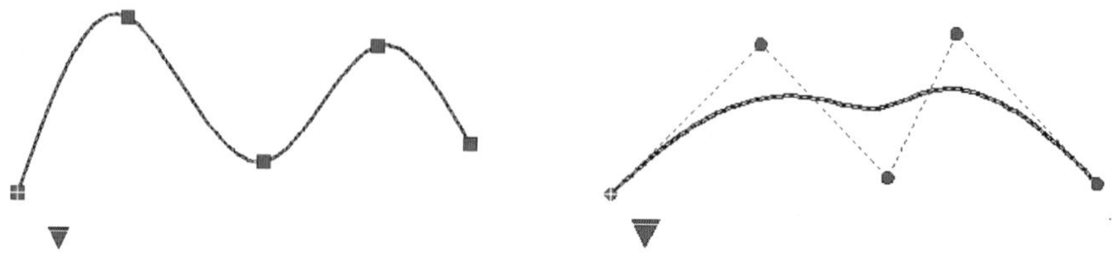

(a) 使用拟合点绘制样条曲线　　(b) 使用控制点绘制样条曲线

图 4-32　绘制样条曲线的两种方式

(3) 对象(O):用于将多段线转换为等价的样条曲线。

提示:当样条曲线的控制点达到要求之后,按 Enter 键即可完成该样条曲线。

二、编辑样条曲线

与多段线一样,AutoCAD 2023 也提供了专门编辑样条曲线的工具,其执行方式也有 4 种。

(1) 菜单栏:选择“修改”|“对象”|“样条曲线”命令。

(2) 功能区:在“默认”选项卡中,单击“修改”面板中的“编辑样条曲线”按钮。

(3) 工具栏:单击“修改”工具栏中的“编辑样条曲线”按钮。

(4) 命令行:在命令行中输入 SPLINEDIT 命令。

执行上述命令后,选择要编辑的样条曲线,命令行提示如下。

输入选项[闭合(C)/合并(J)/拟合数据(F)/编辑顶点(E)/转换为多段线(P)/反转(R)/放弃(U)/退出(X)]＜退出＞:

命令行中各选项的含义如下。

(1) 闭合(C):用于闭合开放的样条曲线。选择此选项后,“闭合(C)”命令将自动切换到“打开(O)”命令,如果再执行“打开”命令,同样也会切换回“闭合”命令,如图 4-33 所示。

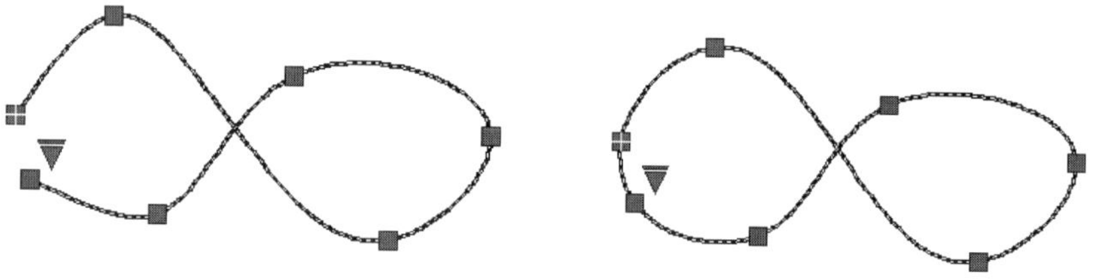

图 4-33　闭合的编辑效果

(2) 合并(J):用于将样条曲线的首尾相连。

(3) 拟合数据(F):用于编辑样条曲线的拟合数据。拟合数据包括所有的拟合点、拟合公差,以及绘制样条曲线时与之相关联的切线。

选择该选项后,样条曲线上各控制点将会被激活,命令行提示如下。

输入拟合数据选项[添加(A)/闭合(C)/删除(D)/扭折(K)/移动(M)/清理(P)/切线(T)/公差(L)/退出(X)]＜退出＞:

对应的选项表示各个拟合数据编辑工具,各选项的含义如下。

① 添加(A):为样条曲线添加新的控制点。

② 闭合(C):用于闭合开放的样条曲线。

③ 删除(D):用于删除样条曲线的拟合点,并重新用其余点拟合样条曲线。

④ 扭折(K):在样条曲线上的指定位置添加节点和拟合点。

⑤ 移动(M):用于把拟合点移动到新位置。

⑥ 清理(P):从图形数据库中删除样条曲线的拟合数据。

⑦ 切线(T):编辑样条曲线在起点和端点的切线方向。

⑧ 公差(L):重新设置拟合公差的值。

⑨ 退出(X):退出拟合数据编辑。

(4) 编辑顶点:用于精密调整样条曲线的顶点。

选择该选项后,命令行提示如下。

输入顶点编辑选项[添加(A)/删除(D)/提高阶数(E)/移动(M)/权值(W)/退出(X)]＜退出＞:

对应的选项表示编辑顶点的多个工具,各选项的含义如下。

① 添加(A):用于增加样条曲线的控制点。

② 删除(D):用于删除样条曲线的控制点。

③ 提高阶数(E):用于增加样条曲线上控制点的数目。

④ 移动(M):将样条曲线上的顶点移动到合适位置。

⑤ 权值(W):用于修改不同样条曲线控制点的权值。

⑥ 退出(X):退出编辑顶点。

(5) 转换为多段线(P):用于将样条曲线转换为多段线。

(6) 反转(E):用于反转样条曲线的方向。

(7) 放弃(U):还原操作,每选择一次将取消上一次的操作,可一直返回到编辑任务开始时的状态。

(8) 退出(X):退出样条曲线编辑。

例 4-7
讲解视频

【例 4-7】 绘制乏风图形,如图 4-34 所示。

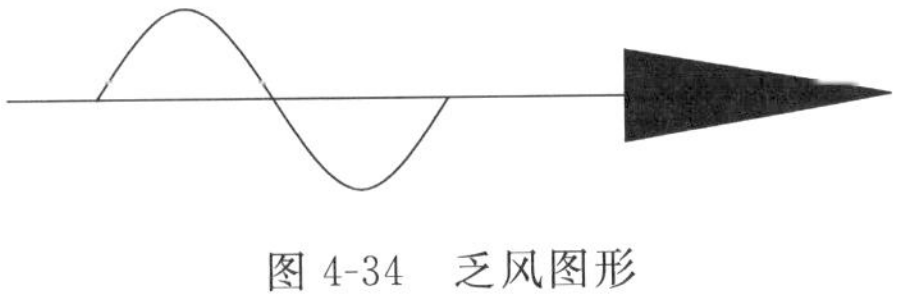

图 4-34　乏风图形

(1) 利用多段线命令和给定方向输距离方法水平向右连续绘制长度为 1.2、2.4、2.4、2.4 的线段。

(2) 设置线宽(起点线宽为 1.2、端点线宽为 0)。

(3) 利用给定方向输距离方法向右绘制长度为 3.6 的线段。

(4) 结合已有特征点和相对坐标原点(相对部分线段中点),输入样条曲线的 5 个点绘制样条曲线。

例 4-8
讲解视频

【例 4-8】 绘制雨伞图形。

(1) 绘制辅助线,如图 4-35 所示。

(2) 绘制伞轮廓。在命令行中输入 C(圆)命令并按 Enter 键,以第二条水平辅助线的长度为直径,绘制以该水平辅助线与中间垂直辅助线的交点为圆心的圆,如图 4-36 所示。

(3) 绘制伞柄。在“默认”选项卡中,单击“绘图”面板中的“多段线”按钮,在圆上单击作为起点,然后绘制伞柄,如图 4-37 所示。命令行提示如下。

命令:pline ↙ //调用“多段线”命令

指定起点: //在圆上单击确定起点

当前线宽为 0.0000

指定下一个点或[圆弧(A)/半宽(H)/长度(L)/放弃(U)/宽度(W)]: //指定下一点

指定下一点或[圆弧(A)/闭合(C)/半宽(H)/长度(L)/放弃(U)/宽度(W)]:A ↙

指定圆弧的端点或[角度(A)/圆心(CE)/闭合(CL)/方向(D)/半宽(H)/直线(L)/半径(R)/第二个点(S)/放弃(U)/宽度(W)]: //指定圆弧端点并按 Enter 键确定

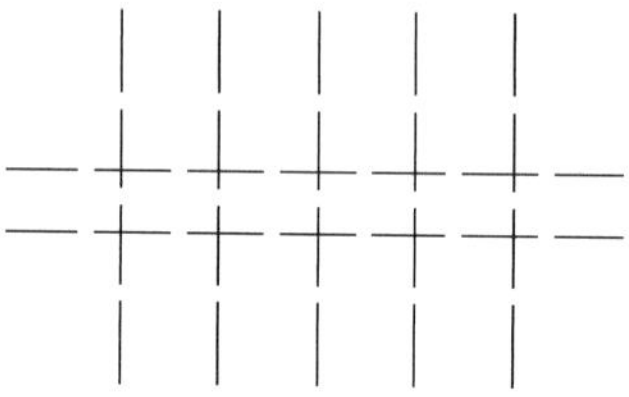

图 4-35 辅助线

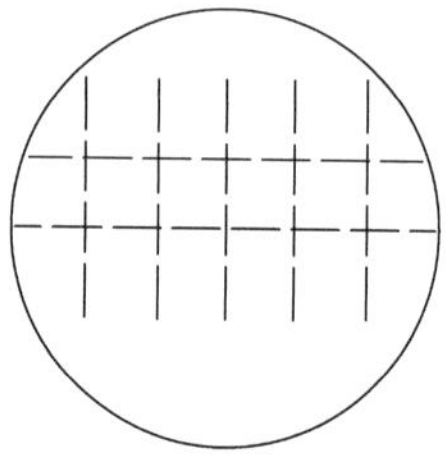

图 4-36 绘制伞轮廓

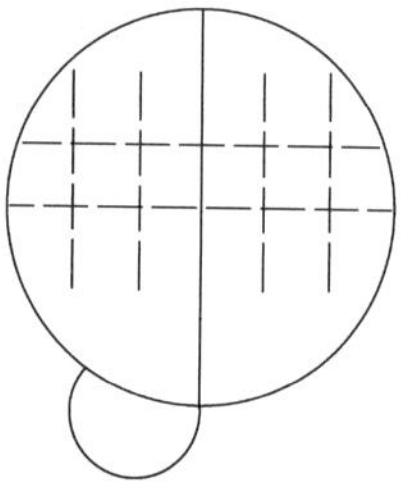

图 4-37 绘制伞柄

(4) 细化伞轮廓。在“默认”选项卡中,单击“绘图”面板中的“样条曲线拟合”按钮,参照辅助线细化伞轮廓,如图 4-38 所示。命令行提示如下:

命令:SPLINE ↙ //调用“样条曲线”

当前设置:方式=拟合 节点=弦

指定第一个点或[方式(M)/节点(K)/对象(O)]: //指定辅助线的交点为起点

输入下一个点或[起点切向(T)/公差(L)]:

输入下一个点或[端点相切(T)/公差(L)/放弃(U)]:

输入下一个点或[端点相切(T)/公差(L)/放弃(U)/闭合(C)]:

输入下一个点或[端点相切(T)/公差(L)/放弃(U)/闭合(C)]: //重复指定点位置,按 Enter 键完成样条曲线的绘制

(5) 绘制伞支撑架。在“默认”选项卡中,单击“绘图”面板中的“三点”按钮,绘制圆弧,如图 4-39 所示。命令行提示如下:

命令:arc ↙ //调用“三点”命令

指定圆弧的起点或[圆心(C)]: //指定伞柄与圆的交点为起点

指定圆弧的第二个点或[圆心(C)/端点(E)]: //指定第二点

指定圆弧的端点: //指定中心线的交点为端点,单击确定

重复上述命令操作,继续绘制伞支撑架。

(6) 运用 TR(修剪)和 E(删除)命令完善图形,雨伞绘制效果如图 4-40 所示。

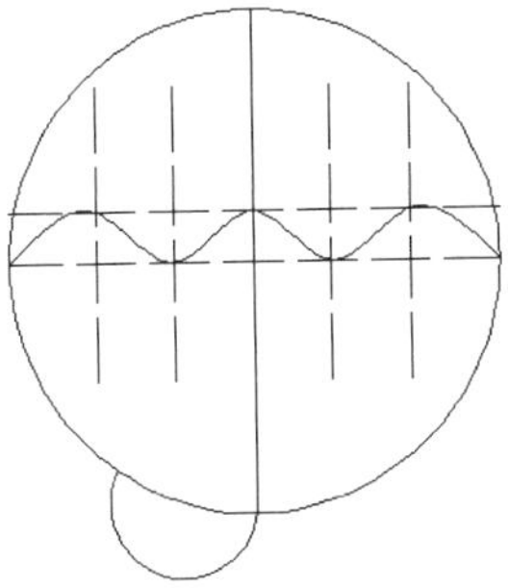

图 4-38　细化伞轮廓

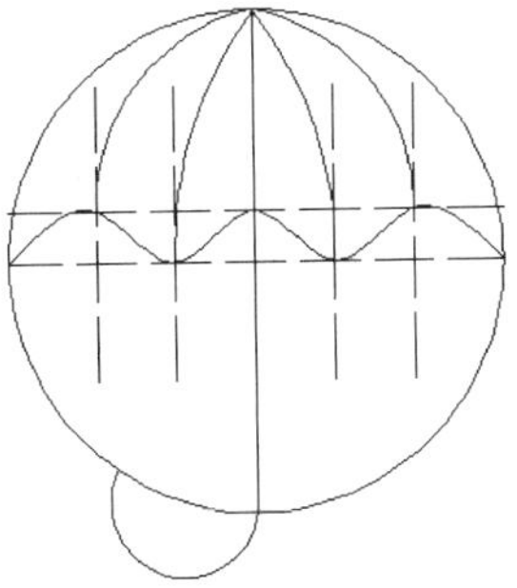

图 4-39　绘制伞支撑架

图 4-40　雨伞绘制效果

【例 4-9】 绘制檐口水幕喷头图形,如图 4-41 所示。

例 4-9
讲解视频

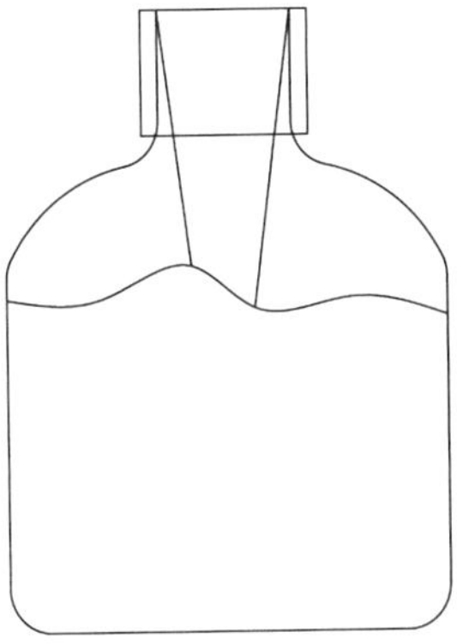

图 4-41　檐口水幕喷头

(1) 绘制瓶身和瓶颈的底部(使用多段线命令)。

执行多段线命令:在命令行中输入 PL(或 Polyline)并按回车键。

绘制直线段:使用鼠标左键在绘图区域点击,确定多段线的起点。继续点击鼠标左键,绘制出瓶身和瓶颈底部的直线段。绘制圆角或弧形,在绘制过程中输入 A 进入圆弧模式,然后指定圆弧的起点、端点和方向。

结束多段线命令:完成绘制后,按回车键或 Esc 键结束多段线命令。

(2) 绘制瓶颈和瓶口的曲线部分(使用样条曲线命令)。

执行样条曲线命令:在命令行中输入 SPL(或 Spline)并按回车键。

绘制样条曲线:使用鼠标左键在瓶颈和瓶口的连接处点击,确定样条曲线的起点。继续点击鼠标左键,依次指定样条曲线上的控制点。

结束样条曲线命令:完成绘制后,按回车键或 Esc 键结束样条曲线命令。

第四节　面域创建

面域是具有一定边界的二维闭合区域,它是一个面对象,内部可以包含孔特征,如闭合的多线段、闭合的多条直线和闭合的多条曲线。在三维建模状态下,面域也可以用于构建实体模型的特征截面。

一、创建面域

通过选择自封闭的对象或端点相连构成封闭的对象，可以快速创建面域。如果对象自身内部相交，就不能生成面域。创建面域的方法有很多种，其中最常用的是“面域”工具和“边界”工具两种。

（一）使用面域工具创建面域

使用“面域”工具创建面域有如下 4 种方式。

（1）命令行：输入 REGION/REG 命令。

（2）菜单栏：执行“绘图”|“面域”命令。

（3）工具栏：单击“绘图”工具栏中的“面域”按钮。

（4）功能区：在“默认”选项卡中，单击“创建”面板中的“面域”按钮。

【例 4-10】 对如图 4-42 所示的图形使用“面域”工具创建面域。

（1）单击“绘图”工具栏中的“面域”按钮，创建绘制的零件轮廓图为面域，命令行操作如下。

例 4-10 讲解视频

命令：region ↙ //调用“面域”命令

选择对象：找到 7 个 //拾取零件图

选择对象： //按 Enter 键创建面域

已提取 4 个环。

已创建 4 个面域。

（2）执行“视图”|“视图样式”|“概念”命令，创建完面域的图形如图 4-43 所示。

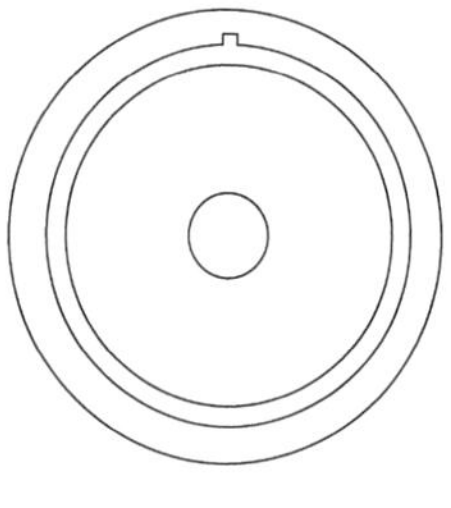

图 4-42 基本图形

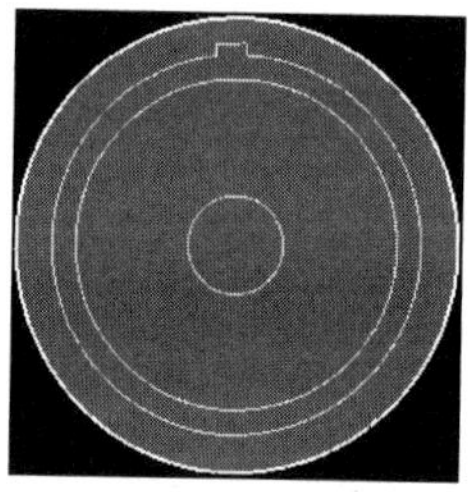

图 4-43 已创建面域图形

（二）使用边界工具创建面域

使用“边界”工具创建面域有如下 3 种方式。

（1）命令行：输入 BOUNDARY/BO 命令。

（2）菜单栏：执行“绘图”|“边界”命令。

（3）功能区：在“默认”选项卡中，单击“绘图”面板中的“边界”按钮。

【例 4-11】 对如图 4-44 所示的图形使用“边界”工具创建面域。

（1）执行“绘图”|“边界”命令，弹出如图 4-45 所示的“边界创建”对话框，在

例 4-11 讲解视频

"对象类型"下拉列表中选择"面域"选项，然后单击左上角的"拾取点"按钮，对话框暂时关闭。

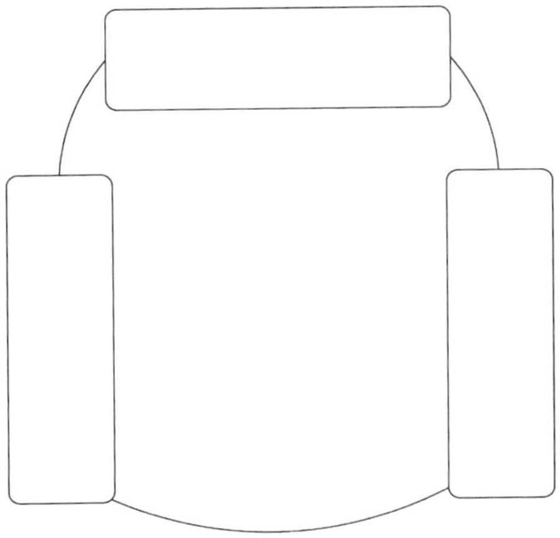

图 4-44 框架图形

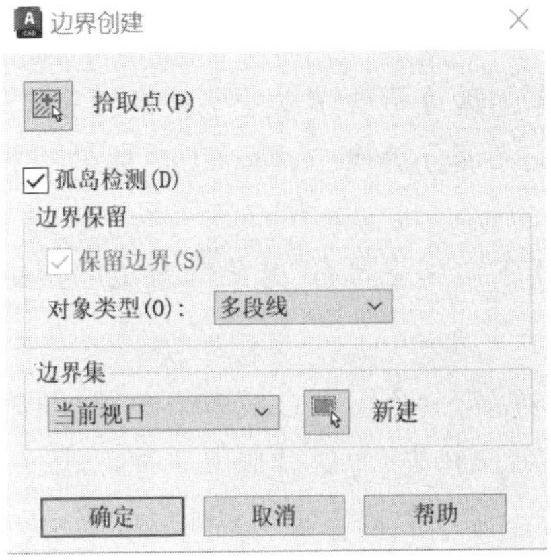

图 4-45 "边界创建"对话框

(2) 单击沙发图形内任意一点，然后按 Enter 键，此时 AutoCAD 自动创建面域对象，并显示创建信息，命令行提示如下。

命令：boundary ↙ //调用"边界"命令

拾取内部点：

正在选择所有对象...

正在选择所有可见对象...

正在分析所选数据...

正在分析内部孤岛...

拾取内部点：↙ //按 Enter 键结束

已提取 1 个环。

已创建 1 个面域。

BOUNDARY 已创建 1 个面域。

操作完成后，图形看上去似乎没有任何变化。但是移动图形到另一个位置时，就会发现已创建一个封闭的面域，如图 4-46 所示。

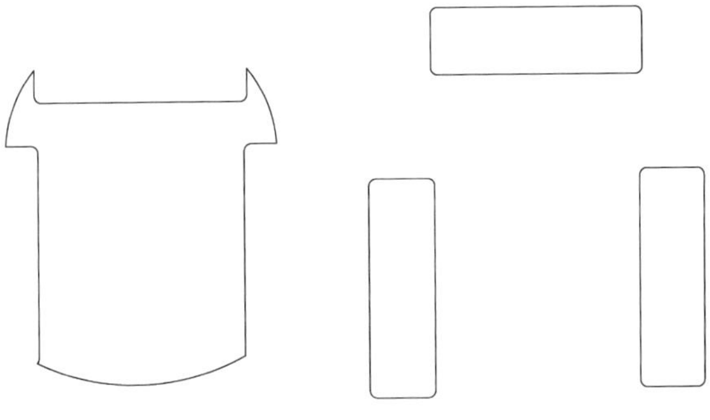

图 4-46 移动图形后效果

注意："面域"图形是一个平面整体，只能整体进行复制、旋转、移动、阵列等操作。如果要将其转换为线框图，可通过“分解”工具将其分解。

二、编辑面域

布尔运算是数学中的一种逻辑运算，它可以对实体和共面的面域进行剪切、添加，以及获取交叉部分等操作；而对于普通的线框和未形成面域或多段线的线框，则无法执行布尔运算。

布尔运算主要有“并集”“差集”“交集”3 种运算方式。

（一）并集

“并集”命令可以合成多个面域，即创建多个面域的合集。

执行“并集”命令有如下 3 种方式。

(1) 命令行：输入 UNION/UNI 命令。

(2) 菜单栏：执行“修改”|“实体编辑”|“并集”命令。

(3) 工具栏：单击“实体编辑”工具栏中的“并集”按钮。

【例 4-12】 对如图 4-47 所示的图形进行面域求和。

单击“实体编辑”工具栏中的“并集”按钮，合并图形，命令行操作如下。

命令：union↙　　　　　　　　//调用“面域”命令

选择对象：找到 9 个　　　　　//选择全部面域

选择对象：↙　　　　　　　　//按 Enter 键完成合并

面域合并结果如图 4-48 所示。

例 4-12 讲解视频

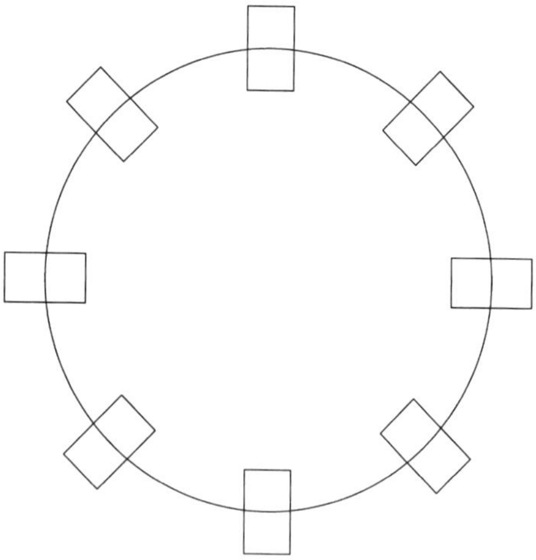

图 4-47　基础图形

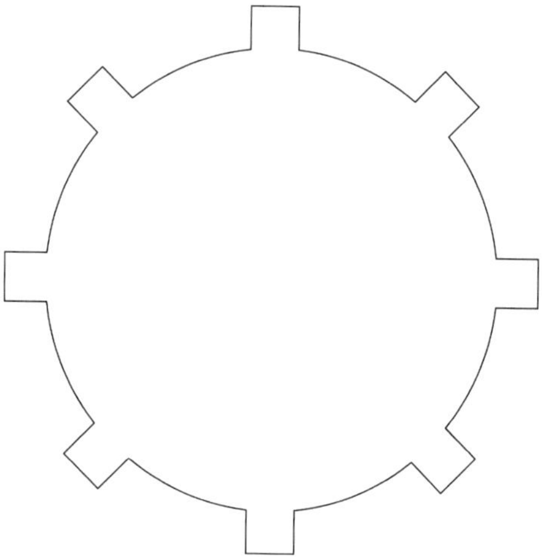

图 4-48　面域合并结果

注意：在进行布尔运算之前，必须确认图形是面域对象。

（二）差集

“差集”命令是将一个面域从另一个面域中去除，即两个面域的求差。

执行“差集”命令有如下 3 种方式。

(1) 命令行：输入 SUBTRACT/SU 命令。

（2）菜单栏：执行“修改”|“实体编辑”|“差集”命令。

（3）工具栏：单击“实体编辑”工具栏中的“差集”按钮。

例 4-13
讲解视频

【例 4-13】 对如图 4-49 所示的图形进行面域求差。

单击“实体编辑”工具栏中的“差集”按钮，去除多余面域，命令行操作如下。

命令：subtract ↙　　//调用“差集”命令
选择要从中减去的实体、曲面和面域…
选择对象：找到 1 个　　//选取需要被去除的面域
选择对象：选择要减去的实体、曲面和面域…
选择对象：找到 1 个　　//选择矩形
选择对象：　　//按 Enter 键完成求差

求差结果如图 4-50 所示。

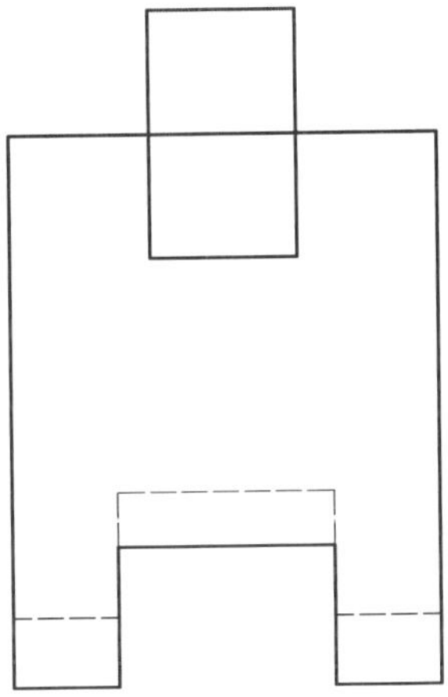

图 4-49　基础图形

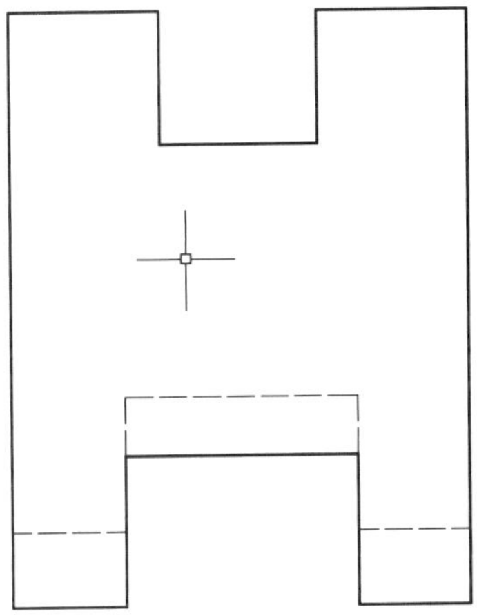

图 4-50　面域求差结果

（三）交集

“交集”命令用于获取多个面域之间的公共部分面域，即交叉部分面域。

执行“差集”命令有如下 3 种方式。

（1）命令行：输入 INTERSECT/IN 命令。

（2）菜单栏：执行“修改”|“实体编辑”|“交集”命令。

（3）工具栏：单击“实体编辑”工具栏中的“交集”按钮。

例 4-14
讲解视频

【例 4-14】 对如图 4-51 所示的图形进行面域求交。

单击“实体编辑”工具栏中的“交集”按钮，选取图形进行相交运算，命令行操作如下。

命令：intersect ↙　　//调用“交集”命令
选择对象：找到 2 个　　//选择需要交集的图形
选择对象：　　//按 Enter 键完成求交

求交结果如图 4-52 所示。

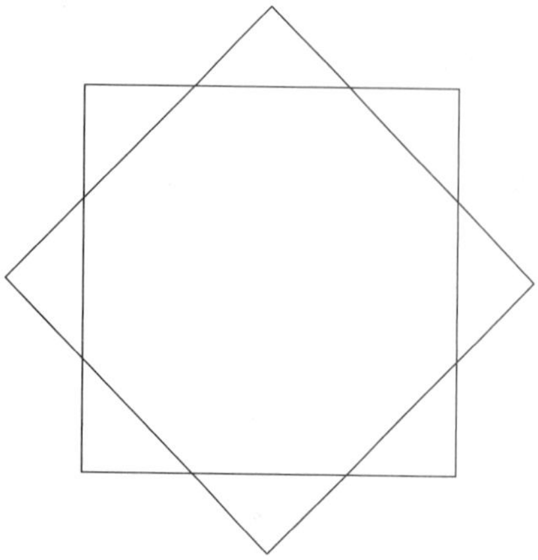

图 4-51　基础图形

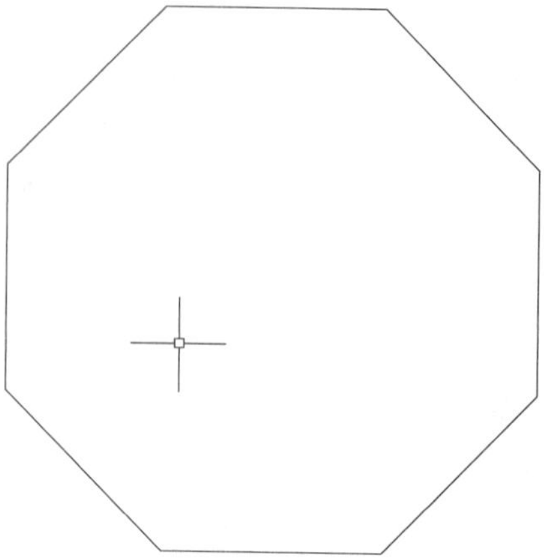

图 4-52　面域求交结果

第五节　图案填充

图案填充是指用某种图案充满图形中指定的区域，在工程设计中经常使用图案填充表示机械和建筑剖面，或者建筑规划图中的林地、草坪图例等。

一、创建图案填充

执行“图案填充”命令有如下 4 种方式。

(1) 命令行：输入 BHATCH/BH/H 命令。

(2) 菜单栏：执行“绘图”|“图案填充”命令。

(3) 工具栏：单击“绘图”工具栏中的“图案填充”按钮。

(4) 功能区：在“默认”选项卡中，单击“绘图”面板中的“图案填充”按钮。

在草图与注释工作空间调用“图案填充”命令之后，系统将弹出“图案填充创建”选项卡，如图 4-53 所示。

图 4-53　“图案填充创建”选项卡

在“图案填充创建”选项卡中共有 6 个面板：“边界”“图案”“特性”“原点”“选项”“关闭”。各面板的相关使用情况说明如下。

(一) “边界”面板

该面板主要用于设置图案填充的边界，也可通过对边界的删除或重新创建等操作修改填充区域。该面板上各按钮的含义如下。

(1) 拾取点：单击该按钮，可将面板切换至绘图区，在需要填充的区域内单击，程序将自动搜索周围边界进行图案填充。

(2) 选择:单击该按钮,可在绘图区中选择组成所有填充区域的边界。

(3) 删除:删除边界是重新定义边界的一种方法,单击此按钮可以取消系统自动选取或用户选取的边界,从而形成新的填充区域。

(二)"图案"面板

该面板如图 4-54 所示,用于设置填充图案和颜色等。面板左侧是图案选项,右侧包含两个翻页箭头和一个展开箭头,单击展开箭头可以展开更多选项,如图 4-55 所示。

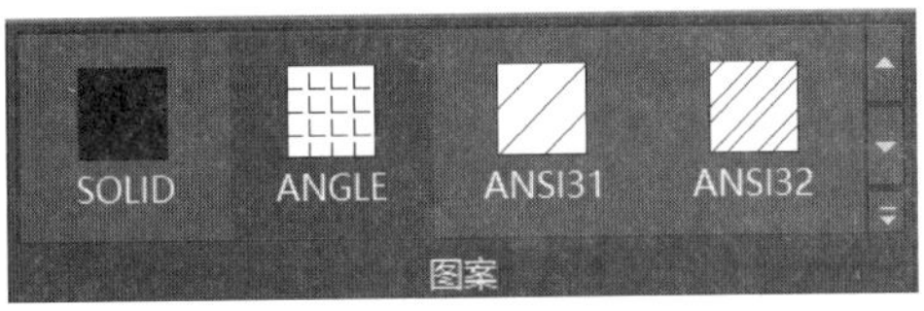

图 4-54 "图案"面板

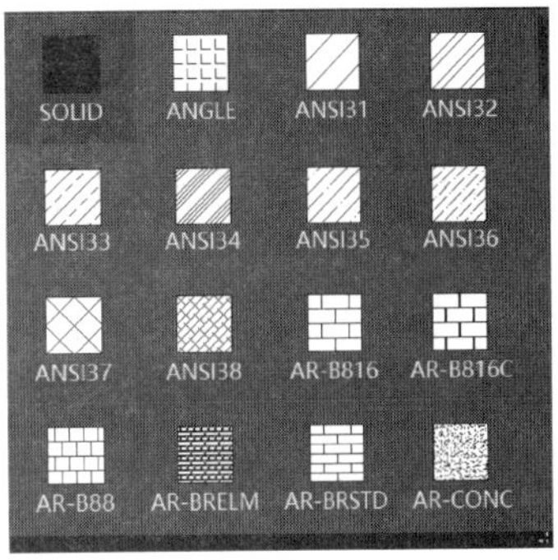

图 4-55 展开图案选项

(三)"特性"面板

该面板展开后如图 4-56 所示,主要用于设置图案的填充类型、填充比例和填充角度等特性。该面板中各选项的含义如下。

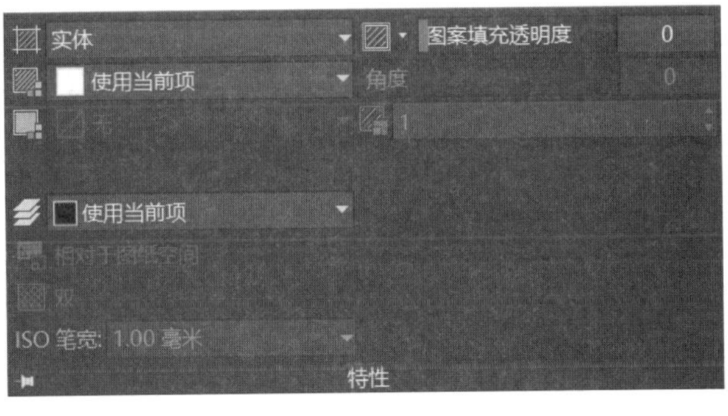

图 4-56 "特性"面板

(1) 图层填充类型:可选择填充实体、图案或渐变色。

(2) 图案填充颜色:用于设置图案填充的颜色,系统默认为使用当前项,即由当前激活图层的颜色决定。

(3) 背景色:在图案填充的同时,给填充区域添加一种背景颜色。

(4) 图案填充透明度:用于设置填充线的透明度,透明度越高,填充密度越低,如图 4-57 所示。

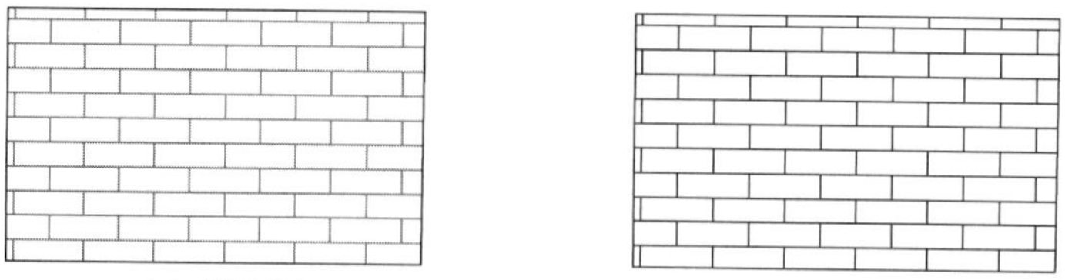

(a) 低透明度　　(b) 高透明度

图 4-57　透明度对填充效果的影响

(5) 角度:用于设置图案填充相对当前 UCS 的 X 轴的角度。

(6) 填充图案比例:用于设置图案填充的比例,即将填充图案按一定比例缩放。比例越大,填充效果显得越稀疏。

(7) 图层替代:用于设置填充线所在的图层。如果不设置,系统默认应用当前激活图层。

(四)"原点"面板

该面板展开后如图 4-58 所示,用于设置填充图案生成的起始位置。这是因为许多图案填充时,需要对齐填充边界上的某一点。该面板包含以下按钮。

(1) 设定原点:由用户自定义图案填充原点。

(2) 使用当前原点:使用当前 USC 的原点(0,0)作为图案填充的原点。

(五)"选项"面板

该面板展开后如图 4-59 所示,包括一些用于设置图案填充的附属功能。该面板包含以下选项。

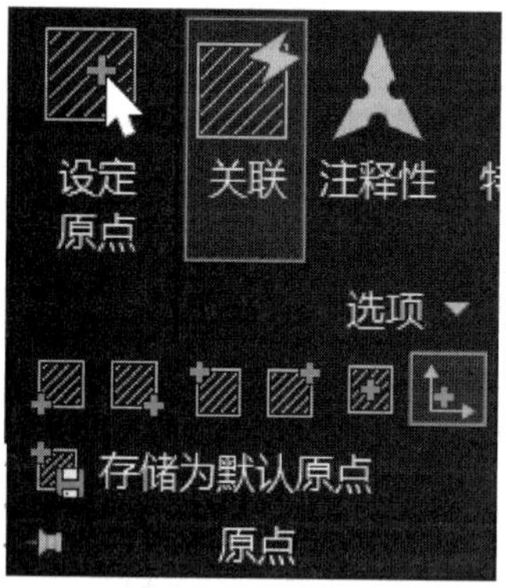

图 4-58　"原点"面板

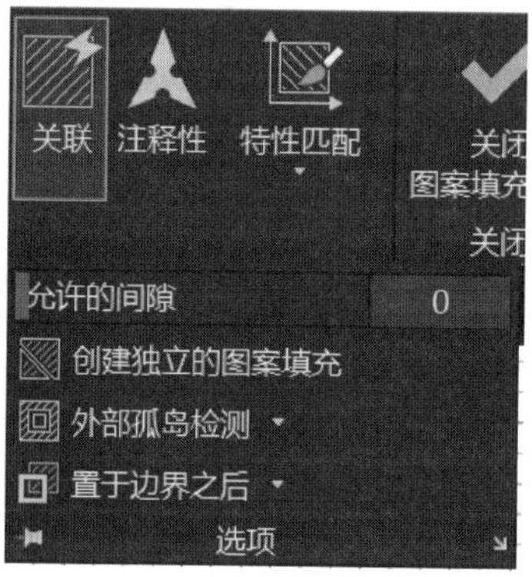

图 4-59　"选项"面板

(1) 关联:用于控制填充图案与边界"关联"或"非关联"。关联图案填充随边界的变化而自动更新,非关联图案填充则不会随边界的变化而自动更新。

(2) 创建独立的图案填充:选择该选项,则可以创建独立的图案填充,它不随边界的修改而更新图案填充。

(3) 绘图次序:主要为图案填充或填充指定绘图顺序。

(4) 特性匹配:使用选定对象的图案填充特性对指定边界进行填充。

(5) 孤岛检测:孤岛是指位于填充区域内的嵌套区域。“普通孤岛检测”表示从外层的边界向内边界填充,其填充规则为第一层填充,第二层不填充,第三层填充,第四层不填充,如此交替进行,直到选定边界被填充完毕为止。“外部孤岛检测”表示只填充从最外层边界向内的第一层区域。“忽略孤岛检测”表示忽略内边界,全部填充最外层边界的内部。各种孤岛检测的填充效果如图 4-60 所示。

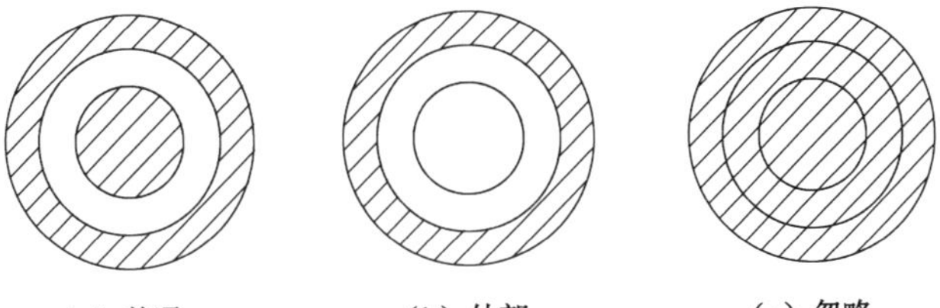

(a) 普通　　(b) 外部　　(c) 忽略

图 4-60　孤岛的填充方式

(6) 允许的间隙:当允许将近似闭合的区域识别为闭合区域时,用于设置识别的最大间隙。其默认值为 0,表示不允许近似闭合。

(六)“关闭”面板

单击该面板上的“关闭图案填充创建”按钮,可退出图案填充(也可按 Esc 键代替此按钮操作)。

在弹出“图案填充创建”选项卡之后,在命令行输入“T”,即可进入设置页面,即打开“图案填充和渐变色”对话框。单击该对话框右下角的“更多选项”按钮,展开如图 4-61 所示的对话框,显示更多选项。该对话框的选项含义与“图案填充创建”选项卡的含义基本相同,此处不再赘述。

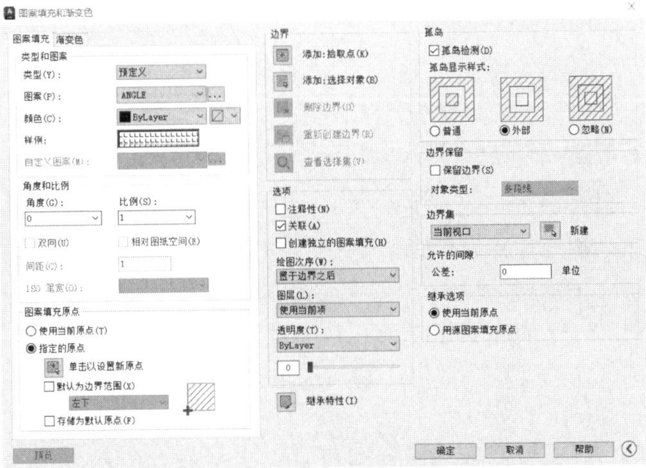

图 4-61　展开后的“图案填充和渐变色”对话框

二、编辑填充的图案

在为图形填充了图案之后，如果对填充效果不满意，还可以通过“编辑图案填充”命令对其进行编辑。可编辑的内容包括填充比例、旋转角度和填充图案等。

调用“编辑图案填充”命令主要有以下 3 种方法。

(1) 命令行：输入 HATCHEDIT 命令。

(2) 菜单栏：执行“修改”|“对象”|“图案填充”命令。

(3) 功能区：在“默认”选项卡中，单击“修改”面板中的“编辑图案填充”按钮。

调用“编辑图案填充”命令后，先选择图案填充对象，系统将弹出“图案填充和渐变色”对话框，如图 4-61 所示。在该对话框中，修改参数即可修改图案填充效果。

(一) 设置图案填充比例

填充比例对图案填充的效果影响很大，过大的比例显示不出填充效果，太小的比例又会使填充显示为黑色区域。下面以实例演示修改填充比例的方法。

【例 4-15】 对图 4-62 所示的图形改变其图案填充比例。

在“默认”选项卡中，单击“修改”面板中的“编辑图案填充”按钮，选择矩形边框填充图案，系统将弹出“图案填充和渐变色”对话框，设置“角度”为 90°、“比例”为 20，单击“确定”按钮完成修改。

例 4-15
讲解视频

效果图如图 4-63 所示。

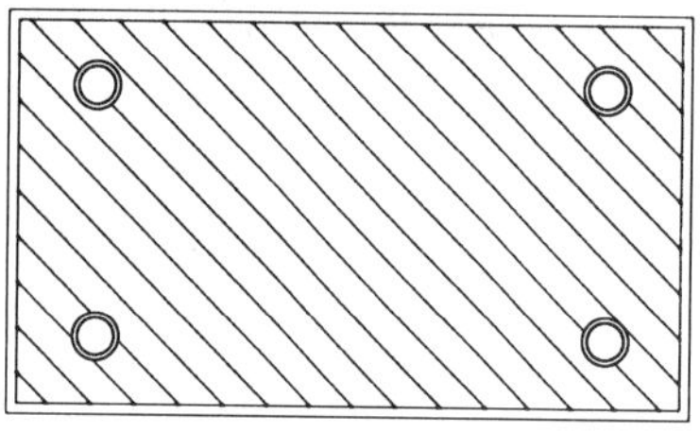

图 4-62 基础图形

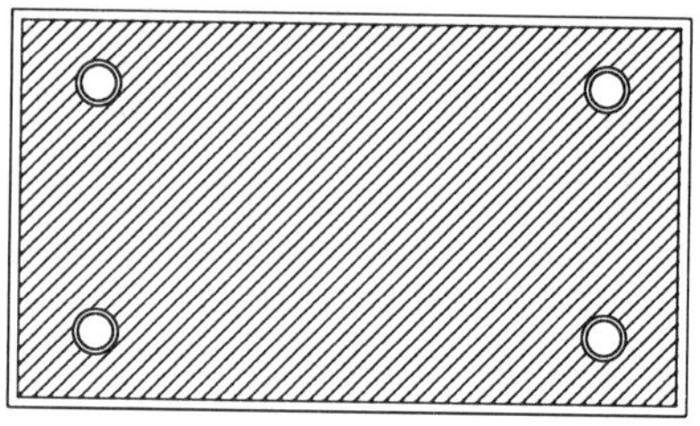

图 4-63 修改填充比例的效果

(二) 指定填充原点

在施工过程中，需要根据施工图进行实际操作。在填充地板砖这种类型的材料时，为了节约成本，需要定义填充原点。如图 4-64 所示矩形区域，虽然采用了同样的填充图案和填充比例，但由于定义了不同的填充原点，填充效果也各不相同。

【例 4-16】 对图 4-65 修改填充原点。

(1) 单击圆内填充图案，然后将指针移动到填充中心并停留片刻。系统将自动弹出快捷菜单，如图 4-66 所示。

(2) 选择“原点”命令，然后拖动指针即可自由定义原点位置，在合适的位置单击定义新原点，效果如图 4-67 所示。

例 4-16
讲解视频

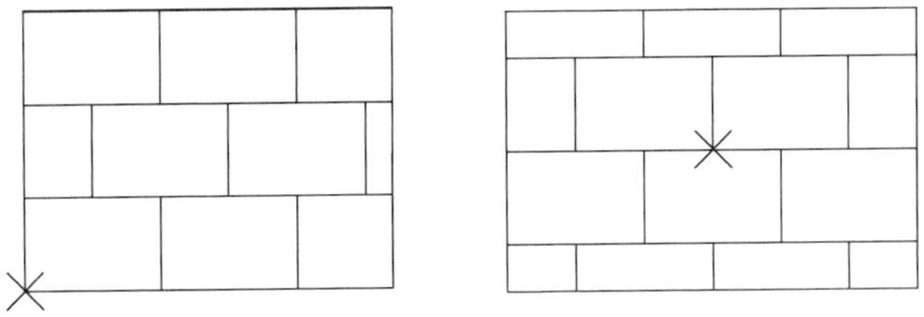

（a）填充原点在左下角点　　（b）填充原点在中心点

图 4-64　填充原点对填充效果的影响

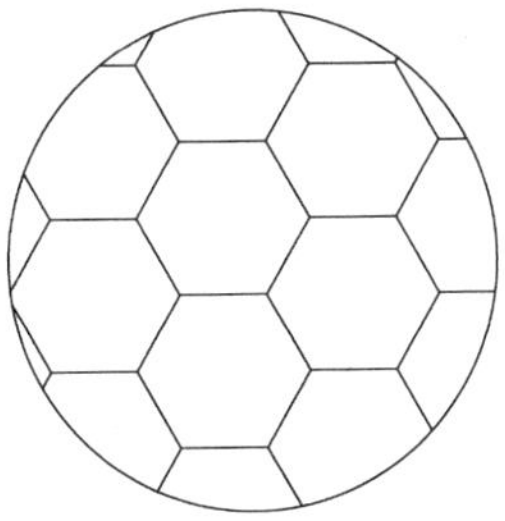

图 4-65　基础图形

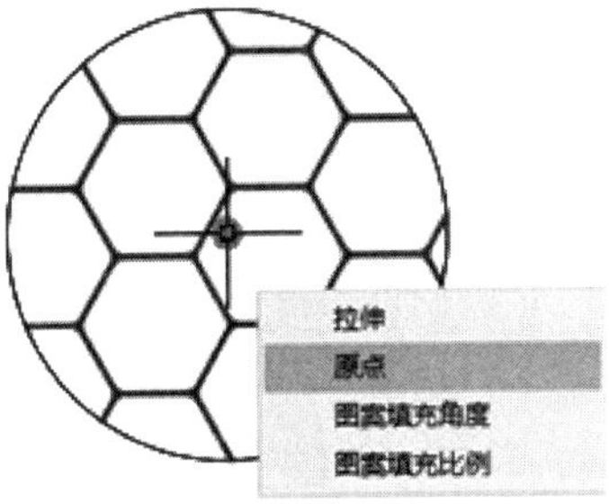

图 4-66　快捷菜单

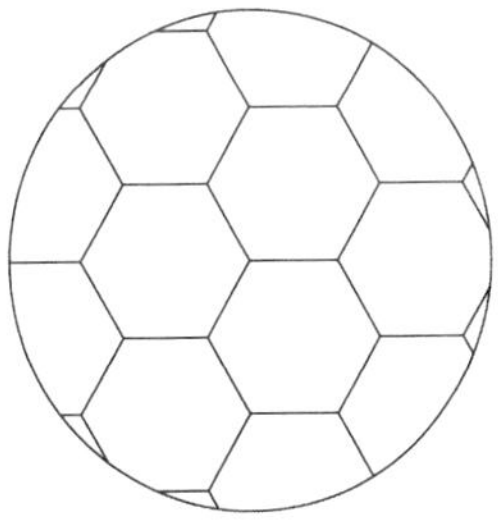

图 4-67　修改填充原点后的效果

（三）分解图案填充

使用 AutoCAD 创建的填充图案为一个整体，如果要对其局部进行编辑，则需要执行“分解”命令对其进行分解。执行“分解”命令有如下 4 种方法。

（1）命令行：输入 EXPLODE/X 命令。

（2）菜单栏：执行“修改”|“分解”命令。

（3）工具栏：单击“修改”工具栏中的“分解”按钮。

（4）功能区：在“默认”选项卡中，单击“绘图”面板中的“分解”按钮。

例 4-17 讲解视频

【例 4-17】 对如图 4-68 所示的图形分解图案填充。

（1）单击“修改”工具栏中的“分解”按钮，在命令行提示下选择绘图区中的填充图案，按 Enter 键确认。

（2）填充图案分解后，即可分别选择填充线进行编辑。

（3）删除多余的填充线段，然后利用“夹点编辑”功能调整线段的长度。最终效果如图 4-69 所示。

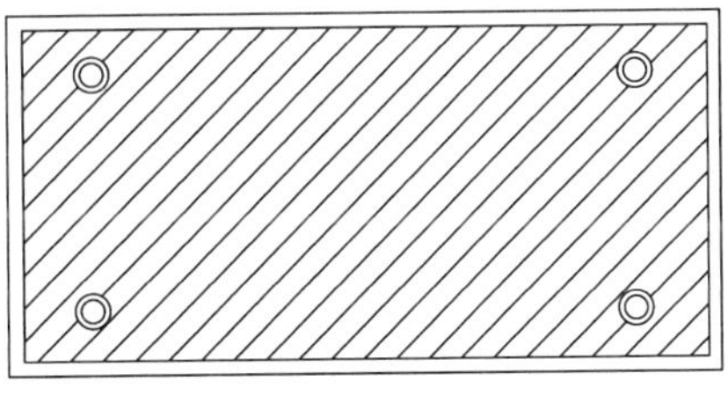

图 4-68　分解填充图案

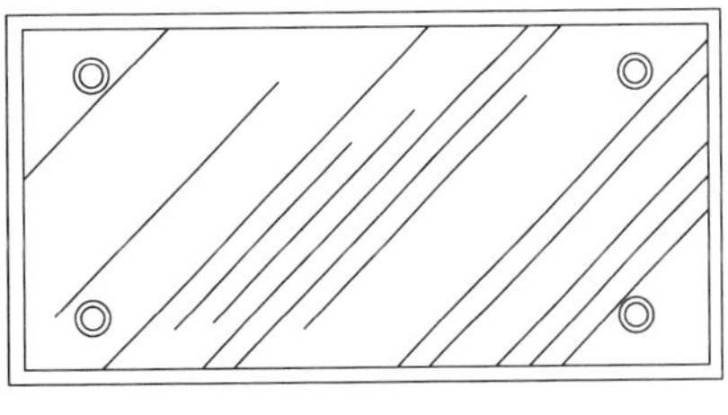

图 4-69　编辑填充线段

第六节　图块与属性块

一、块

（一）块的概述

在绘图时，如果图形中存在大量相同或相似的内容，或者要绘制的图形与已存在的图形文件相同，即可将这些重复绘制的图形创建成块，并根据需要定义其属性，在需要时直接插入块，从而大大提高绘图的效率。

块是由一个或多个图形对象组成的作为一个图形对象使用的实体，常用于绘制复杂、重复的图形；可以随时将它作为一个单独对象并按不同的比例缩放和旋转角度插入当前图形的指定位置。组成块的各个对象可以拥有自己的图层、线型、颜色等特性。AutoCAD 把块当作一个整体进行处理，即通过拾取块内的任一对象，就可以对整个块进行诸如复制、移动、缩放和旋转等操作。

块与图层的关系：

（1）块中的对象不从当前设置中继承颜色、线型和线宽特性。

（2）不管当前设置如何，块中对象的特性都不会改变。

（3）在创建块定义时可对每个对象单独设置颜色、线型和线宽特性。

（二）创建块

内部块是指创建的块与当前图形文件保存在一起，而且在插入块时，内部块只能被当前图形调用。

命令调用方式：

（1）菜单栏：执行“绘图”|“块”|“创建”命令，弹出“块定义”对话框，如图 4-70 所示。

（2）工具栏：单击“绘图”工具栏中的“创建块”按钮。

（3）命令行：输入 BLOCK/B 命令。

例 4-18
讲解视频

【例 4-18】　将指北针创建成块，如图 4-71 所示。

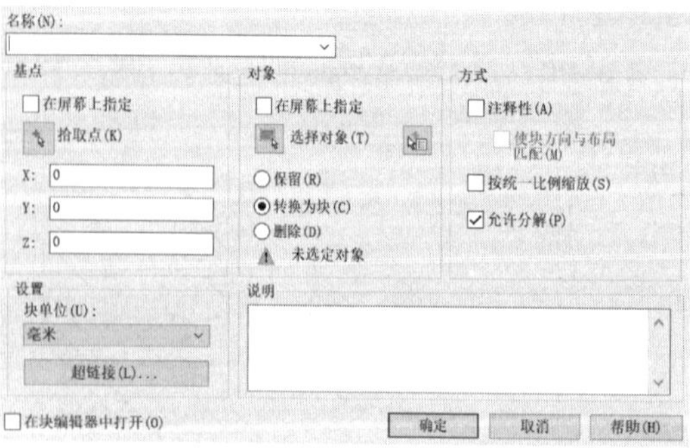

图 4-70　“块定义”对话框

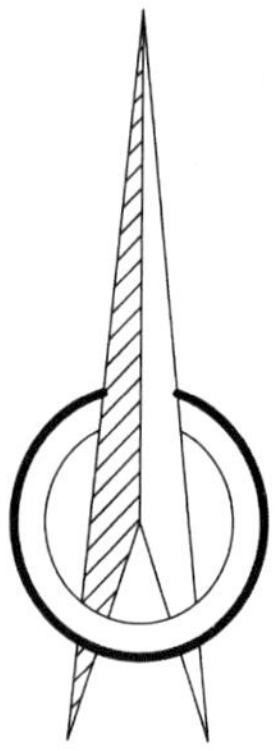

图 4-71　指北针

(1) 打开前面绘制的指北针图形;

(2) 执行创建块命令;

(3) 输入名称;

(4) 确定基点;

(5) 选择对象;

(6) 单位设为 mm;

(7) 说明中输入“圆箭头指北针”。

(三) 插入块

用户可以将块插入图形中的任何位置,插入的同时还可以调整图形的缩放比例和旋转角度。

命令的调用方式有以下 3 种:

(1) 菜单栏:选择“插入”|“块”命令,弹出界面如图 4-72 所示。

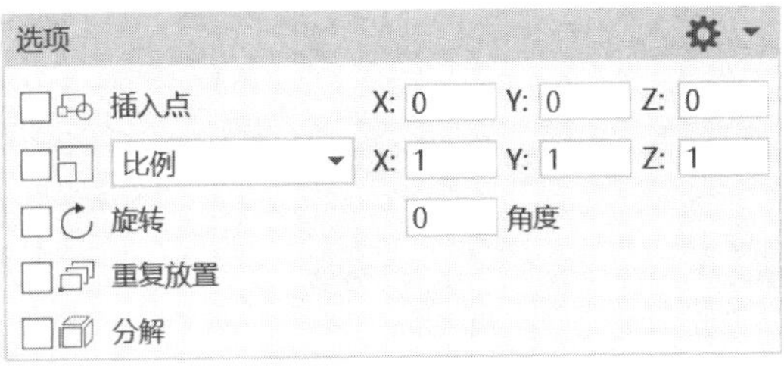

图 4-72 插入块界面

(2) 工具栏:单击“绘图”工具栏中的“插入块”按钮。

(3) 命令行:输入 INSERT/I 命令。

例 4-19
讲解视频

【例 4-19】 插入指北针,如图 4-73 所示。

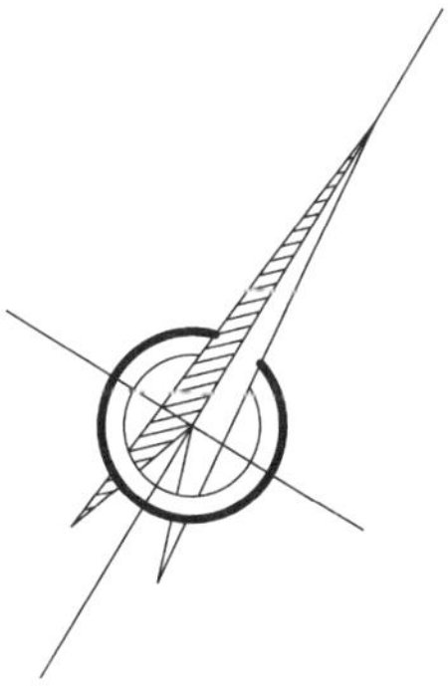

图 4-73 插入块——指北针

(1) 在命令行中输入 I,执行插入命令,打开“插入图块”对话框。

(2) 在对话框的“名称”列表框中选择“指北针”图块。

(3) 设置插入参数,插入图块比例设置为默认值:1。

(4) 设置插入图块的旋转角度为$-60°$。

(5) 选择某一点为插入点,点击“确定”按钮即可完成图块的插入。

（四）设置插入基点

当把某一图形文件作为块插入时，系统默认将该图的坐标原点作为插入点，这样往往会给绘图带来不便。这时就可以使用“基点”命令，对图形文件指定新的插入基点。

命令调用方式：

（1）菜单栏：选择“绘图”|“块”|“基点”命令。

（2）命令行：输入 BASE 命令。

（五）存储块

外部块指将创建的块保留在磁盘中，当插入块时，可以在任何一幅图形中调用该块。

命令调用方式为：

命令行：输入 WBLOCK/W 命令，打开存储块对话框，如图 4-74 所示。

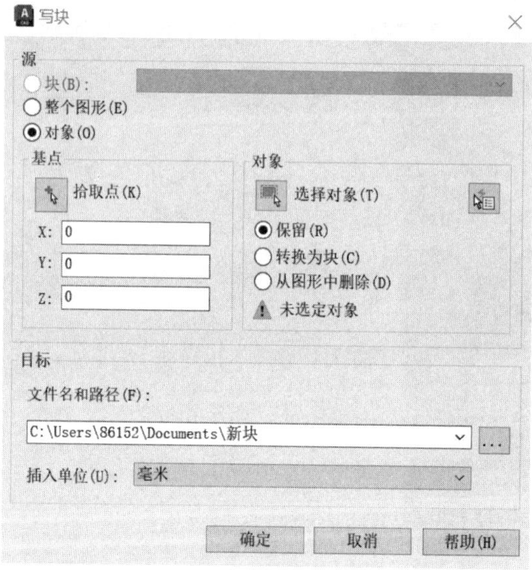

图 4-74 “写块”对话框

【例 4-20】 写块应用(综采设备符号)，如图 4-75 所示。

例 4-20
讲解视频

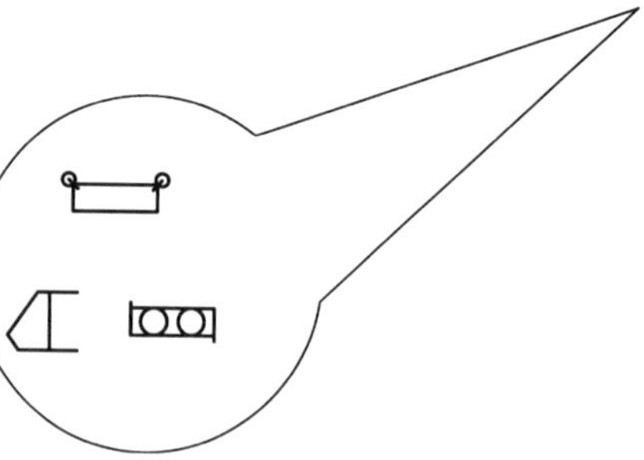

图 4-75 写块——综采设备符号

（1）采用多段线等命令绘制常用综采设备图元；

（2）在命令行中输入 Wblock 命令写块；

(3) 绘制外图框；

(4) 通过“插入块”命令完成综采设备图块的插入。

二、块属性

(一) 定义块属性

块属性是指附属于块的非图形信息，是块的组成部分，是特定的可包含在块定义中的文字对象，并且在定义一个块时，属性必须预先定义而后被选定。通常属性用于在块的插入过程中自动注释。

块属性包括块的可见性、说明性文字、插入点、所在图层以及颜色等。

在 AutoCAD 2023 中用户可以为块添加属性，在插入块的同时显示某些属性，这样可以提高图形的可读性。属性从属于块，是块的组成部分，如果块被删除，属性也会被删除。块中的属性与一般的文本不同，具体表现在以下 4 个方面：

(1) 属性包括属性值和属性标记。

(2) 在定义块之前定义块的属性。

(3) 在定义块之前，可以使用 change 命令或 ddedit 命令修改块的属性。

(4) 在插入块之前，系统会提示要求用户输入属性值。插入块后，在块上显示属性值。

块的属性需要预先定义，并且在创建块时将属性与图形对象同时选中才能创建出具有属性的块。

命令调用方式：

(1) 菜单栏：选择“绘图”|“块”|“定义属性”命令，弹出“属性定义”对话框，如图 4-76 所示。

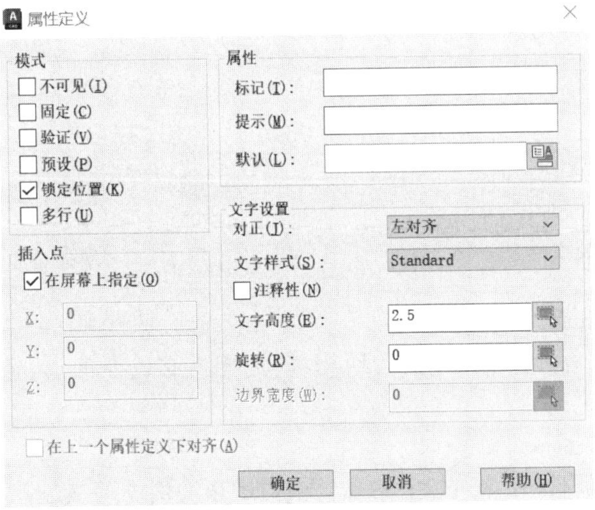

图 4-76　“属性定义”对话框

(2) 命令行：输入 ATTDEF 命令。

【例 4-21】 定义块属性(创建地质钻孔)，如图 4-77 所示。

(1) 绘制钻孔基本图形。

例 4-21
讲解视频

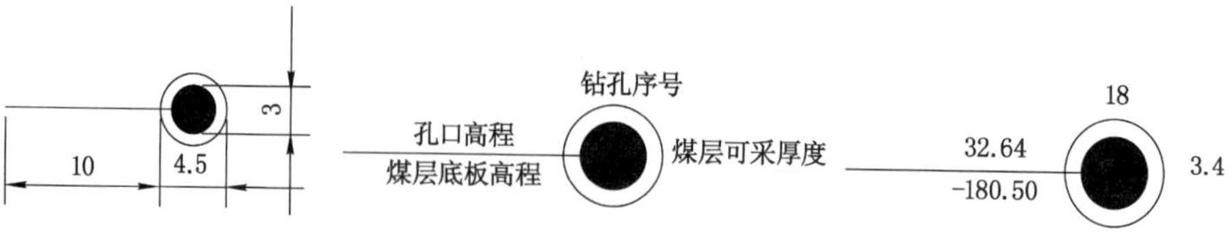

（a）地质钻孔尺寸　　（b）钻孔各部分内容　　（c）钻孔实例

图 4-77　创建地质钻孔属性块

(2) 选择“绘图”|“块”|“定义属性”命令，设置图块属性：标注钻孔序号、孔口高程、煤层底板高程和煤层可采厚度。

(3) 选中图块基本图形和图块属性等对象，创建一个带有 4 项属性信息的块。

(4) 在命令行输入命令完成钻孔图块插入。

（二）编辑块属性

编辑块属性就是改变属性值以及位置、方向等属性。在 AutoCAD 2023 中，用户可以使用多种方式对块属性进行编辑，现分别介绍如下。

(1) 使用 Ddedit 命令编辑块属性

在命令行中输入命令 Ddedit 后按回车键，选择注释对象；如果选择还没有被定义为块的属性，则弹出“编辑属性定义”对话框，如图 4-78 所示；如果选择已经定义为块的属性，则弹出“增强属性编辑器”对话框，如图 4-79 所示。

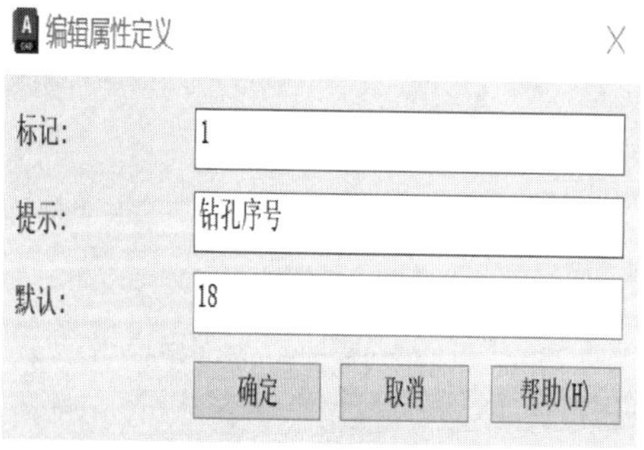

图 4-78　“编辑属性定义”对话框

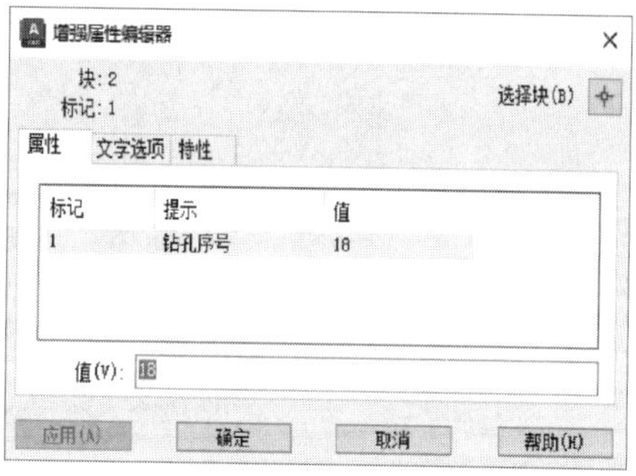

图 4-79　“增强属性编辑器”对话框

(2) 使用 Attedit 命令编辑块属性

在命令行中输入命令 Attedit 后按回车键，选择具有属性的块，弹出“编辑属性”对话框，如图 4-80 所示。

(3) 编辑单个属性

使用“编辑单个属性”命令可以在对话框中显示块实例中的属性，并显示每个属性的特性，用户可以更改属性特性和属性值。执行该命令的方式有以下 3 种：

① 菜单栏：选择“修改”|“对象”|“属性”|“单个”命令。

② 工具栏：单击“修改Ⅱ”工具栏中的“编辑属性”按钮。

③ 命令行：输入 EATTEDIT 命令。

(4) 编辑全局属性

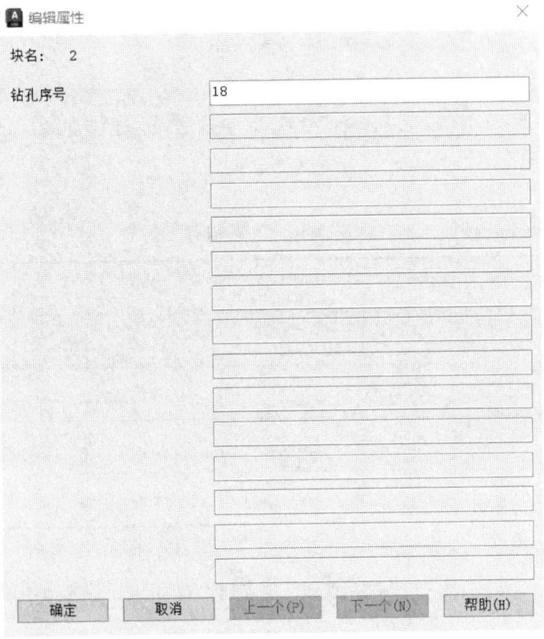

图 4-80　“编辑属性”对话框

使用“编辑全局属性”命令可以编辑当前图形文件中的所有属性值以及属性特性。

执行“编辑全局属性”命令的方法有以下两种：

① 菜单栏：选择“修改”|“对象”|“属性”|“全局”命令。

② 命令行：输入 ATTEDIT 命令。

(5) 块属性管理器

AutoCAD 2023 为用户提供了块属性管理器，这样就更方便用户对块的管理。执行“块属性管理器”命令的方法有以下 3 种：

① 菜单栏：选择“修改”|“对象”|“属性”|“块属性管理器”命令，弹出如图 4-81 所示的“块属性管理器”对话框。

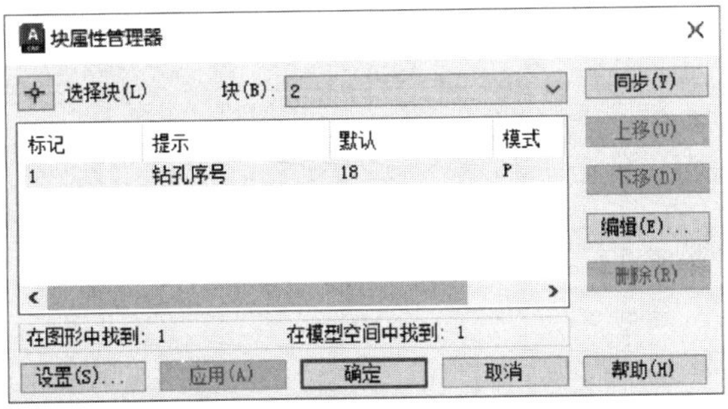

图 4-81　“块属性管理器”对话框

② 工具栏：单击“修改Ⅱ”工具栏中的“编辑属性”按钮。

③ 命令行：输入 BATTMAN 命令。

思考与练习

1. 定义多线样式，样式命名为“多线样式 1”，其元素特性如表 4-1 所示，并在多线的起点和终点处绘制外圆弧。

表 4-1　元素特性

序号	偏移量	颜色	线型
1	5	蓝色	BYLAYER
2	2.5	红色	DASHED
3	−2.5	红色	DASHED
4	−5	蓝色	BYLAYER

2. 用前面定义的多线样式“多线样式 1”绘制长为 300、宽为 150 的矩形，并将图形保存到桌面上。

3. 在 AutoCAD 2023 中，可以对面域进行哪几种方法的计算？

4. 在 AutoCAD 2023 中，如何使用渐变色填充图形？

5. 简述绘制圆环和宽线的方法。

6. 使用“多段线”命令绘制如图 4-82 所示的运动场平面图。

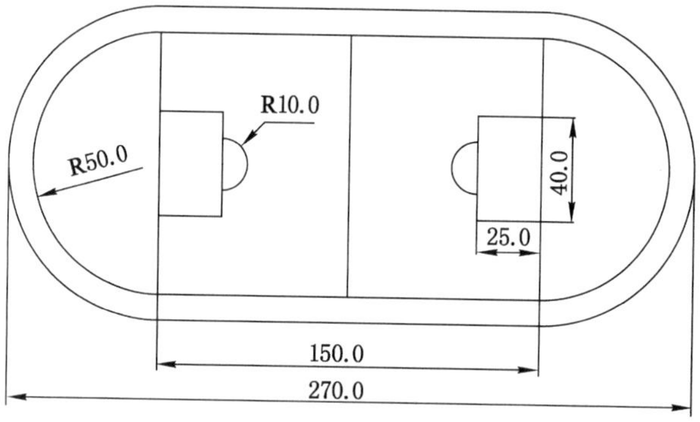

图 4-82　运动场平面图

7. 绘制如图 4-83 所示的图形。提示：图 4-83(a)考虑“图案填充”或“多段线”命令，图 4-83(b)考虑“多段线”等命令。

8. 绘制图 4-84 并将其定义为块。

9. (1) 运用块命令，在采煤工作面平面图中加入采煤工作面设备符号，在掘进工作面平面图中加入掘进工作面设备符号。

(2) 运用“块属性”命令，在平面图的指定位置插入钻孔，并标注。

（a）

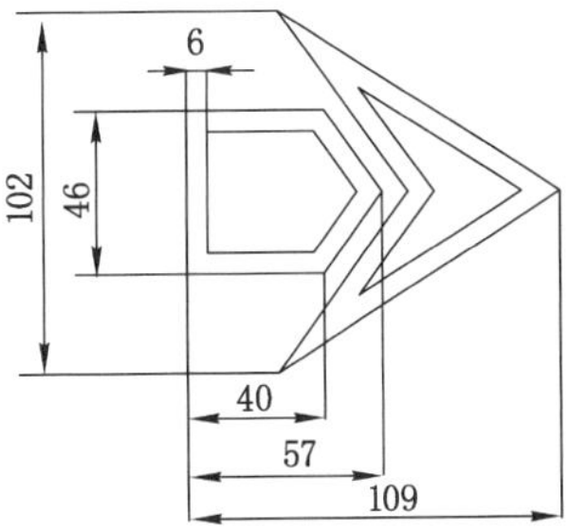

（b）

图 4-83　绘图练习

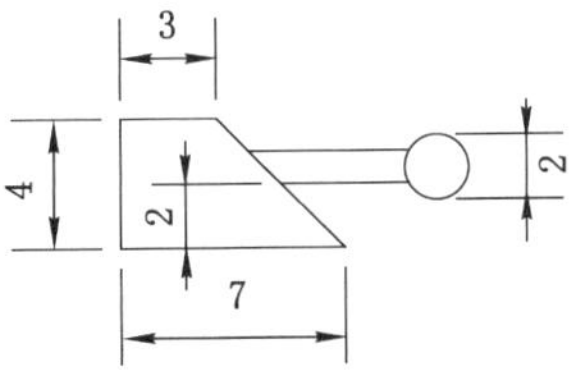

图 4-84　绘图练习

第五章　平面图形编辑

本章学习要点：

(1) 选择对象

(2) 删除、复制对象的方法

(3) 修改图形位置的方法

(4) 修改图形几何特性类命令方法

(5) 夹点编辑图形

第一节　选择对象

选择对象是进行编辑的前提。AutoCAD 提供了多种对象选择方法，如取点法、用选择窗口选择对象、用选择线选择对象、用对话框选择对象等。

AutoCAD 可以把选择的多个对象组成一个整体，如选择集和对象组，以进行整体编辑与修改。

AutoCAD 提供了以下两种编辑图形的途径，其执行效果相同。

(1) 先执行编辑命令，然后选择要编辑的对象。

(2) 先选择要编辑的对象，然后执行编辑命令。

一、选择对象的方法(构造选择集)

选择集可以仅由一个图形对象构成，也可以是一个复杂的对象组，如位于某一特定层上的具有某种特定颜色的一组对象。选择集的构造可以在调用编辑命令之前或之后进行。

AutoCAD 提供了以下几种方法来构造选择集：

(1) 先选择一个编辑命令，然后选择对象，按 Enter 键结束操作。

(2) 在命令行输入“SELECT”，按 Enter 键，根据提示选择对象，按 Enter 键结束操作。

(3) 用定点设备选择对象，然后调用编辑命令。

(4) 定义对象组。

无论使用哪种方法，AutoCAD 2023 都将提示用户选择对象，并且光标的形状由十字光标变为拾取框。

下面结合 SELECT 命令说明选择对象的方法。

SELECT 命令可以单独使用，也可以在执行其他编辑命令时被自动调用。此时屏幕提示如下：

选择对象：

等待用户以某种方式选择对象作为回答。AutoCAD 2023 提供了多种选择方式，可以输入“?”查看这些选择方式。选择该选项后，出现如下提示：

需要点或[窗口(W)/上一个(L)/窗交(C)/框(BOX)/全部(ALL)/栏选(F)/圈围(WP)/圈交(CP)/编组(G)/添加(A)/删除(R)/多个(M)/前一个(P)/放弃(U)/自动(AU)/单个(SI)/子对象(SU)/对象(O)]：

各选项的含义分别介绍如下。

(1) 点：该选项表示直接通过点取的方式选择对象。用鼠标或键盘移动拾取框，使其框住要选取的对象并单击，就会选中该对象并以高亮显示。

(2) 窗口(W)：使用由两个对角顶点确定的矩形窗口选取位于其范围内部的所有图形，与边界相交的对象不会被选中。在指定对角点时，应该按照从左向右的顺序，如图 5-1 所示。

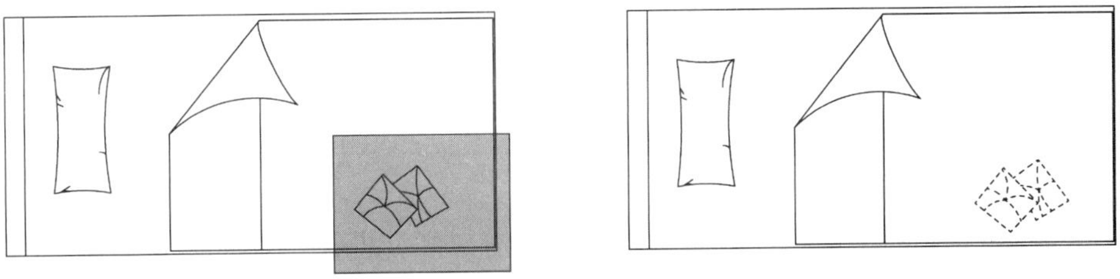

(a) 图中深色覆盖部分为选择窗口　　(b) 选择后的图形

图 5-1　“窗口”对象选择方式

(3) 上一个(L)：在“选择对象：”提示下输入“L”后，按 Enter 键，系统会自动选取最后绘制的一个对象。

(4) 窗交(C)：该方式与“窗口”方式类似。区别在于，它不仅选中矩形窗口内部的对象，也选中与矩形窗口边界相交的对象，如图 5-2 所示。

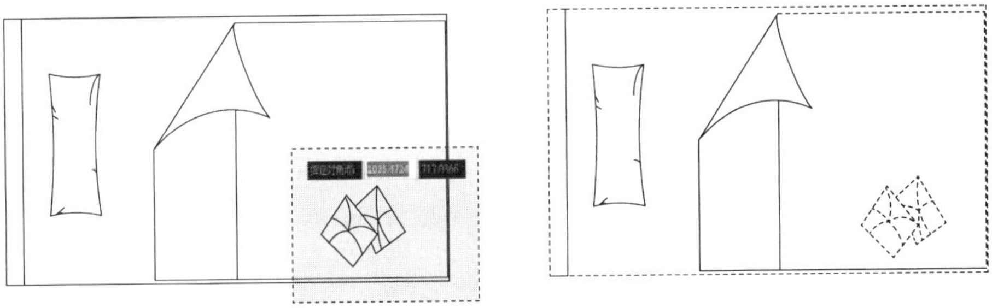

(a) 图中深色覆盖部分为选择窗　　(b) 选择后的图形

图 5-2　“窗交”对象选择方式

(5) 框(BOX)：使用时，系统根据用户在屏幕上给出的两个对角点的位置而自动引用“窗口”或“窗交”方式。若从左向右指定对角点，则为“窗口”方式；反之，则为“窗交”方式。

(6) 全部(ALL)：选取图面上的所有对象。

(7) 栏选(F)：用户临时绘制一些直线，这些直线不必构成封闭图形，凡是与这些直线相交的对象均被选中，如图 5-3 所示。

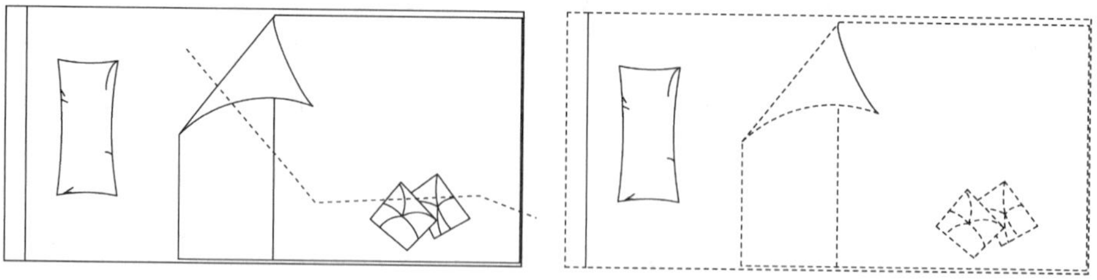

（a）图中虚线为选择栏 （b）选择后的图形

图 5-3 “栏选”对象选择方式

(8) 圈围(WP)：使用一个不规则的多边形来选择对象。根据提示，用户依次输入构成多边形的所有顶点的坐标，最后按 Enter 键结束操作；系统将从第一个顶点到最后一个顶点自动连接各个顶点，形成封闭的多边形，凡是被多边形围住的对象均被选中(不包括边界)。

(9) 圈交(CP)：在“选择对象：”提示下输入“CP”，后续操作与“圈围”方式相同。其区别在于，与多边形边界相交的对象也被选中。

(10) 编组(G)：使用预先定义的对象组作为选择集。事先将若干个对象组成对象组，用组名引用。

(11) 添加(A)：添加下一个对象到选择集；也可用于从移走模式(Remove)到选择模式的切换。

(12) 删除(R)：按住 Shift 键选择对象，可以从当前选择集中移走该对象。对象由高亮显示状态变为正常显示状态。

(13) 多个(M)：指定多个点，不高亮显示对象。这种方法可以加快在复杂图形上的选择对象过程。若两个对象交叉，两次指定交叉点，则可以选中这两个对象。

(14) 前一个(P)：用关键字 P 回应“选择对象：”的提示，则把上次编辑命令中最后一次构造的选择集或最后一次使用 SELECT(DDSELECT)命令预置的选择集作为当前选择集。这种方法适用于对同一选择集进行多种编辑操作的情况。

(15) 放弃(U)：用于取消加入选择集的对象。

(16) 自动(AU)：选择结果视用户在屏幕上的选择操作而定。如果选中单个对象，则该对象为自动选择的结果；如果选择点落在对象内部或外部的空白处，系统会提示：

指定对角点：

此时，系统会采取一种窗口的选择方式。对象被选中后，变为虚线形式，并以高亮显示。

注意：若矩形框从左向右定义，即第一个选择的对角点为左侧的对角点，矩形框内部的对象被选中，框外部的及与矩形框边界相交的对象不会被选中；若矩形框从右向左定义，矩形框内部及与矩形框边界相交的对象都会被选中。

(17) 单个(SI)：选择指定的第一个对象或对象集，而不继续提示进行下一步的选择。

(18) 子对象(SU)：可以逐个选择原始形状，这些形状是复合实体的一部分或三维实体上的顶点、边和面。可以选择这些子对象的其中之一，也可以创建多个子对象的选择集。选择集可以包含多种类型的子对象。按住 Ctrl 键操作与选择 SELECT 命令的“子对象”选项相同。

(19) 对象(O):结束选择子对象的功能,可以使用对象选择方法。

二、快速选择

有时需要选择具有某些共同属性的对象来构造选择集,如选择具有相同颜色、线型或线宽的对象。可以使用前面介绍的方法来选择这些对象,但如果要选择的对象数量较多且分布在较复杂的图形中,则工作量会很大。AutoCAD 2023 提供了 QSELECT 命令来解决这个问题。调用 QSELECT 命令后,打开如图 5-4 所示的“快速选择”对话框,利用该对话框可以根据用户指定的过滤标准快速创建选择集。

1. 执行方式

(1) 命令行:输入 QSELECT 命令。

(2) 菜单栏:选择“工具”|“快速选择”命令。

(3) 快捷菜单:在绘图区右击,在弹出的快捷菜单中选择“快速选择”命令,如图 5-5 所示。

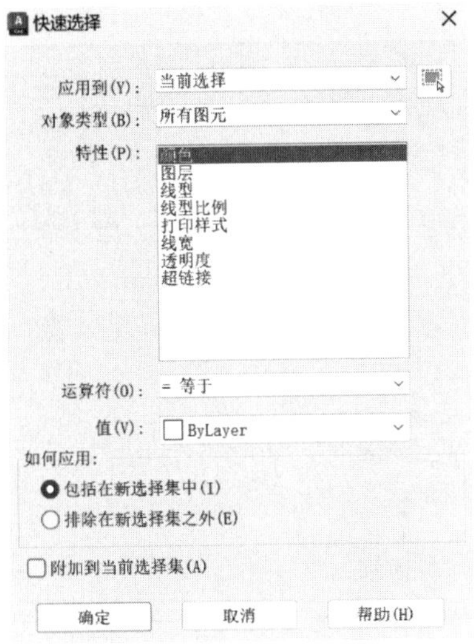

图 5-4　“快速选择”对话框

图 5-5　快捷菜单

(4) 功能区:在“特性”选项板中单击“快速选择”按钮,如图 5-6 所示。

2. 操作步骤

执行上述命令后,弹出“快速选择”对话框。在该对话框中,可以选择符合条件的对象或对象组。

三、过滤选择

在命令行中输入 FILTER 命令,将打开“对象选择过滤器”对话框。可以以对象的类型(如直线、圆及圆弧等)、图层、颜色、线型或线宽等特性作为条件,过滤选择符合设定条件的对象,如图 5-7 所示。此时必须考虑图形中对象的这些特性是否设置为随层。

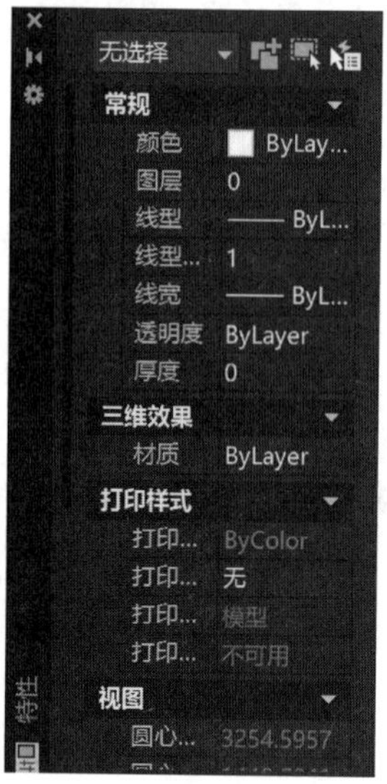

图 5-6 “特性”选项板

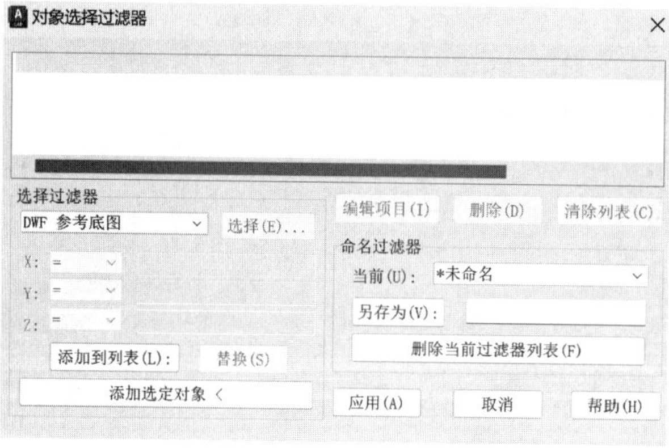

图 5-7 “对象选择过滤器”对话框

“对象选择过滤器”对话框上的列表框中显示了当前设置的过滤条件。各选项的功能如下。

(1) “选择过滤器”选项区域：设置选择过滤器，包括以下选项。

① “选择过滤器”下拉列表框：选择过滤器类型，如直线、圆、圆弧、图层、颜色、线型及线宽等对象特性，以及关系语句。

② X、Y、Z 下拉列表框：可以设置与选择调节对应的关系运算符，关系运算符包括一、!一、＜、＜＝、＞、＞＝和 · 。例如，当建立“块位置”过滤器时，在对应的文本框中可以设置对象的位置坐标。

③ “添加到列表”按钮：单击该按钮，可以将选择的过滤器及附加条件添加到过滤器列表中。

④ “替换”按钮：单击该按钮，可用当前“选择过滤器”选项区域中的设置代替列表中选定的过滤器。

⑤“添加选定对象”按钮：单击该按钮将切换到绘图窗口，然后选择一个对象，将会把选中的对象特性添加到过滤器列表框中。

(2)“编辑项目”按钮：单击该按钮，可编辑过滤器列表框中选中的项目。

(3)“删除”按钮：单击该按钮，可删除过滤器列表框中选中的项目。

(4)“清除列表”按钮：单击该按钮，可删除过滤器列表框中所有项目。

(5)“命名过滤器”选项区域：选择已命名的过滤器，包括以下选项。

①“当前”下拉列表框：列举了可用的已命名过滤器。

②“另存为”按钮：单击该按钮，并在其后的文本框中输入名称，可以保存当前设置的过滤器集。

③“删除当前过滤器列表”按钮：单击该按钮，可从 FILTER. NFL 文件中删除当前的过滤器集。

四、创建对象组

对象组与选择集并没有本质的区别，当把若干个对象定义为选择集并想让它们在以后的操作中始终作为一个整体时，为了简捷，可以给这个选择集命名并保存起来，这个命名了的对象选择集就是对象组，它的名字称为组名。

如果对象组可以被选择(位于锁定层上的对象组不能被选择)，那么可以通过它的组名引用该对象组，并且一旦组中任何一个对象被选中，那么组中的全部对象都将被选中。

1. 执行方式

命令行：输入 GROUP 命令。

2. 操作步骤

执行上述命令后，打开“对象编组”对话框，在其中可以查看或修改存在的对象组的属性，也可以创建新的对象组。

第二节　删除、复制类命令

删除及恢复类命令主要用于删除图形的某部分或对已被删除的部分进行恢复，包括“删除”“恢复”“重做”“清除”等命令。复制类命令可以方便地编辑、绘制图形。

一、删除对象

如果所绘制的图形不符合要求或错绘了图形，则可以使用删除命令 ERASE 将其删除。

1. 执行方式

(1) 命令行：输入 ERASE 命令。

(2) 菜单栏：选择“修改”|“删除”命令。

(3) 快捷菜单：选择要删除的对象，在绘图区右击，在弹出的快捷菜单中选择“删除”命令。

(4) 工具栏：单击“修改”工具栏中的“删除”按钮。

2. 操作步骤

可以先选择对象，然后调用“删除”命令；也可以先调用“删除”命令，然后再选择对象。选择对象时，可以使用前面介绍的各种对象选择方法。

当选择多个对象时，多个对象都将被删除；若选择的对象属于某个对象组，则该对象组中的所有对象都将被删除。

二、恢复命令

若误删除了图形，则可以使用恢复命令 OOPS 将其恢复。

该命令有以下 3 种执行方式。

(1) 命令行：输入 OOPS/U 命令。

(2) 工具栏：单击“标准”工具栏中的回退按钮。

(3) 快捷键：Ctrl+Z。

三、清除对象

此命令与“删除”命令的功能完全相同。

1. 执行方式

(1) 菜单栏：选择“编辑”|“清除”命令。

(2) 快捷键：Delete。

2. 操作步骤

执行上述命令后，系统提示如下：

选择对象：　　　　　　　　　//选择要清除的对象，按 Enter 键执行“清除”命令

四、复制对象

1. 执行方式

(1) 命令行：输入 COPY|CO 命令。

(2) 菜单栏：选择“修改”|“复制”命令。

(3) 工具栏：单击“修改”工具栏中的“复制”按钮。

(4) 快捷菜单：选择要复制的对象，在绘图区右击，在弹出的快捷菜单中选择“复制选择”命令。

2. 操作步骤

执行上述命令后，命令行提示与操作如下：

命令：COPY ↙

选择对象：　　　　　　　　　//选择要复制的对象

当前设置：复制模式＝多个

指定基点或[位移(D)/模式(O)]＜位移＞：

3. 选项说明

(1) 指定基点

指定一个坐标点后，AutoCAD 2023 把该点作为复制对象的基点，并提示：

指定第二个点或[阵列(A)]＜使用第一个点作为位移＞：

指定第二个点后，系统将根据这两点确定的位移矢量把选择的对象复制到第二点处。如果此时直接按 Enter 键，即选择默认的“使用第一个点作为位移”，则第一个点坐标被当作 X、Y 方向的位移。例如，如果指定基点为(2,3)并在下一个提示下按 Enter 键，则该对象从它当前的位置开始，在 X 方向上移动 2 个单位，在 Y 方向上移动 3 个单位。复制完成后，系统会继续提示：

指定第二个点或[阵列(A)/退出(E)/放弃(U)]＜退出＞：

这时，可以不断地指定新的第二个点，从而实现多重复制。

(2) 位移

直接输入位移，表示以选择对象时的拾取点为基准，以拾取点坐标为移动方向纵横比，移动指定位移后所确定的点为基点。例如，选择对象时的拾取点坐标为(2,3)，输入位移为 5，则表示以(2,3)点为基准，沿纵横比为 3∶2 的方向移动 5 个单位所确定的点为基点。

(3) 模式

控制是否自动重复该命令，即确定复制模式是单个还是多个。

【例 5-1】 绘制办公桌。

例 5-1
讲解视频

本例先利用“矩形”命令绘制一侧的桌柜，再利用“矩形”命令绘制桌面，最后利用“复制”命令创建另一侧的桌柜。绘制流程如图 5-8 所示。

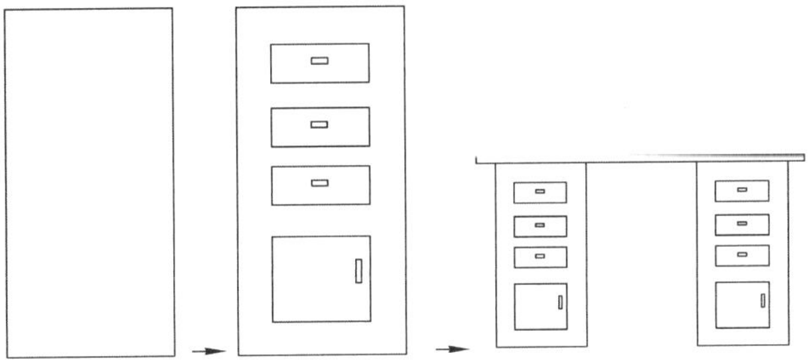

图 5-8　绘制办公桌流程

操作步骤：

(1) 单击“绘图”工具栏中的“矩形”按钮，绘制一个矩形，作为桌柜轮廓，如图 5-9 所示。

(2) 单击“绘图”工具栏中的“矩形”按钮，在合适的位置绘制一系列的矩形，作为抽屉轮廓，如图 5-10 所示。

(3) 单击“绘图”工具栏中的“矩形”按钮，在合适的位置绘制一系列的矩形，作为抽屉把手，如图 5-11 所示。

(4) 单击“绘图”工具栏中的“矩形”按钮，在合适的位置绘制一个矩形，作为办公桌桌面，如图 5-12 所示。

(5) 单击“修改”工具栏中的“复制”按钮，将办公桌左侧的一系列矩形复制到右侧，

图 5-9　绘制矩形 1

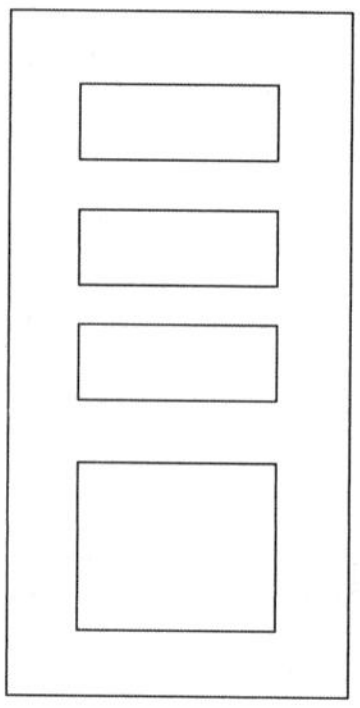

图 5-10　绘制矩形 2

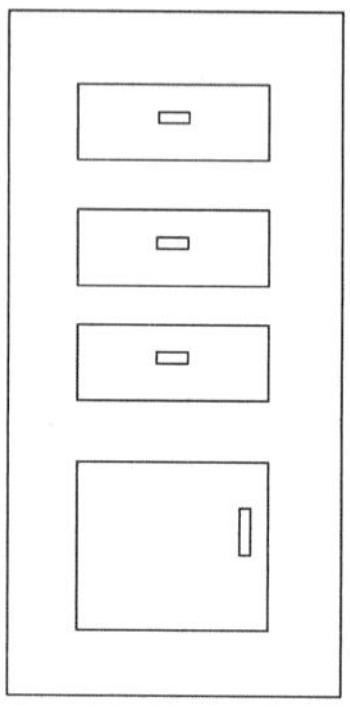

图 5-11　绘制矩形 3

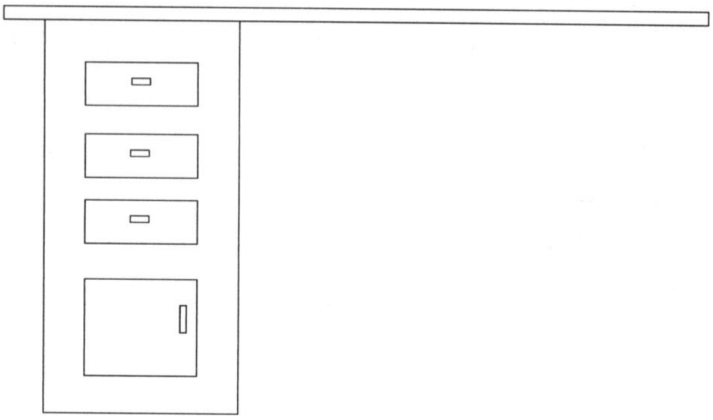

图 5-12　绘制矩形 4

完成办公桌的绘制。最终绘制结果如图 5-8 所示。

【例 5-2】 用多重复制命令绘制单元独立灭火系统。

例 5-2
讲解视频

(1) 使用“绘图”工具栏中的“直线”按钮、“矩形”按钮和“圆”按钮绘制出图 5-13 中的防护区 1 和储瓶间 1,如图 5-14 所示。

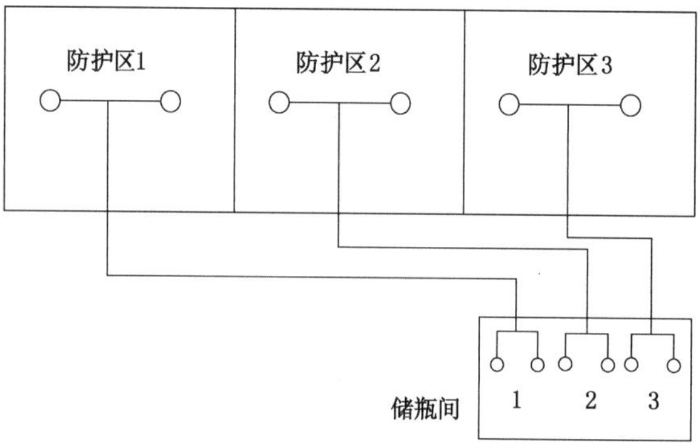

图 5-13　单元独立灭火系统

(2) 单击“修改”工具栏中的“复制”按钮。

(3) 在“选择对象:”提示下,选择绘制好的防护区 1,并按 Enter 键确认。

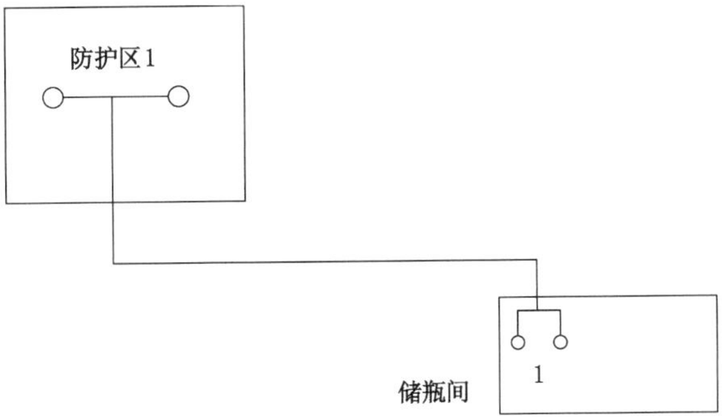

图 5-14　防护区 1 和储瓶间 1

(4) 在“指定基点或[位移(D)/模式(O)]＜位移＞:”提示下,用鼠标左键选择图 5-13 中防护区 1 左上角端点作为基点。

(5) 在“指定位移的第二点,或＜阵列(A)＞:”提示下,连续选择剩余防护区左上角端点。

(6) 在储瓶间内重复上述操作,完成储瓶间 2、3 的绘制。

(7) 采用“直线”命令将防护区 2、3 与储瓶间 2、3 相连,生成如图 5-13 所示的图形。

五、镜像对象

所谓镜像,就是把选择的对象以一条镜像线为对称轴进行复制。镜像操作完成后,可以保留源对象,也可以将其删除。

1. 执行方式

(1) 命令行:输入 MIRROR/MI 命令。

(2) 菜单栏:选择“修改”|“镜像”命令。

(3) 工具栏:单击“修改”工具栏中的“镜像”按钮。

2. 操作步骤

执行上述命令后,命令行提示与操作如下:

命令:MIRROR ↙

选择对象:　　//选择要镜像的对象

指定镜像线的第一点:　　//指定镜像线的第一个点

指定镜像线的第二点:　　//指定镜像线的第二个点

要删除源对象吗? [是(Y)/否(N)]＜N＞:　　//确定是否删除源对象

这两点确定一条镜像线,被选择的对象以该线为对称轴进行镜像。包含该线的镜像平面与用户坐标系的 XY 平面垂直,即镜像操作工作在与用户坐标系的 XY 平面平行的平面上进行。

在 AutoCAD 2023 中,使用系统变量 MIRRTEXT 可以控制文字对象的镜像方向。如果 MIRRTEXT 的值为 1,则文字对象完全镜像,镜像出来的文字变得不可读,如图 5-15(a)所示;如果 MIRRTEXT 的值为 0,则文字对象方向不镜像,如图 5-15(b)所示。

例 5-3
讲解视频

【例 5-3】 利用镜像命令绘制三点延线法巷道中心线测定图形。

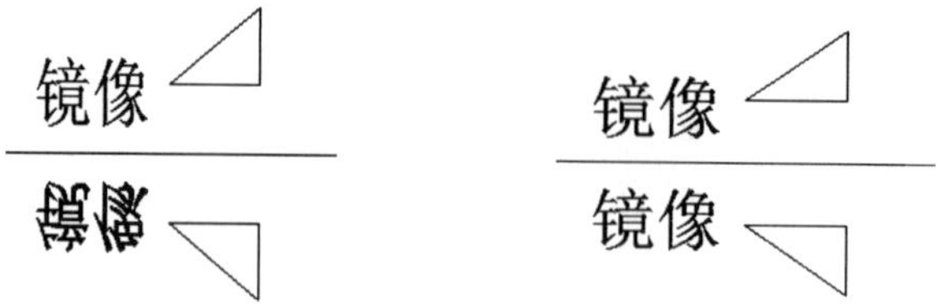

（a）MIRRTEXT=1　　（b）MIRRTEXT=0

图 5-15　镜像实例

（1）执行直线（Line）、多边形（Polygon）、修剪（Trim）、圆（Circle）等命令，绘制图 5-16 所示图形。

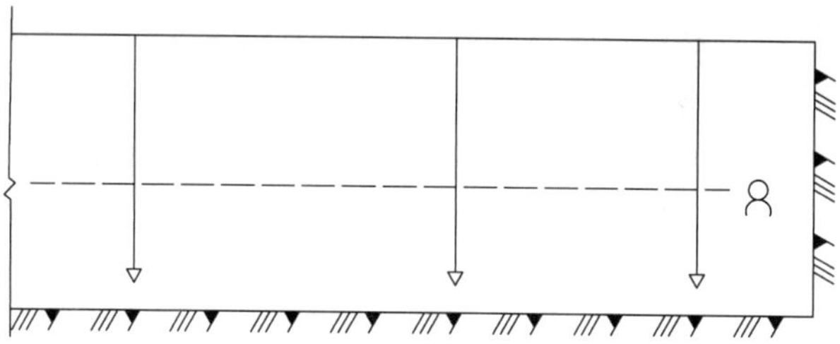

图 5-16　三点延线法巷道中心线测定图形第一步绘制结果

（2）执行 Mirror 命令。

（3）在“选择对象：”提示下，选择下方图案，选中后，按 Enter 键确认。

（4）在“指定镜像线的第一点：”提示下，启动象限点捕捉方式，捕捉左端象限点。

（5）在“指定镜像线的第二点：”提示下，捕捉右端象限点。

（6）在“要删除源对象吗？[是（Y）/否（N）]＜否＞：”提示下，直接按 Enter 键，生成如图 5-17 所示图形。

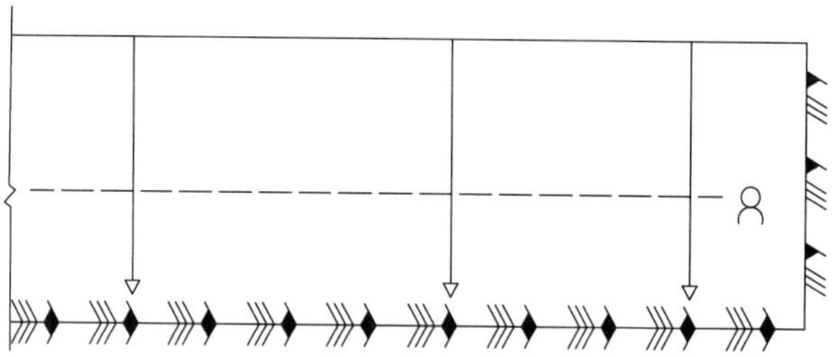

图 5-17　第一步镜像对象完成的图形

（7）再次执行 Mirror 命令。选中上一步镜像后图像作为镜像对象，捕捉其左象限点及右象限点作为镜像线，完成图 5-18 所示三点延线法巷道中心线测定图形的绘制。

六、偏移对象

偏移对象是指保持所选对象的形状，在不同位置以不同的尺寸新建一个对象。

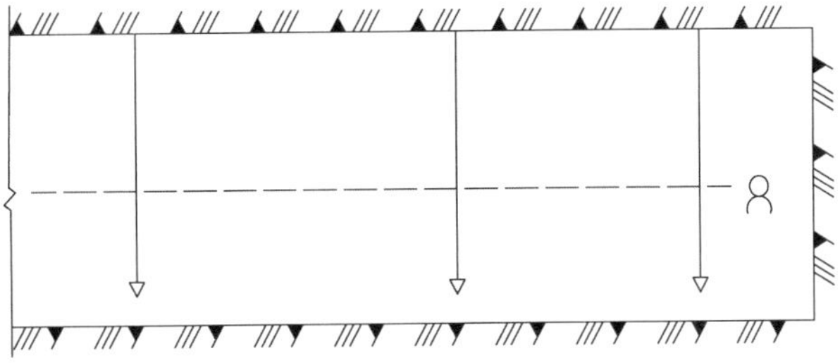

图 5-18　绘制完成的图形

1. 执行方式

(1) 命令行：输入 OFFSET/O 命令。

(2) 菜单栏：选择"修改"|"偏移"命令。

(3) 工具栏：单击"修改"工具栏中的"偏移"按钮。

2. 操作步骤

执行上述命令后，命令行提示与操作如下：

命令：OFFSET ↙

当前设置：删除源＝否　图层＝源　OFFSETGAPTYPE＝0

指定偏移距离或[通过(T)/删除(E)/图层(L)]＜通过＞：　//指定距离值

选择要偏移的对象，或[退出(E)/放弃(U)]＜退出＞：　//选择要偏移的对象，按 Enter 键结束操作

指定要偏移的那一侧上的点或[退出(E)/多个(M)/放弃(U)]＜退出＞：　//指定偏移方向

3. 选项说明

(1) 指定偏移距离：输入一个距离值，或按 Enter 键使用当前的距离值，系统将把该距离值作为偏移距离，如图 5-19 所示。

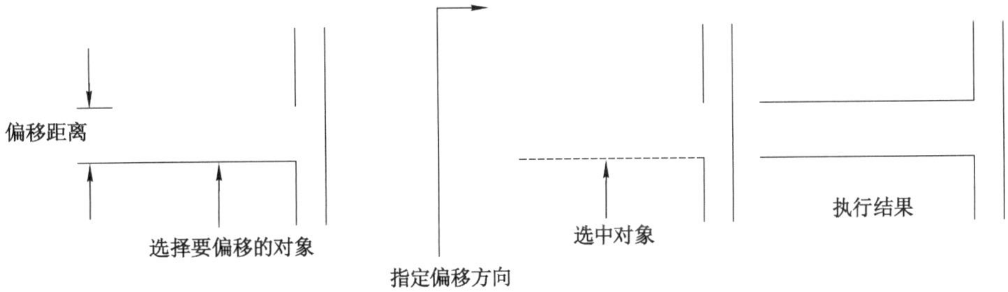

图 5-19　指定偏移对象的距离

(2) 通过(T)：指定偏移对象的通过点。选择该选项后出现如下提示：

选择要偏移的对象或＜退出＞：　//选择要偏移的对象，按 Enter 键结束操作

指定通过点：　//指定偏移对象的一个通过点

操作完毕后，系统根据指定点绘出偏移对象，如图 5-20 所示。

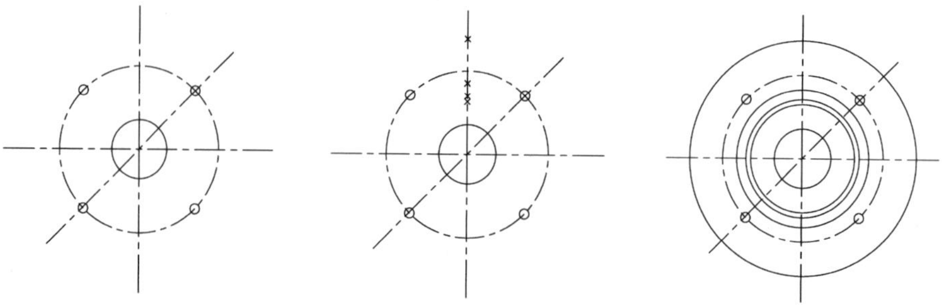

(a) 要偏移的对象　　(b) 指定通过点　　(c) 执行结果

图 5-20　法兰盘绘制过程

(3) 删除(E)：偏移后，将源对象删除。选择该选项后出现如下提示：

要在偏移后删除源对象吗？[是(Y)/否(N)]＜当前＞：

(4) 图层(L)：用于确定将偏移对象创建在当前图层上还是源对象所在的图层上。选择该选项后出现如下提示：

输入偏移对象的图层选项[当前(C)/源(S)]＜当前＞：

七、阵列对象

阵列是指多重复制所选对象并把得到的副本按矩形或环形排列。把副本按矩形排列称为建立矩形阵列，把副本按环形排列称为建立极阵列(环形阵列)。建立极阵列时，应该控制复制对象的次数和对象是否被旋转；建立矩形阵列时，应该控制行和列的数量以及对象副本之间的距离。

1. 执行方式

(1) 命令行：输入 ARRAY/AR 命令。

(2) 菜单栏：选择“修改”|“阵列”|“矩形阵列”或“路径阵列”或“环形阵列”命令。

(3) 工具栏：单击“修改”工具栏中的“矩形阵列”按钮。

2. 操作步骤

执行上述命令后，命令行提示与操作如下：

命令：ARRAY ↙

选择对象：　　//使用对象选择方法选择对象

输入阵列类型[矩形(R)/路径(PA)/极轴(PO)]＜矩形＞：PA ↙

类型＝路径　关联＝是

选择路径曲线：　　//使用一种对象选择方法选择

输入沿路径的项数或[方向(O)/表达式(E)]＜方向＞：

　　//指定项目数或输入选项

指定基点或[关键点(K)]＜路径曲线的终点＞：　　//指定基点或输入选项

指定与路径一致的方向或[两点(2P)/法线(N)]＜当前＞：

//按 Enter 键或输入选项

指定沿路径的项目间的距离或[定数等分(D)/全部(T)/表达式(E)]＜沿路径平均定数等分(D)＞：　　//指定距离或输入选项

按 Enter 键接受或[关联(AS)/基点(B)/项目(I)/行数(R)/层级(L)/对齐项目(A)/Z 方向(Z)/退出(X)]＜退出＞：　　//按 Enter 键或输入选项

3. 选项说明

(1) 方向(O)：控制选定对象是否相对路径的起始方向重定向(旋转)，然后再将其移动到路径的起点。

(2) 表达式(E)：使用数学公式或方程式获取值。

(3) 基点(B)：指定阵列的基点。

(4) 关键点(K)：对于关联阵列，在源对象上指定有效的约束点(或关键点)作为基点。如果编辑生成的阵列的源对象，阵列的基点保持与源对象的关键点重合。

(5) 定数等分(D)：沿整个路径长度平均定数等分项目。

(6) 全部(T)：指定第一个和最后一个项目之间的总距离。

(7) 关联(AS)：指定是否在阵列中创建项目作为关联阵列对象，或作为独立对象。

(8) 项目(I)：编辑阵列中的项目数。

(9) 行数(R)：指定阵列中的行数和行间距，以及它们之间的增量标高。

(10) 层级(L)：指定阵列中的层数和层间距。

(11) 对齐项目(A)：指定是否对齐每个项目以与路径的方向相切。对齐相对的是第一个项目的方向(方向选项)。

(12) Z 方向(Z)：控制是否保持项目的原始 Z 方向或三维路径自然倾斜项目。

(13) 退出(X)：退出命令。

【例 5-4】 绘制三相绕组变压器符号。

本实例图形的绘制，首先利用“圆”命令绘制一个圆，然后利用“阵列”命令将所绘的圆进行阵列，添加三相线后做成块。绘制流程如图 5-21 所示。

例 5-4
讲解视频

操作步骤：

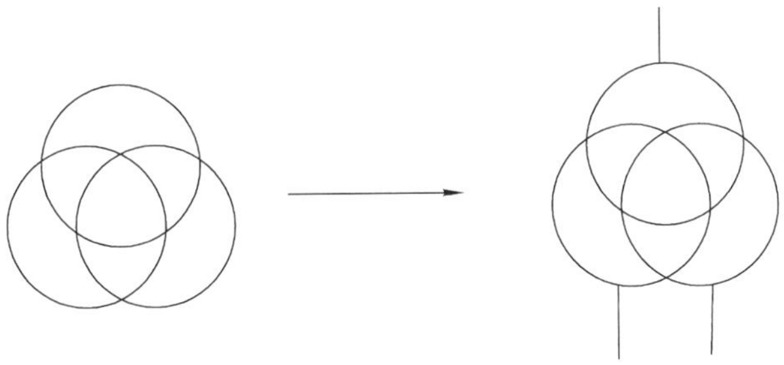

图 5-21　三相绕组变压器符号绘制流程

(1) 单击“绘图”工具栏中的“圆”按钮，绘制一个圆心坐标为(100,100)、半径为 10 的圆，如图 5-22 所示。

(2) 阵列整圆。单击“修改”工具栏中的“环形阵列”按钮，选取阵列对象为上述绘制的圆，阵列基点坐标为(100,95)，修改项目数为3，填充角度为360°，结果如图5-23所示。

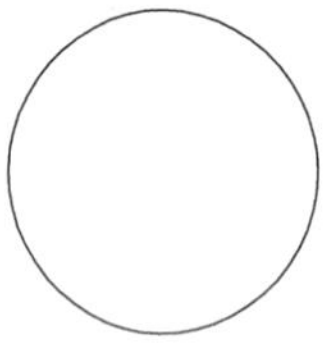

图5-22　圆

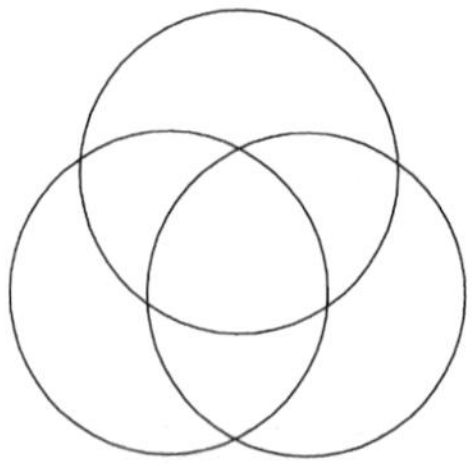

图5-23　阵列结果

(3) 单击“绘图”工具栏中的“直线”按钮，捕捉第一个圆与竖直线交点作为直线起点，直线长度为15。捕捉过程和绘制完成的效果分别如图5-24和图5-25所示。

(4) 单击“修改”工具栏中的“复制”按钮，绘制另外两条引线。三相绕组变压器符号的最终绘制结果如图5-26所示。

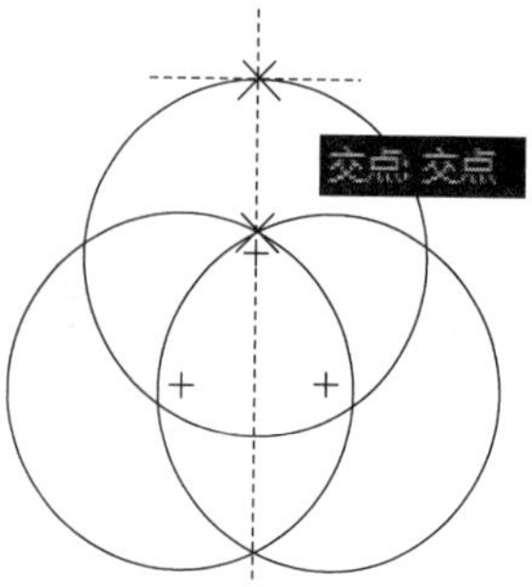

图5-24　捕捉过程

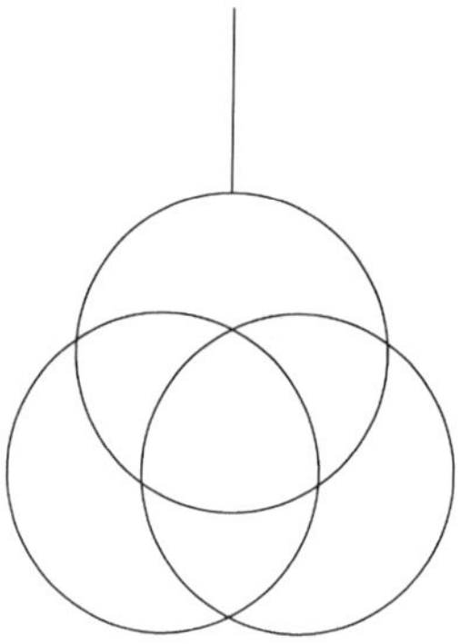

图5-25 绘制引线

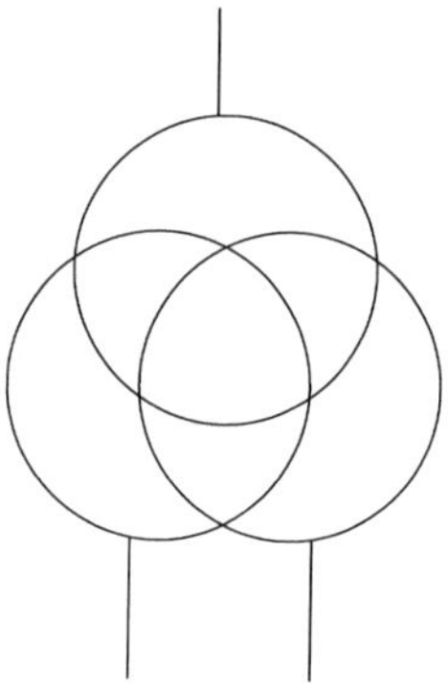

图5-26　三相绕组变压器符号

第三节　修改图形位置类命令

这一类编辑命令的功能是按照指定要求改变当前图形或图形的某部分的位置，主要包括“移动”“旋转”和“缩放”等命令。

一、移动对象

1. 执行方式

(1) 命令行：输入MOVE/M命令。

(2) 菜单栏：选择“修改”|“移动”命令。

(3) 快捷菜单：选择要复制的对象，在绘图区右击，在弹出的快捷菜单中选择“移动”命令。

(4) 工具栏：单击“修改”工具栏中的“移动”按钮。

2. 操作步骤

执行上述命令后，命令行提示与操作如下：

命令：MOVE↙

选择对象：　　　　　　　　　　　　　　//选择对象

指定基点或位移：　　　　　　　　　　　//指定基点或移至点

指定基点或[位移(D)]<位移>：　　　　//指定基点或位移

指定第二个点或<使用第一个点作为位移>：

其中各选项功能与“复制”命令中的相应选项类似，在此不再赘述。

【例 5-5】 绘制闭式自动喷水灭火系统。

本例利用“移动”命令将系统相邻处灭火系统喷头移动到适当位置，从而生成闭式自动喷水灭火系统。绘制流程如图 5-27 所示。

例 5-5 讲解视频

操作步骤：

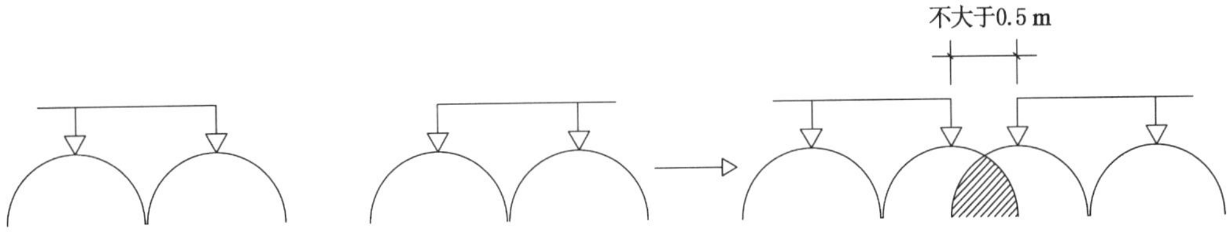

图 5-27　闭式自动喷水灭火系统绘制流程

(1) 使用“圆”“多边形”“直线”等命令，绘制图 5-27 所示的左右各两个灭火系统喷头，如图 5-28 和图 5-29 所示。

(2) 单击“修改”工具栏中的“移动”按钮，以左侧喷头的右边端点为基点，右侧喷头的左侧任意位置为第二点，将左侧喷头移动到右侧喷头旁，使其距离不大于 500，如图 5-30 所示。

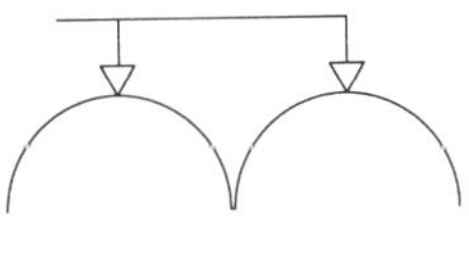

图 5-28　左侧喷头

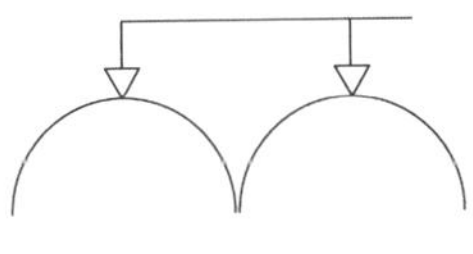

图 5-29　右侧喷头

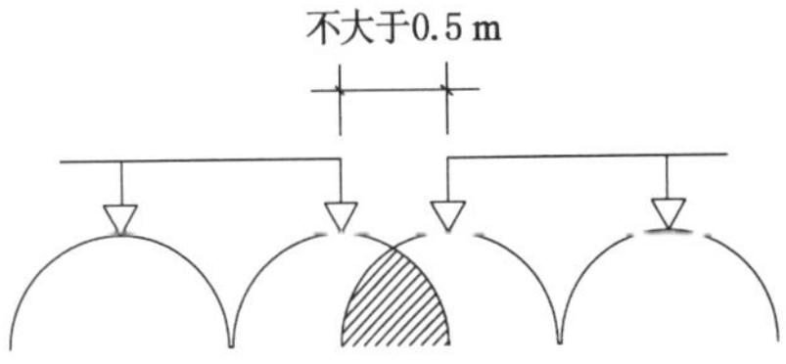

图 5-30　闭式自动喷水灭火系统

二、旋转对象

1. 执行方式

(1) 命令行：输入 ROTATE/RO 命令。

(2) 菜单栏：选择“修改”|“旋转”命令。

(3) 快捷菜单：选择要旋转的对象，在绘图区右击，在弹出的快捷菜单中选择“旋转”命令。

(4) 工具栏:单击“修改”工具栏中的“旋转”按钮。

2. 操作步骤

执行上述命令后,命令行提示与操作如下:

命令:ROTATE↙

UCS当前的正角方向:ANGDIR=逆时针　ANGBASE=0

选择对象:　　　　　　　　　　　//选择要旋转的对象

指定基点:　　　　　　　　　　　//指定旋转的基点,在对象内部指定一个坐标点

指定旋转角度,或[复制(C)/参照(R)]<0>:　//指定旋转角度或输入选项

3. 选项说明

(1) 复制(C)

选择该选项,旋转对象的同时保留源对象,如图5-31所示。

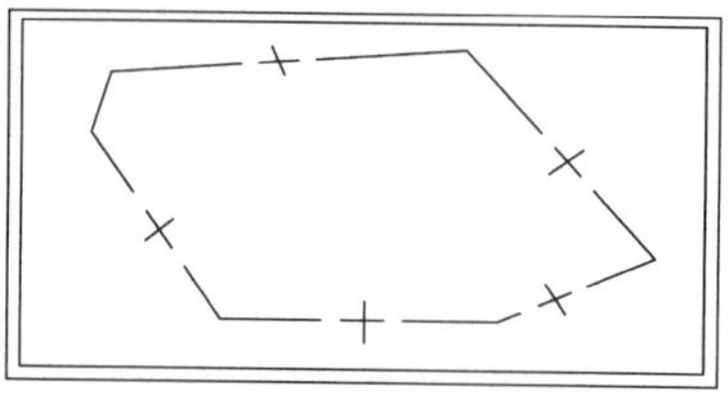

(a) 旋转前

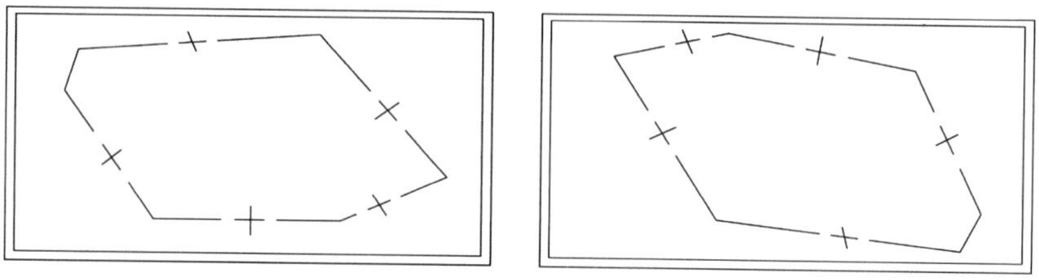

(b) 旋转后

图5-31　对象旋转前后效果

(2) 参照(R)

采用参照方式旋转对象时,系统提示如下:

指定参照角<0>:　　　　　　//指定要参考的角度,默认值为0

指定新角度:　　　　　　　　　//输入旋转后的角度

操作完毕后,对象被旋转至指定的角度位置。

注意:可以用拖动鼠标的方法旋转对象。选择对象并指定基点后,从基点到当前光标位置会出现一条连线,鼠标选择的对象会动态地随着该连线与水平方向的夹角的变化而旋转,按Enter键确认旋转操作,如图5-32所示。

例5-6
讲解视频

【例5-6】 绘制电极探头。

本实例图形的绘制,主要是利用“直线”和“移动”等命令绘制探头的一部分,然后进行

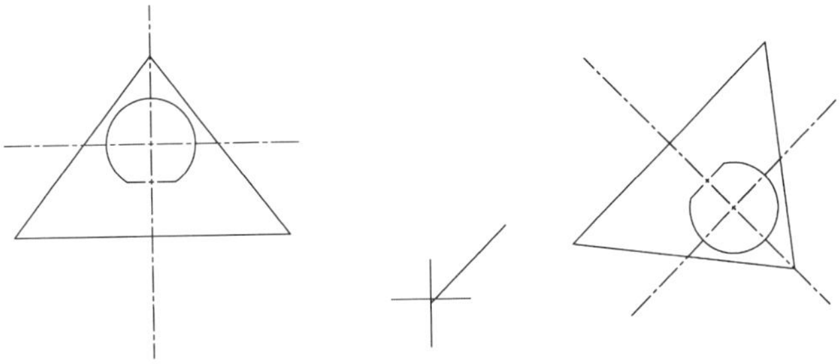

图 5-32　拖动鼠标旋转对象

旋转复制绘制另一半，最后进行填充。绘制流程如图 5-33 所示。

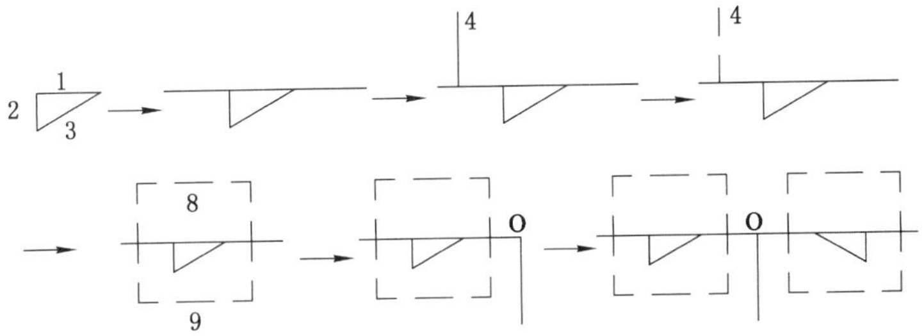

图 5-33　电极探头绘制流程

操作步骤：

(1) 绘制直线及三角形

① 绘制直角三角形。单击“绘制”工具栏中的“直线”按钮，分别绘制直线 1{(10,0),(@11,0)}、直线 2{(10,0),(@0,−6)}和直线 3{(10,−6),(@11,6)}，这 3 条直线构成一个直角三角形，如图 5-34(a)所示。

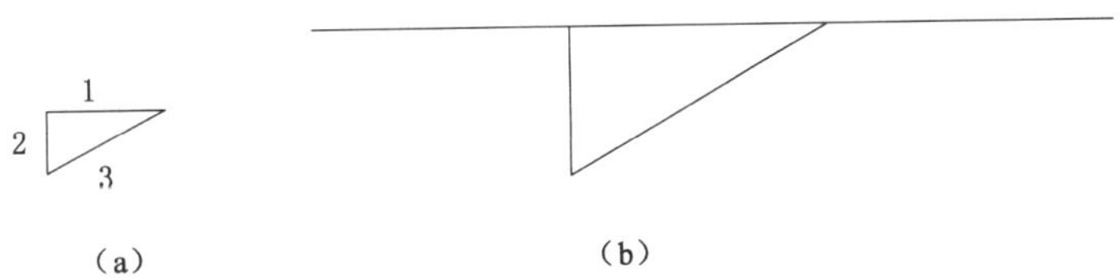

图 5-34　绘制直角三角形及拉长直线

② 拉长直线。单击“修改”工具栏中的“拉伸”按钮，将直线 1 分别向左拉长 11，向右拉长 12，结果如图 5-34(b)所示。

③ 绘制竖直直线。单击“绘图”工具栏中的“直线”按钮，在“对象追踪”和“正交”绘图模式下，用鼠标捕捉直线 1 的左端点，以其右侧距离 3.5 处为起点，向上绘制长度为 12 的直线 4，向下绘制长度为 12 的直线 5，如图 5-35(a)所示。用鼠标捕捉直线 1 的右端点，以其左侧距离 4.8 处为起点，向上绘制长度为 12 的直线 6，向下绘制长度为 12 的直线 7，如图 5-35(b)所示。

（a）　　　　　（b）

图 5-35　添加虚线

④ 绘制水平直线。单击“绘图”工具栏中的“直线”按钮，在“对象追踪”绘图模式下，用鼠标分别捕捉直线 4 和 6 的上端点，绘制直线 8。用相同的方法绘制直线 9，得到两条水平直线。

⑤ 更改图层对象的图层属性。选中直线 4、5、6、7、8 和 9，单击“图层”工具栏中的下拉按钮，在弹出的下拉列表框中选择“虚线层”，然后单击结束。更改后的效果如图 5-36(a)所示。

⑥ 绘制竖直直线。单击“绘图”工具栏中的“直线”按钮，在“对象追踪”和“正交”绘图模式下，用鼠标捕捉直线 1 的右端点 O，以其为起点向下绘制一条长度为 20 的竖直直线，如图 5-36(b)所示。

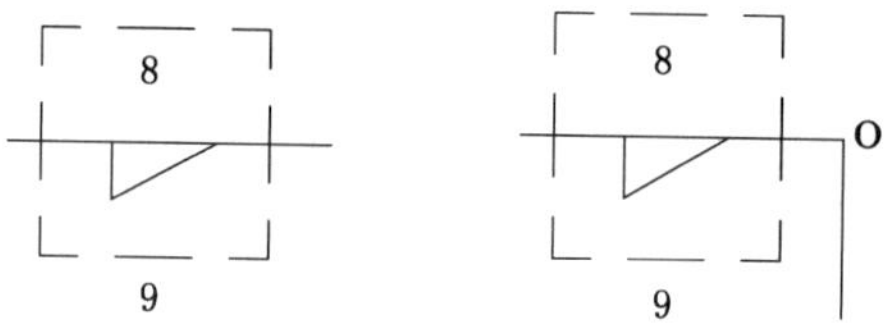

(a)　　　　　(b)

图 5-36　更改图层属性和添加直线

（2）旋转图形

单击“修改”工具栏中的“旋转”按钮，选择直线 6 以左的图形作为复制旋转对象，选择 O 点作为旋转的基点，进行旋转操作。命令行提示与操作如下：

命令：rotate ↙

UCS 当前的正角方向：ANGDIR＝逆时针　ANGBASE＝0

选择对象：指定对角点：找到 9 个　　//用矩形框选择被旋转的对象

指定基点：　　//用鼠标选择 O 点

指定旋转角度，或[复制(C)/参照(R)]＜180＞：c　　//旋转一组选定对象

指定旋转角度，或[复制(C)/参照(R)]＜180＞：180 ↙

结果如图 5-37(a)所示。

（3）绘制圆

单击“绘制”工具栏中的“圆”按钮，用鼠标捕捉 O 点作为圆心，绘制一个半径为 1.5 的圆。

（4）填充圆

单击“绘图”工具栏中的“图案填充”按钮，弹出“图案填充和渐变色”对话框，选择SOLID图案，其他保持默认设置。选择步骤3中绘制的圆为填充边界，结果如图5-37(b)所示。至此，电极探头的绘制工作完成。

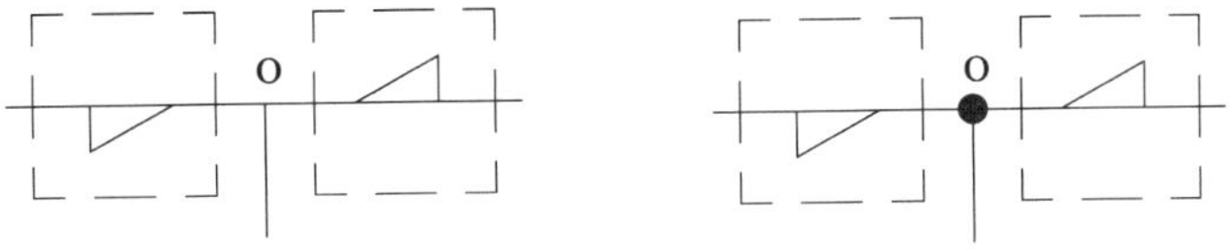

(a)　　(b)

图5-37　旋转图形和绘制圆

三、缩放对象

1. 执行方式

(1) 命令行：输入SCALE/SC命令。

(2) 菜单栏：选择“修改”|“缩放”命令。

(3) 快捷菜单：选择要缩放的对象，在绘图区右击，在弹出的快捷菜单中选择“缩放”命令。

(4) 工具栏：单击“修改”工具栏中的“缩放”按钮。

2. 操作步骤

执行上述命令后，命令行提示与操作如下：

命令：SCALE↙

选择对象：　　//选择要缩放的对象

指定基点：　　//指定缩放操作的基点

指定比例因子或[复制(C)/参照(R)]<1.0000>：

3. 选项说明

(1) 参照(R)

采用参考方向缩放对象时，系统提示如下：

指定参考长度<1>：　　//指定参考长度值

指定新的长度或[点(P)]<1.0000>：　　//指定新长度值

若新长度大于参考长度值，则放大对象；否则，缩小对象。操作完毕后，系统以指定基点按指定比例因子缩放对象。如果选择“点(P)”选项，则指定两点来定义新的长度。

(2) 指定比例因子

选择对象并输入比例因子，用来决定所选对象相对一个固定点(基点)放大或缩小的倍数。比例因子是用于缩放对象的一个数值，用于控制对象相对基点的缩放程度。比例因子大于1时，对象会被放大；比例因子在0～1之间时，对象会被缩小。

(3) 复制(C)

选择此选项时，可以复制缩放对象，即缩放对象时保留源对象，如图5-38所示。

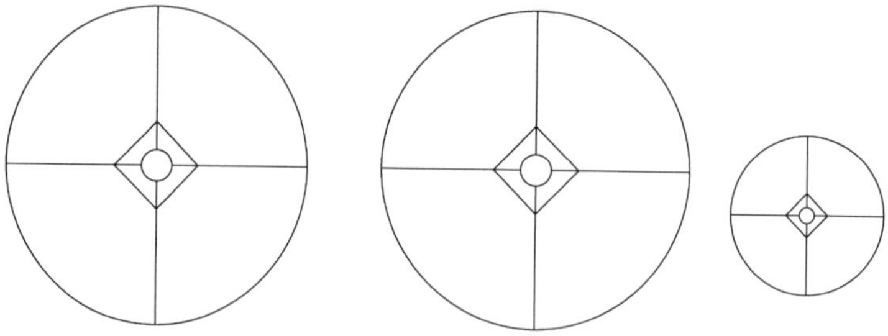

(a) 缩放前　　(b) 缩放后

图 5-38　复制缩放

【例 5-7】 绘制装饰盘。

本实例首先利用“圆”命令绘制盘的外轮廓，再利用“圆弧”“阵列”命令绘制装饰花瓣，最后利用“缩放”命令绘制盘内装饰盘。操作步骤如下：

例 5-7
讲解视频

(1) 单击“绘图”工具栏中的“圆”按钮，以(100,100)为圆心，绘制半径为 200 的圆作为盘的外轮廓，如图 5-39 所示。

(2) 单击“绘图”工具栏中的“圆弧”按钮，绘制花瓣线，如图 5-40 所示。

图 5-39　绘制圆

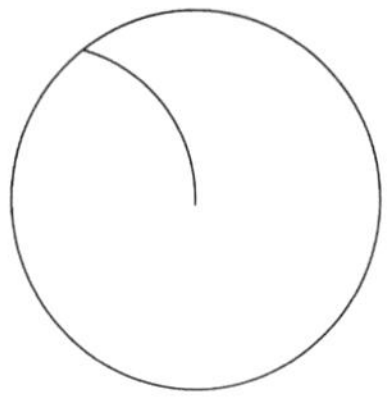

图 5-40　绘制花瓣线

(3) 单击“修改”工具栏中的“镜像”按钮，镜像花瓣，如图 5-41 所示。

(4) 单击“修改”工具栏中的“环形阵列”按钮，选择花瓣为源对象，以圆心为阵列中心点阵列花瓣，如图 5-42 所示。

(5) 单击“修改”工具栏中的“缩放”按钮，缩放一个圆作为盘内装饰盘。命令行提示与操作如下：

命令：SCALE ↙
选择对象：　　　　　　//选择圆
指定基点：　　　　　　//指定圆心
指定比例因子或[复制(C)/参照(R)]<1.0000>：C ↙
指定比例因子或[复制(C)/参照(R)]<1.0000>：0.5 ↙
绘制结果如图 5-43 所示。

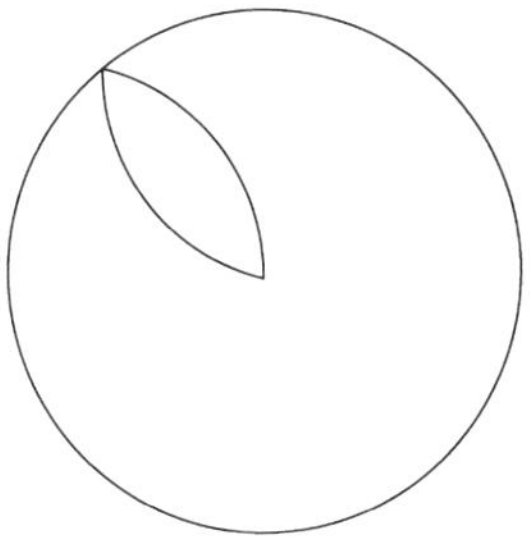

图 5-41　镜像花瓣线

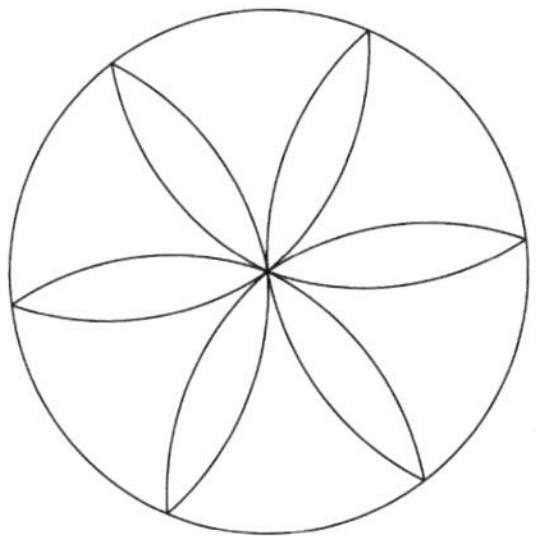

图 5-42　阵列花瓣

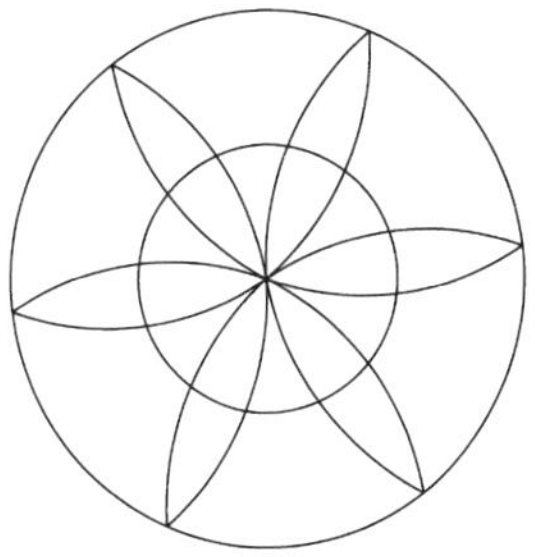

图 5-43　装饰盘图形

第四节　修改图形几何特性类命令

使用这一类编辑命令(包括圆角、倒角、打断、修剪、延伸、拉长、拉伸等)对指定对象进行编辑后,将使对象的几何特性发生改变。

一、圆角命令

圆角是指用指定半径确定的一段光滑的圆弧连接两个对象。系统规定可以用圆角连接直线段、非圆弧的多段线(可以在任何时刻用圆角连接非圆弧多段线的每个节点)、样条曲线、双向无限长线、射线、圆、圆弧和椭圆。

1. 执行方式

(1) 命令行:输入 FILLET/F 命令。

(2) 菜单栏:选择“修改”|“圆角”命令。

(3) 工具栏:单击“修改”工具栏中的“圆角”按钮。

2. 操作步骤

执行上述命令后,命令行提示与操作如下:

命令:FILLET ↙

当前设置:模式＝修剪,半径＝0.0000

选择第一个对象或[放弃(U)/多段线(P)/半径(R)/修剪(T)/多个(M)]:　　//选择第一个对象或其他选项

选择第二个对象,或按住 Shift 键选择要应用角点的对象:　　//选择第二个对象

3. 选项说明

(1) 多段线(P):在一条二维多段线的两段直线段的节点处插入圆弧。选择多段线后,系统会根据指定的圆弧的半径把多段线各顶点用圆弧连接起来。

(2) 修剪(T):决定在圆角连接两条边时,是否修剪这两条边,如图 5-44 所示。

(3) 多个(M):可以同时对多个对象进行圆角编辑,而不必重新启用命令。

按住 Shift 键并选择两条直线,可以快速创建零距离倒角或零半径圆角。

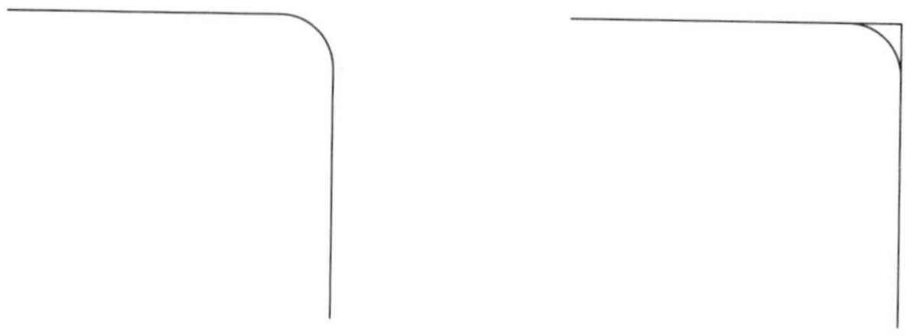

(a) 修剪方式　　(b) 不修剪方式

图 5-44　圆角连接

【例 5-8】 绘制吊钩。

本实例先利用“直线”命令绘制辅助线，再利用“圆”命令绘制吊钩主体，最后利用“修剪”“圆角”命令细化图形。绘制流程如图 5-45 所示。

例 5-8
讲解视频

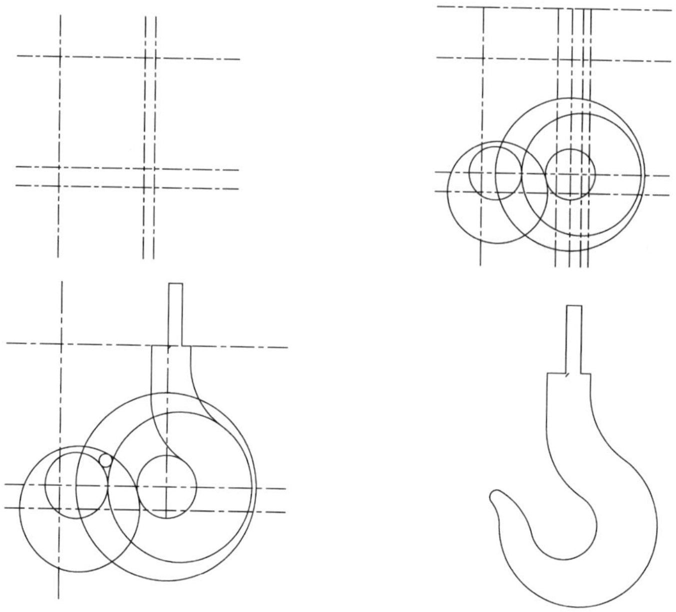

图 5-45　吊钩绘制流程

操作步骤：

(1) 单击“图层”工具栏中的“图层特性”按钮，打开“图层特性”对话框，单击其中的“新建图层”按钮，新建两个图层：“轮廓线”图层，线宽为 0.3 mm，其余属性设置保持默认值；“中心线”图层，颜色设置为红色(参考讲解视频)，线型加载为 CENTER，其余属性设置保持默认值。

(2) 将“中心线”图层设置为当前图层。利用“直线”命令绘制两条相互垂直的定位中心线，如图 5-46 所示。

(3) 单击“修改”工具栏中的“偏移”按钮，将竖直直线分别向右偏移 142 和 160，将水平直线分别向下偏移 180 和 210，如图 5-47 所示。

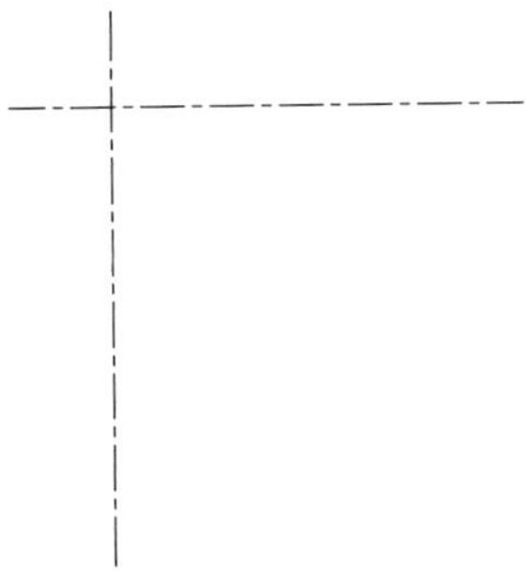

图 5-46　绘制定位中心线

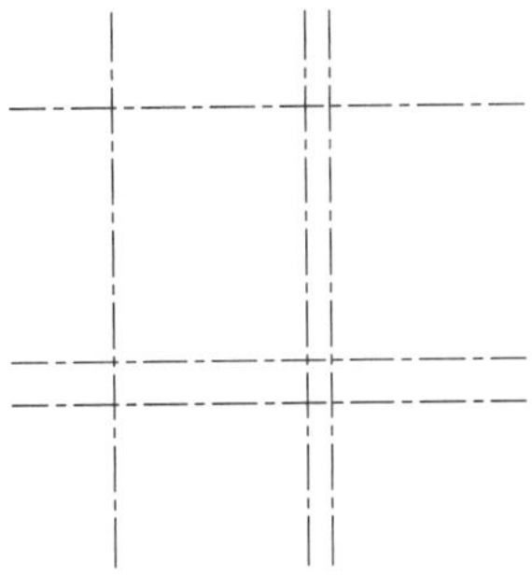

图 5-47　偏移处理 1

(4) 单击“绘图”工具栏中的“圆”按钮，以点 1 为圆心，分别绘制半径为 120 和 40 的同心圆；以点 2 为圆心，绘制半径为 96 的圆；以点 3 为圆心，绘制半径为 80 的圆；以点 4 为圆心，绘制半径为 42 的圆，结果如图 5-48 所示。

(5) 单击“修改”工具栏中的“偏移”按钮，将直线 5 分别向左、向右偏移 22.5 和 30，将线段 6 向上偏移 80，结果如图 5-49 所示。

(6) 单击“修改”工具栏中的“修剪”按钮，修剪直线，如图 5-50 所示。

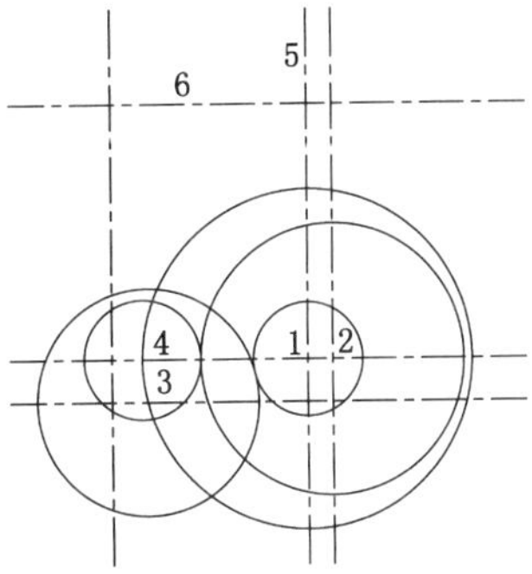

图 5-48　绘制圆

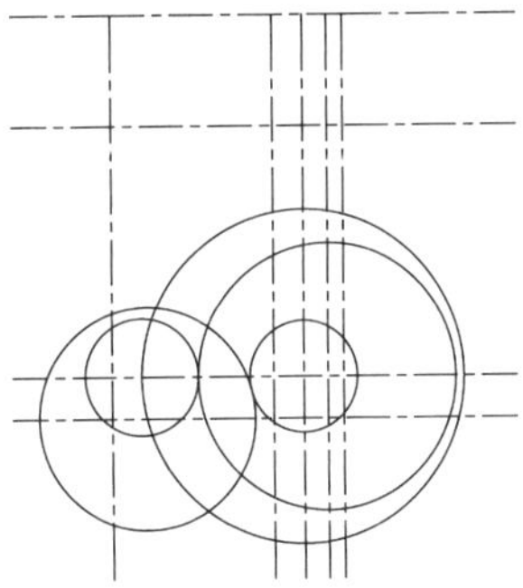

图 5-49　偏移处理 2

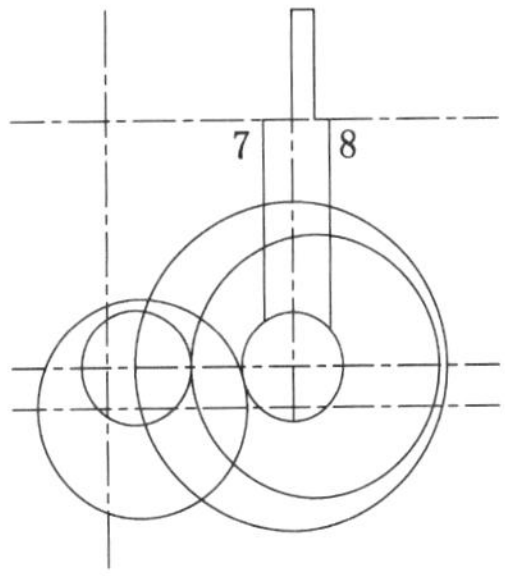

图 5-50　修剪处理

(7) 单击“修改”工具栏中的“圆角”按钮，选择线段 7 和半径为 96 的圆进行倒圆角。命令行提示与操作如下：

命令：FILLET↙
当前设置：模式＝修剪，半径＝0.0000
选择第一个对象或[放弃(U)/多段线(P)/半径(R)/修剪(T)/多个(M)]：t↙
输入修剪模式选项[修剪(T)/不修剪(N)]＜不修剪＞：t↙
选择第一个对象或[放弃(U)/多段线(P)/半径(R)/修剪(T)/多个(M)]：r↙
指定圆角半径＜0.0000＞：80↙
选择第一个对象或[放弃(U)/多段线(P)/半径(R)/修剪(T)/多个(M)]：

//选择线段 7

选择第二个对象：　　//选择半径为 90 的圆

重复上述命令，选择线段 8 和半径为 40 的圆进行倒圆角，圆角半径为 120，结果如图 5-51 所示。

(8) 单击“绘图”工具栏中的“圆”按钮，选择“三点”的方法绘制圆。以半径为 42 的圆为第一点，以半径为 96 的圆为第二点，以半径为 80 的圆为第三点，绘制结果如图 5-52 所示。

(9) 单击“修改”工具栏中的“修剪”按钮，将多余线段修剪掉，结果如图 5-53 所示。

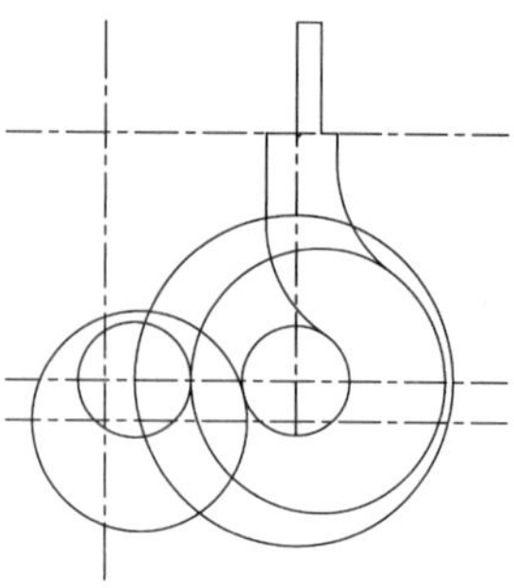

图 5-51　圆角处理

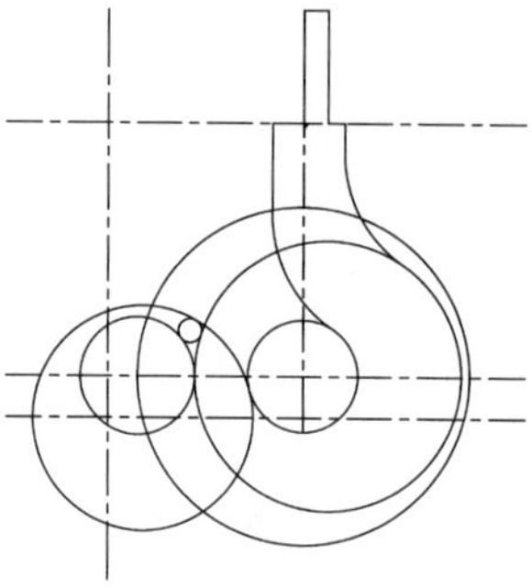

图 5-52　三点画圆

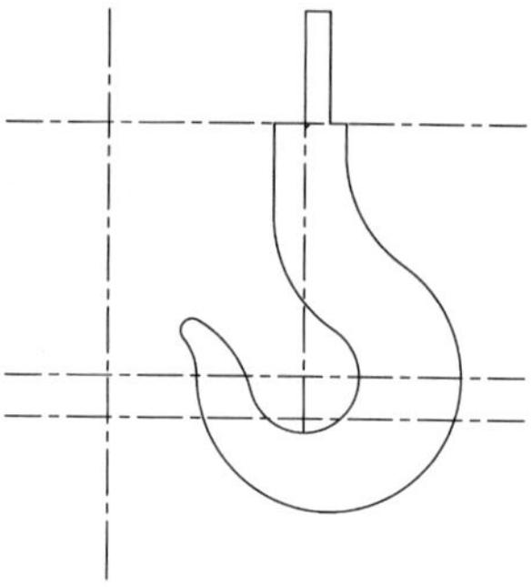

图 5-53　修剪处理

(10) 单击“修改”工具栏中的“删除”按钮，删除多余线段，最终绘制结果如图 5-45 所示。

例 5-9
讲解视频

【例 5-9】 绘制图 5-54 所示机械剖面图的圆角。

(1) 使用“绘图”工具栏中的“直线”“矩形”等命令绘制图 5-55 所示机械剖面图。

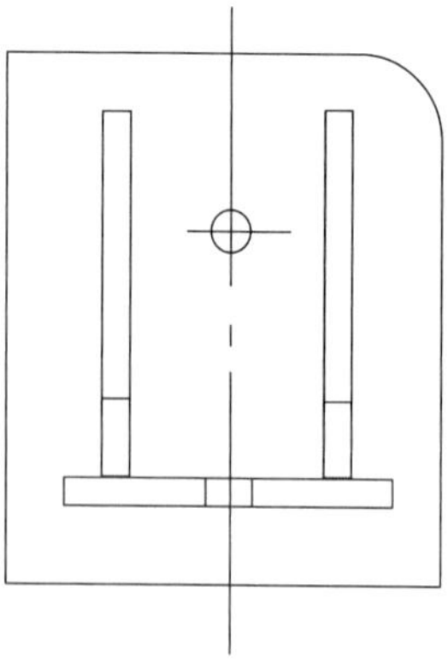

图 5-54　倒圆角实例

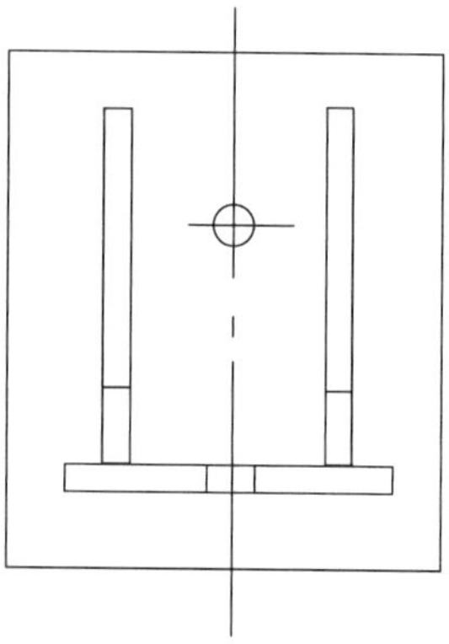

图 5-55　基础图形

(2) 单击“修改”工具栏中的“圆角”命令。

(3) 在“选择第一个对象或[放弃(U)/多线段(P)/半径(R)/修剪(T)/多个(M)]:”提示下，输入 R，并按 Enter 键确认。

(4) 在“指定圆角半径＜0.0000＞:”提示下,输入20,并按Enter键确认。

(5) 在“选择第一个对象或[放弃(U)/多线段(P)/半径(R)/修剪(T)/多个(M)]:”提示下,点取上方直线。

(6) 在“选择第二个对象:”提示下,选择右侧直线,直角即被倒成了半径为20的圆角,如图5-54所示。

二、倒角命令

倒角是指用斜线连接两个不平行的线型对象。可以用斜线连接直线段、双向无限长线、射线和多段线。

1. 执行方式

(1) 命令行:输入CHAMFER/CHA命令。

(2) 菜单栏:选择“修改”|“倒角”命令。

(3) 工具栏:单击“修改”工具栏中的“倒角”按钮。

2. 操作步骤

执行上述命令后,命令行提示与操作如下:

命令:CHAMFER↙

(“不修剪”模式)当前倒角距离1=0.0000,距离2=0.0000

选择第一条直线或[放弃(U)/多段线(P)/距离(D)/角度(A)/修剪(T)/方式(E)/多个(M)]:　　//选择第一条直线或其他选项

选择第二条直线,或按住Shift键选择要应用角点的直线://选择第二条直线

3. 选项说明

(1) 距离(D):选择倒角的两个斜线距离。斜线距离是指从被连接的对象与斜线的交点到被连接的两个对象可能的交点之间的距离,如图5-56所示。这两个斜线距离可以相同,也可以不相同;若二者均为0,则系统不绘制连接的斜线,而是把两个对象延伸至相交,并修剪超出的部分。

(2) 角度(A):选择第一条直线的斜线距离和角度。采用这种方法连接对象时,需要输入两个参数,即斜线与一个对象的斜线距离和斜线与该对象的夹角,如图5-57所示。

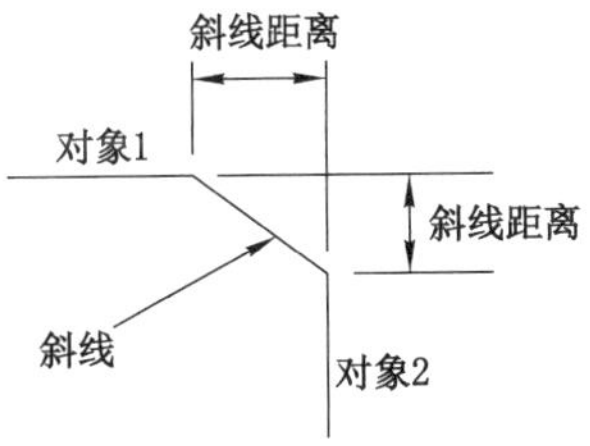

图5-56　斜线距离

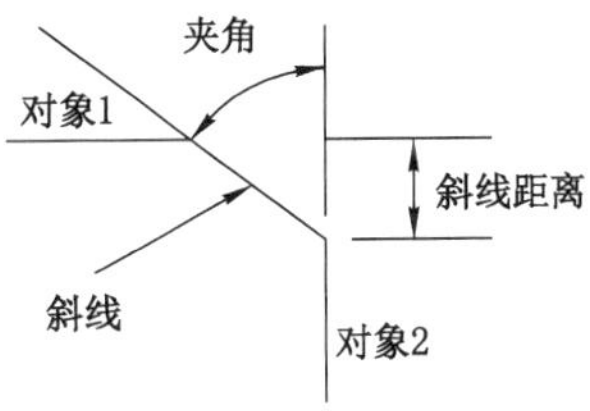

图5-57　斜线距离与夹角

(3) 多段线(P):对多段线的各个交叉点进行倒角编辑。为了得到最好的连接效果,一

般设置斜线为相等的值。系统根据指定的斜线距离把多段线的每个交叉点都作斜线连接，连接的斜线成为多段线新添加的构成部分，如图 5-58 所示。

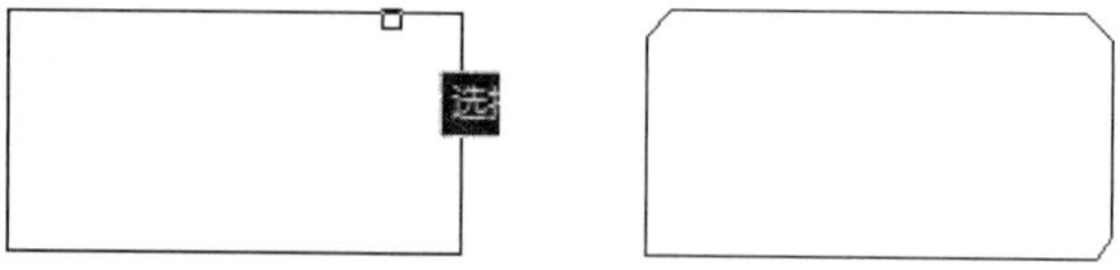

(a) 选择多段线　　(b) 倒角结果

图 5-58　斜线连接多段线

(4) 修剪(T)：与圆角连接命令 FILLET 相同，该选项决定连接对象后，是否剪切源对象。

(5) 方式(E)：决定采用“距离”方式还是“角度”方式倒角。

(6) 多个(M)：同时对多个对象进行倒角编辑。

注意：在执行“圆角”和“倒角”命令时，有时会发现命令不执行或执行后没什么变化，这是因为系统默认圆角半径和斜线距离均为 0，如果不事先设定圆角半径或斜线距离，系统就以默认值执行命令，所以看起来好像没有执行命令。

例 5-10
讲解视频

【例 5-10】 绘制图 5-59 所示某机械剖面图。

(1) 执行“直线”“复制”“多段线”等命令，绘制出图 5-60 所示图形。

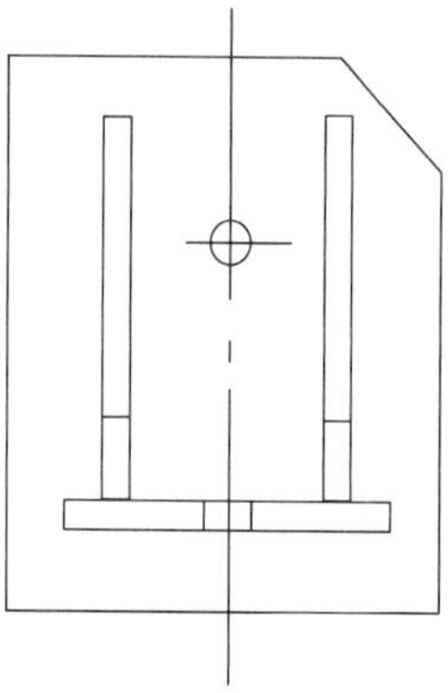

图 5-59　某机械剖面图

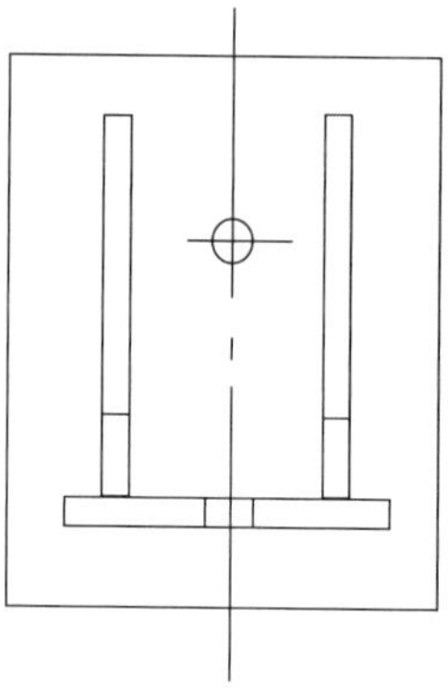

图 5-60　图形绘制过程

(2) 执行 Chamfer(倒角)命令。

(3) 在“选择第一条直线或[放弃(U)/多段线(P)/距离(D)/角度(A)/修剪(T)/方式(E)/多个(M)]：”提示下，输入 D 以指定倒角距离，并按 Enter 键确认。

(4) 在“指定第一个倒角距离＜0.0000＞：”提示下，输入 25，并按 Enter 键确认。

(5) 在“指定第二个倒角距离＜25.0000＞：”提示下，直接按 Enter 键接受缺省值。

(6) 在“选择第一条直线或[放弃(U)/多段线(P)/距离(D)/角度(A)/修剪(T)/方式(E)/多个(M)]：”提示下，单击上方直线。

(7) 在“选择第二条直线：”提示下，选择右侧直线。

接下来用指定倒角角度方式完成倒角编辑，这种方式适用于一边倒角长度和角度已知，另一边不详的情况。

(1) 单击“修改”工具栏中的“倒角”按钮。

(2) 在“选择第一条直线或[放弃(U)/多段线(P)/距离(D)/角度(A)/修剪(T)/方式(E)/多个(M)]:”提示下，输入 A 以指定倒角角度，并按 Enter 键确认。

(3) 在“指定第一条直线的倒角长度＜25＞:”提示下，直接按 Enter 键接受缺省值。

(4) 在“指定第一条直线的倒角角度＜0＞:”提示下，输入 45，按 Enter 键确认。

(5) 在“选择第一条直线或[放弃(U)/多段线(P)/距离(D)/角度(A)/修剪(T)/方式(E)/多个(M)]:”提示下，选择上方直线。

(6) 在“选择第二条直线:”提示下，选择右侧直线。

程序自动倒角，完成图 5-59 所示图形的绘制。

三、修剪对象

1. 执行方式

(1) 命令行：输入 TRIM/TR 命令。

(2) 菜单栏：选择“修改”|“修剪”命令。

(3) 工具栏：单击“修改”工具栏中的“修剪”按钮。

2. 操作步骤

执行上述命令后，命令行提示与操作如下：

命令：TRIM↙

当前设置：投影＝UCS，边＝无

选择剪切边…

选择对象或＜全部选择＞：　　　　　　　　//选择用作修剪边界的对象

按 Enter 键，结束对象选择，系统提示：

选择要修剪的对象，或按住 Shift 键选择要延伸的对象，或[栏选(F)/窗交(C)/投影(P)/边(E)/删除(R)/放弃(U)]:

3. 选项说明

(1) 按 Shift 键

在选择对象时，如果按住 Shift 键，系统自动将“修剪”命令转换成“延伸”命令。

(2) 边(E)

选择此选项时，可以选择对象的修剪方式。

① 延伸(E)：延伸边界进行修剪。在此方式下，如果剪切边没有与要修剪的对象相交，系统会延伸剪切边直至与要修剪的对象相交，然后再修剪，如图 5-61 所示。

② 不延伸(N)：不延伸边界修剪对象。只修剪与剪切边相交的对象。

(3) 栏选(F)

选择此选项时，系统以栏选的方式选择修剪对象，如图 5-62 所示。

(4) 窗交(C)

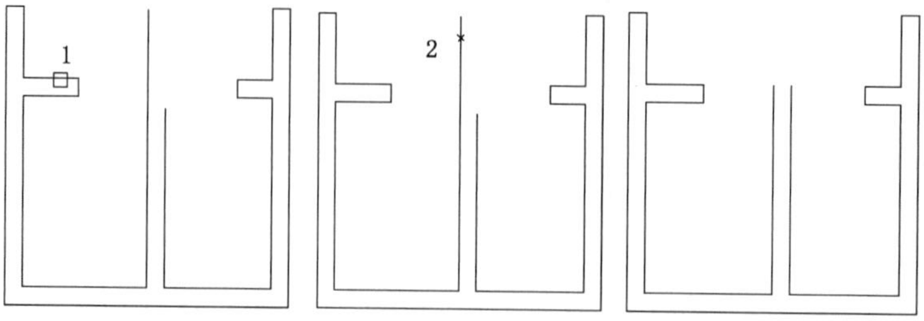

(a) 选择剪切边　　(b) 选择要修剪的对象　　(c) 修剪后的结果

图 5-61　延伸方式修剪对象

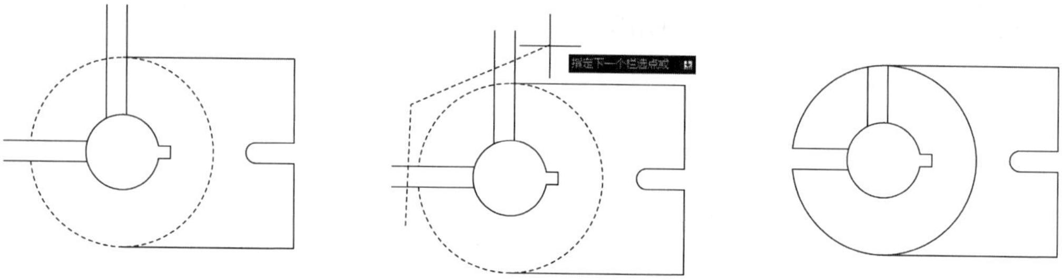

(a) 选定剪切边　　(b) 栏选选择修剪对象　　(c) 结果

图 5-62　栏选选择修剪对象

选择此选项时，系统以窗交的方式选择修剪对象，如图 5-63 所示。

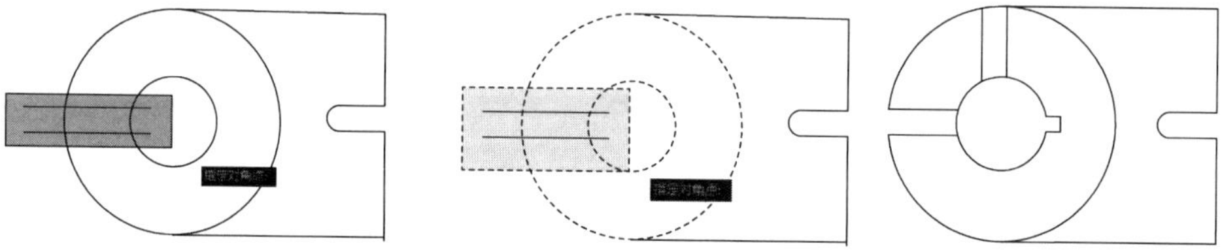

(a) 选择边　　(b) 选定修剪对象　　(c) 结果

图 5-63　窗交选择修剪对象

被选择的对象可以互为边界和被修剪对象，此时系统会在选择的对象中自动判断边界。

例 5-11
讲解视频

【例 5-11】 绘制绞套。

本实例首先利用“矩形”命令绘制外轮廓，再利用“偏移”命令创建内轮廓，最后利用“修剪”命令将多余的线段删除。绘制流程如图 5-64 所示。

操作步骤：

(1) 单击“绘图”工具栏中的“矩形”按钮，绘制两个矩形，如图 5-65 所示。

(2) 单击“修改”工具栏中的“偏移”按钮，生成方形套，如图 5-66 所示。

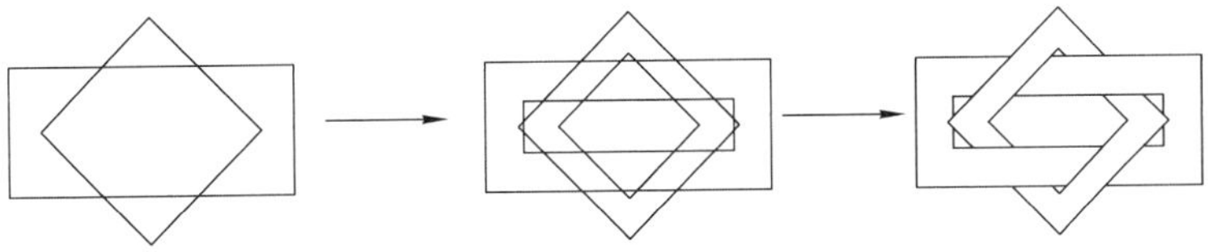

图 5-64　绞套绘制流程

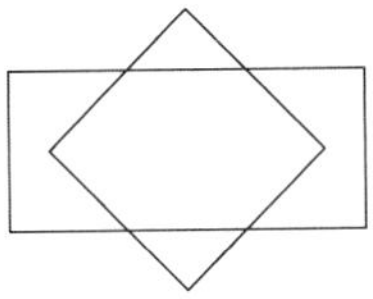

图 5-65　绘制矩形

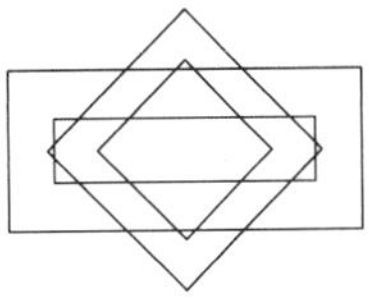

图 5-66　方形套

(3) 单击“修改”工具栏中的“修剪”按钮，剪切出层次关系。命令行提示与操作如下：

命令：trim ↙

当前设置：投影＝UCS，边＝延伸

选择剪切边…

选择对象或＜全部选择＞：

找到 4 个

选择要修剪的对象，或按住 Shift 键选择要延伸的对象，或[栏选(F)/窗交(C)/投影(P)/边(E)/删除(R)/放弃(U)]：　　//按层次关系依次选择要剪切掉的部分图线

最终绘制结果如图 5-64 所示。

四、延伸对象

延伸对象是指延伸对象直至另一个对象的边界线，如图 5-67 所示。

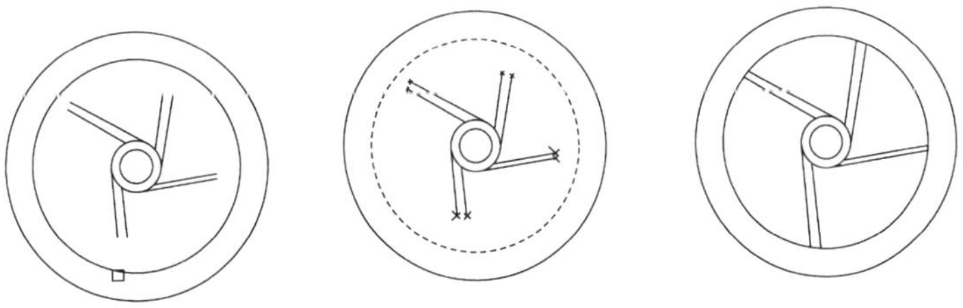

(a) 选择边界　　(b) 选择要延伸的对象　　(c) 执行结果

图 5-67　延伸对象

1. 执行方式

(1) 命令行：输入 EXTEND/EX 命令。

(2) 菜单栏：选择“修改”|“延伸”命令。

(3) 工具栏:单击“修改”工具栏中的“延伸”按钮。

2. 操作步骤

执行上述命令后,命令行提示与操作如下:

命令:EXTEND↙

当前设置:投影=UCS,边=无

选择边界的边…

选择对象或<全部选择>:　　　　　　//选择边界对象

此时可以通过选择对象来定义边界。若直接按 Enter 键,则选择所有对象作为可能的边界对象。

系统规定可以用作边界对象的对象包括直线段、射线、双向无限长线、圆弧、圆、椭圆、二维和三维多段线、样条曲线、文本、浮动的视口和区域。如果选择二维多段线作为边界对象,系统会忽略其宽度而把对象延伸至多段线的中心线上。

选择边界对象后,系统继续提示:

选择要延伸的对象,或按住 Shift 键选择要修剪的对象,或[栏选(F)/窗交(C)/投影(P)/边(E)/放弃(U)]:

3. 选项说明

(1) 如果要延伸的对象是适配样条多段线,则延伸后会在多段线的控制框上增加新节点。如果要延伸的对象是锥形的多段线,系统会修正延伸端的宽度,使多段线从起始端平滑地延伸至新的终止端。如果延伸操作导致新终止端的宽度为负值,则取宽度值为 0,如图 5-68 所示。

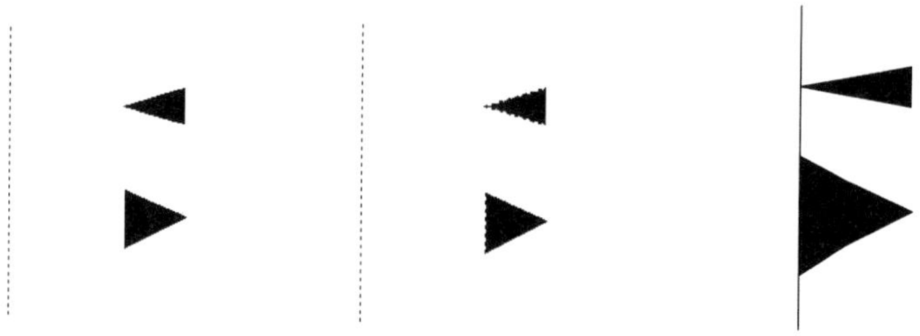

(a) 选择边界对象　　(b) 选择要延伸的多段线　　(c) 延伸后的结果

图 5-68　延伸对象

(2) 选择对象时,如果按住 Shift 键,系统自动将“延伸”命令转换成“修剪”命令。

【例 5-12】 绘制化工元件俯视图。

本实例首先利用“圆”和“缩放”等命令绘制化工元件俯视图外部轮廓,再利用“直线”“圆”“旋转”“修剪”“延伸”等命令绘制内部轮廓,最后利用“延伸”命令完成内部结构延伸操作。

例 5-12
讲解视频

操作步骤:

(1) 单击“绘图”工具栏中的“圆”按钮和“修改”工具栏中的“缩放”按钮等,绘制化工元件俯视图外部轮廓,如图 5-69 所示。

(2) 单击“绘图”工具栏中的“直线”按钮、“圆”按钮和“修改”工具栏中的“旋转”按钮、“修剪”按钮等,生成化工元件俯视图内部轮廓,如图 5-70 所示。

(3) 单击“修改”工具栏中的“延伸”按钮。

(4) 在“选择对象:”提示下,用鼠标单击内部直线,选中对象呈虚线状态,按 Enter 键确认。

(5) 在“选择要延伸的对象,或按住 Shift 键选择要修剪的对象,或[栏选(F)/窗交(C)/投影(P)/边(E)/删除(R)/放弃(U)]:”提示下,连续选择没有达到两边的直线(两端要分别点取),完成延伸操作。最终绘制结果如图 5-71 所示。

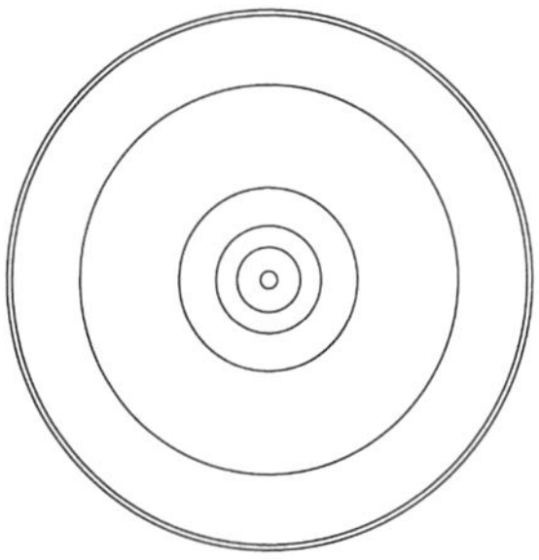

图 5-69 化工元件俯视图外部轮廓

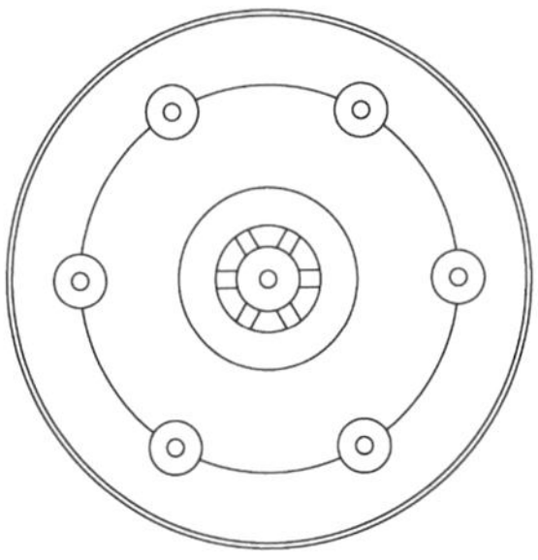

图 5-70 化工元件俯视图内部轮廓

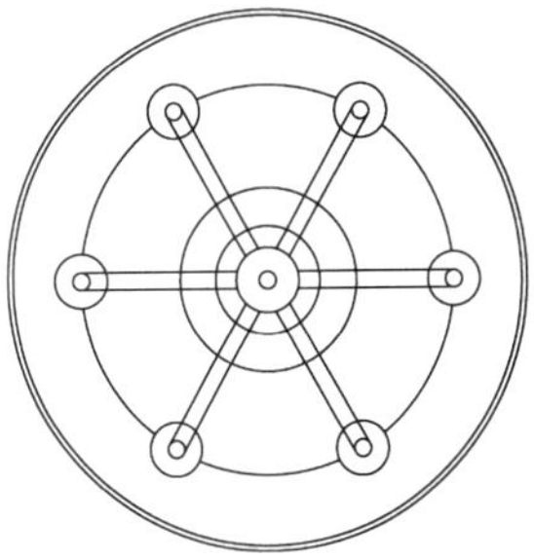

图 5-71 化工元件俯视图

五、拉伸对象

拉伸对象是指拖拉选择的对象,使其形状发生改变。拉伸对象时,应指定拉伸的基点和移至点。利用一些辅助工具,如捕捉、钳夹功能及相对坐标等,可以提高拉伸的精度。

1. 执行方式

(1) 命令行:输入 STRETCH/S 命令。

(2) 菜单栏:选择“修改”|“拉伸”命令。

(3) 工具栏:单击“修改”工具栏中的“拉伸”按钮。

2. 操作步骤

执行上述命令后,命令行提示与操作如下:

命令:STRETCH ↙

以交叉窗口或交叉多边形选择要拉伸的对象…

选择对象:C

指定第一个角点:指定对角点:找到 2 个 //采用交叉窗口的方式选择要拉伸的对象

指定基点或[位移(D)]<位移>: //指定拉伸的基点

指定第二个点或<使用第一个点作为位移>: //指定拉伸的移至点

此时,若指定第二个点,系统将根据这两点决定的矢量拉伸对象。若直接按 Enter 键,系统会把第一个点作为 X 轴和 Y 轴的分量值。

STRETCH 命令仅移动位于交叉选择窗口内的顶点和端点,而不更改那些位于交叉选择窗口外的顶点和端点,部分包含在交叉选择窗口内的对象将被拉伸。

例 5-13
讲解视频

【例 5-13】 利用拉伸命令修改图 5-72(a)为图 5-72(b)。

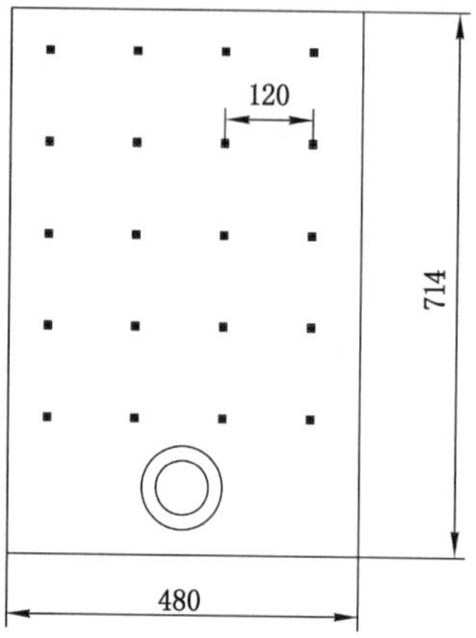

(a) 拉伸前

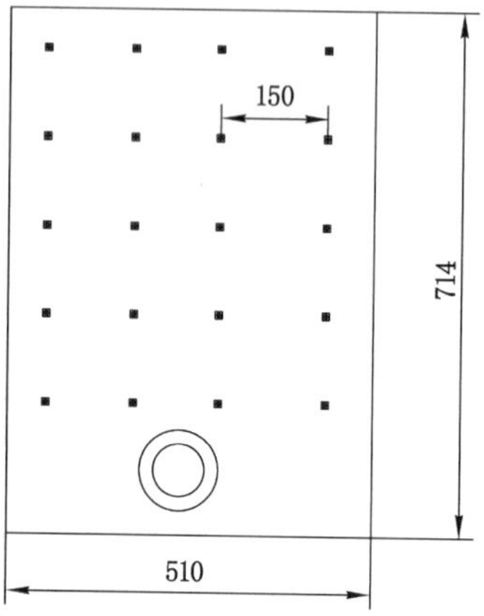

(b) 拉伸后

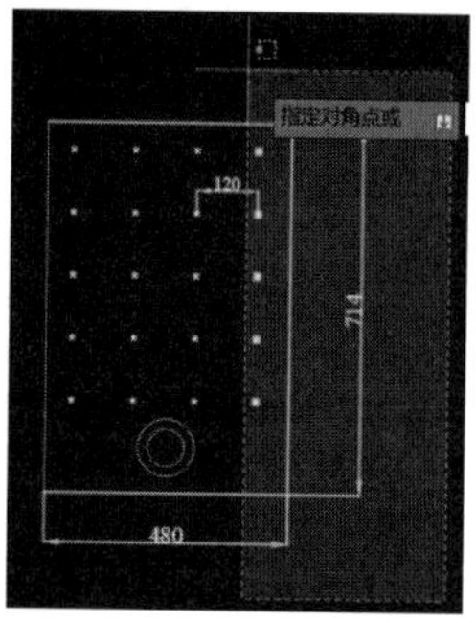

(c) 交叉窗口选择

图 5-72 绘制过程

(1) 使用“绘图”工具栏中的“直线”命令,绘制外边框长×宽=714×480 的矩形,使用“矩形”命令绘制边长为 10 的矩形块,创建间距为 120 的 5 行 4 列矩形块阵,如图 5-72(a)所示。

(2) 单击“修改”工具栏中的“拉伸”按钮。

(3) 在“以交叉窗口或交叉多边形选择要拉伸的对象:”提示下,从右上角向左下角拉伸窗口,选择图 5-72(c)所示窗框中包含的直线部分进行拉伸。

(4) 在“指定基点或[位移(D)]<位移>:”提示下,选择板的右下角点。

(5) 在“指定第二个点或<使用第一个点作为位移>:”提示下,拖动光标,会发现图形随着光标移动方向延伸,标注自动随尺寸变化而改变,输入 30,实现图 5-72(b)的绘制。

【例 5-14】 绘制门把手。

例 5-14
讲解视频

本实例首先利用“圆”与“直线”命令绘制门把手一侧的连续曲线，然后利用“修剪”命令将多余的线段删除得到一侧的曲线，再利用“镜像”命令创建另一侧的曲线，最后利用“修剪”“圆”“拉伸”命令创建销孔并细化图形。绘制流程如图 5-73 所示。

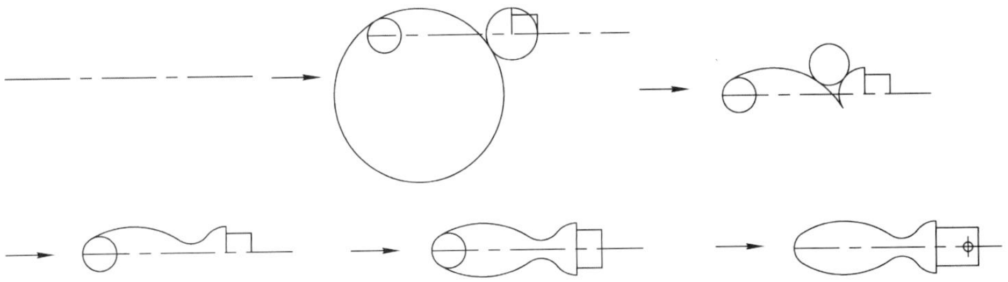

图 5-73　门把手绘制流程

操作步骤：

(1) 设置图层。选择菜单栏中的“格式”→“图层”命令，弹出“图层特性管理器”对话框，新建以下两个图层。

图层 1 命名为“轮廓线”，线宽属性为 0.3 mm，其余属性设置保持默认值。

图层 2 命名为“中心线”，线型加载为 CENTER，其余属性设置保持默认值。

(2) 将“中心线”图层设置为当前图层。单击“绘图”工具栏中的“直线”按钮，绘制坐标分别为(150,150)、(@120,0)的直线，结果如图 5-74 所示。

(3) 单击“绘图”工具栏中的“圆”按钮，以(160,150)为圆心，绘制半径为 10 的圆。重复“圆”命令，以(235,150)为圆心，绘制半径为 15 的圆。再绘制一个半径为 50 的圆与前两个圆相切，结果如图 5-75 所示。

图 5-74　绘制直线

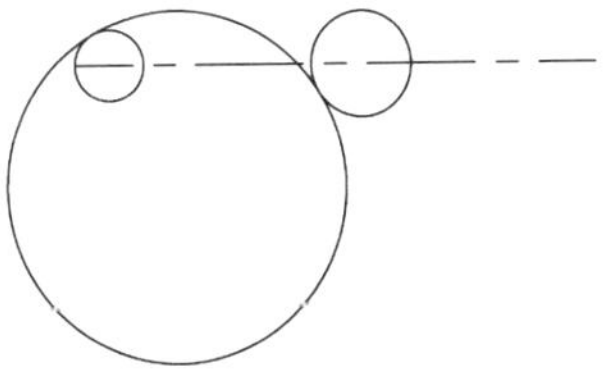

图 5-75　绘制圆

(4) 单击“绘图”工具栏中的“直线”按钮，绘制坐标为(250,150)、(@10＜90)、(@15＜180)的两条直线。重复“直线”命令，绘制坐标为(235,165)、(@15＜180)的直线，结果如图 5-76 所示。

(5) 单击“修改”工具栏中的“修剪”按钮，进行修剪处理，结果如图 5-77 所示。

(6) 单击“绘图”工具栏中的“圆”按钮，绘制一个半径为 12、与圆弧 1 和圆弧 2 相切的圆，结果如图 5-78 所示。

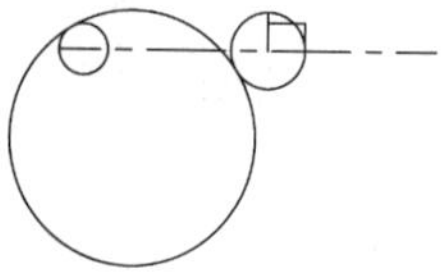
图 5-76　绘制直线

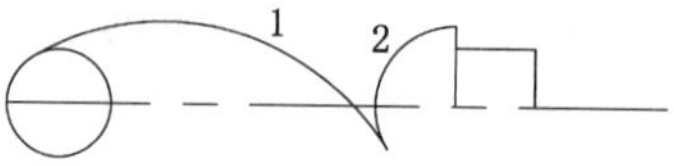

图 5-77　修剪直线

图 5-78　绘制圆

(7) 单击“修改”工具栏中的“修剪”按钮，将多余的圆弧修剪掉，结果如图 5-79 所示。

(8) 单击“修改”工具栏中的“镜像”按钮，以(150,150)、(250,150)为两镜像点对图形进行镜像处理，结果如图 5-80 所示。

(9) 单击“修改”工具栏中的“修剪”按钮，进行修剪处理，结果如图 5-81 所示。

图 5-79　修剪处理

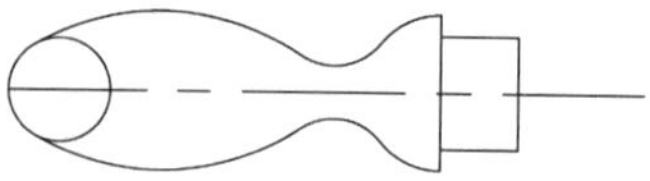
图 5-80　镜像处理

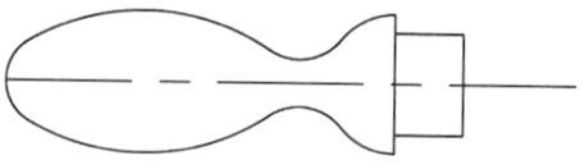
图 5-81　把手初步图形

(10) 将“中心线”图层设置为当前图层。单击“绘图”工具栏中的“直线”按钮，在把手接头处中间位置绘制适当长度的竖直线段，作为销孔中心线，如图 5-82 所示。

(11) 将“轮廓线”图层设置为当前图层。单击“绘图”工具栏中的“圆”按钮，以中心线交点为圆心，绘制一个适当半径的圆作为销孔，如图 5-83 所示。

(12) 单击“修改”工具栏中的“拉伸”按钮，拉伸接头长度，如图 5-84 所示。

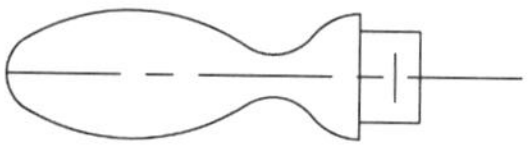
图 5-82　销孔中心线

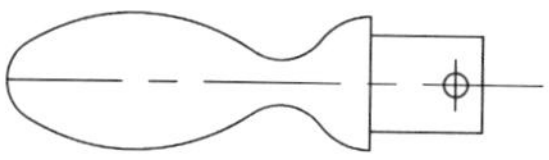
图 5-83　销孔

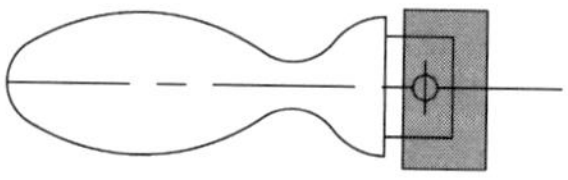
图 5-84　指定拉伸对象

六、拉长对象

1. 执行方式

(1) 命令行：输入 LENGTHEN/LEN 命令。

(2) 菜单栏：选择“修改”|“拉长”命令。

2. 操作步骤

执行上述命令后，命令行提示与操作如下：

命令：LENGTHEN ↙

选择对象或[增量(DE)/百分比(P)/总计(T)/动态(DY)]：　　//选定对象

当前长度：30.5001　　//给出选定对象的长度，如果选择圆弧则还要给出圆弧的包含角选择对象或[增量(DE)/百分比(P)/总计(T)/动态(DY)]:DE //选择拉长或缩短的方式,如选择“增量(DE)”方式

输入长度增量或[角度(A)]<0.0000>:10 //输入长度增量数值。如果选择圆弧段,则可输入选项 A 给定角度增量

选择要修改的对象或[放弃(U)]: //选定要修改的对象,进行拉长操作

选择要修改的对象或[放弃(U)]: //继续选择,按 Enter 键结束命令

3. 选项说明

(1) 增量(DE)

用指定增量的方法改变对象的长度或角度。

(2) 百分比(P)

用指定要修改对象的长度占总长度的百分比的方法改变圆弧或直线段的长度。

(3) 总计(T)

用指定新的总长度或总角度值的方法改变对象的长度或角度,如图 5-85 所示。

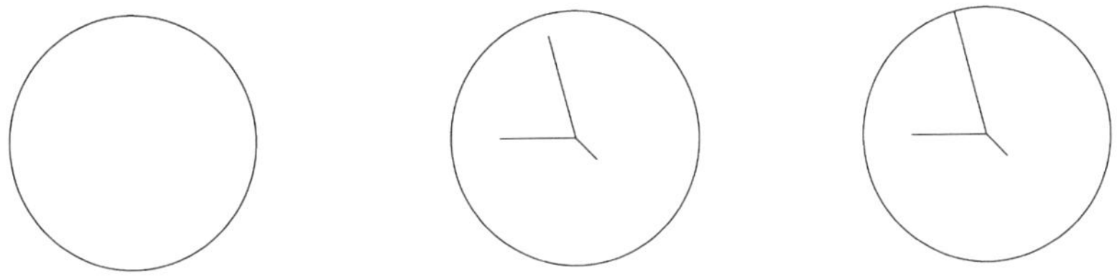

(a) 绘制圆　　(b) 绘制指针　　(c) 拉长指针完成绘制

图 5-85 利用拉长命令绘制挂钟

(4) 动态(DY)

在这种模式下,可以使用拖拉鼠标的方法动态地改变对象的长度或角度。

例 5-15
讲解视频

【例 5-15】 绘制经纬网并拉伸。

本实例首先利用“直线”“复制”“修剪”等命令绘制经纬网,再利用“拉伸”命令进行细化处理。绘制流程如图 5-86 所示。

操作步骤:

(1) 单击“绘图”工具栏中的“直线”按钮,绘制经纬网的外轮廓线,如图 5-87 所示。

(2) 单击“绘图”工具栏中的“直线”按钮,单击“修改”工具栏中的“复制”“修剪”按钮,绘制经纬网中的经线和纬线,如图 5-88 所示。

(3) 单击“修改”工具栏中的“拉伸”按钮,将经纬网拉伸至所需长度,完成经纬网的绘制,如图 5-89 所示。

七、打断命令

1. 执行方式

(1) 命令行:输入 BREAK/BR 命令。

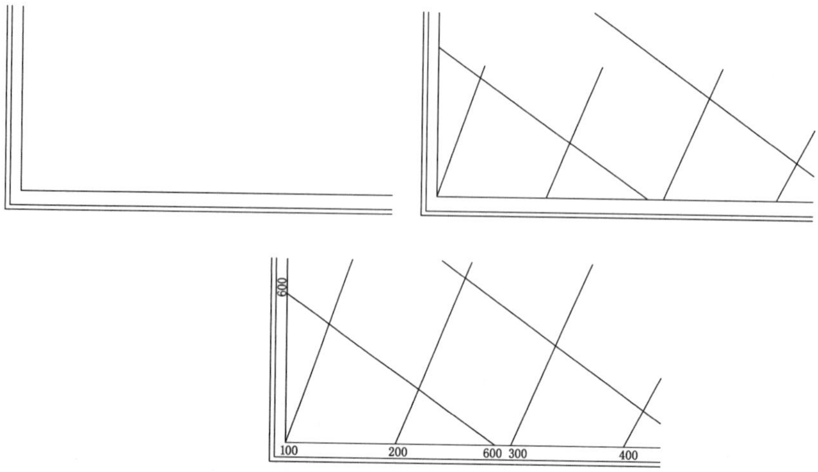

图 5-86　经纬网标注绘制流程

图 5-87　绘制外轮廓线

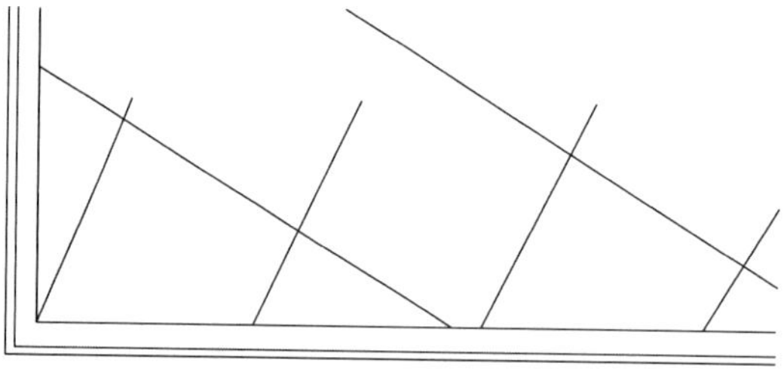

图 5-88　绘制经纬线

(2) 菜单栏:选择“修改”|“打断”命令。

(3) 工具栏:单击“修改”工具栏中的“打断”按钮。

2. 操作步骤

执行上述命令后,命令行提示与操作如下:

命令:BREAK ↙

选择对象:　　　　　　　　　　　　　//选择要打断的对象

指定第二个打断点或[第一点(F)]:　　　//指定第二个断开点或输入 F

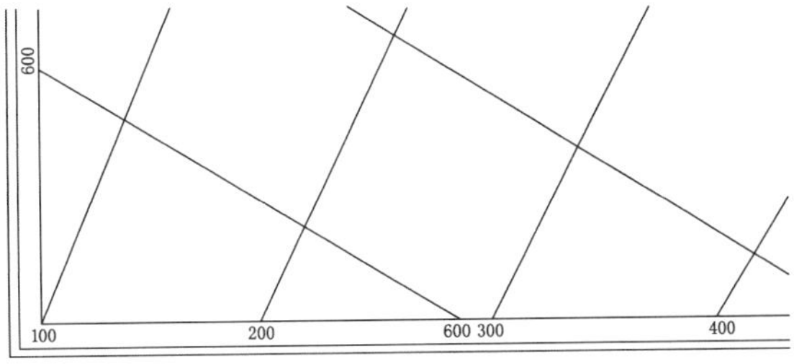

图 5-89　经纬网

3. 选项说明

如果选择"第一点(F)"选项,系统将丢弃前面的第一个选择点,重新提示用户指定两个打断点。

八、打断于点命令

打断于点是指在对象上指定一点,把对象在此点拆分成两部分。此命令与"打断"命令的功能类似。

1. 执行方式

工具栏:单击"修改"工具栏中的"打断于点"按钮。

2. 操作步骤

执行上述命令后,命令行提示与操作如下:

选择对象:　　//选择要打断的对象

指定第二个打断点或[第一点(F)]:F　　//系统自动执行"第一点(F)"选项

指定第一个打断点:　　//选择打断点

指定第二个打断点:　　//系统自动忽略此提示

九、分解对象

1. 执行方式

(1) 命令行:输入 EXPLODE/X 命令。

(2) 菜单栏:选择"修改"|"分解"命令。

(3) 工具栏:单击"修改"工具栏中的"分解"按钮。

2. 操作步骤

执行上述命令后,命令行提示与操作如下:

命令:EXPLODE↙

选择对象:　　//选择要分解的对象

选择一个对象后,该对象就会被分解。系统将继续提示该行信息,允许分解多个对象。

十、合并对象

可以将直线、圆弧、椭圆弧和样条曲线等独立的对象合并为一个对象，如图 5-90 所示。

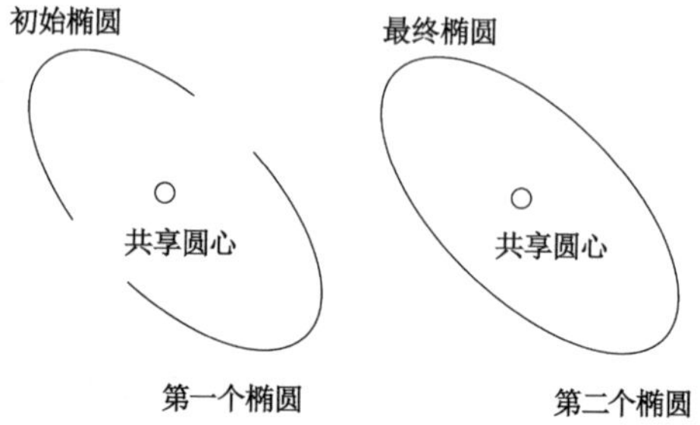

图 5-90　合并对象

1. 执行方式

(1) 命令行：输入 JOIN 命令。

(2) 菜单栏：选择“修改”|“合并”命令。

(3) 工具栏：单击“修改”工具栏中的“合并”按钮。

2. 操作步骤

执行上述命令后，命令行提示与操作如下：

命令：JOIN ↙
选择源对象：　　　　　　　　　　//选择一个对象
选择要合并到源的直线：　　　　　//选择另一个对象
找到 1 个
选择要合并到源的直线：
已将 1 条直线合并到源

第五节　夹点编辑图形

在对图形进行编辑时，还可以对图形本身的某些特性进行编辑，从而方便地进行图形绘制。

一、钳夹功能

利用钳夹功能可以快速、方便地编辑对象。AutoCAD 在图形对象上定义了一些特殊的点，称为夹点。利用夹点可以灵活地控制对象。

要使用钳夹功能编辑对象，必须先打开该功能。其方法是：

(1) 选择菜单栏中的“工具”→“选项”→“选择”命令，在弹出的“选项”对话框中选择“选择集”选项卡，选中“启用夹点”复选框。在该选项卡中，还可以设置代表夹点的小方格的尺寸和颜色。

(2) 通过 GRIPS 系统变量控制是否打开钳夹功能，1 代表打开，0 代表关闭。

打开了钳夹功能后，在编辑对象之前应先选择对象。夹点表示对象的控制位置。

使用夹点编辑对象，要先选择一个夹点作为基点（称为基准夹点），然后选择一种编辑操作，如镜像、移动、旋转、拉伸和缩放。可以用空格键、Enter 键或快捷键循环选择这些功能。

下面仅以拉伸对象操作为例进行讲述，其他操作类似，在此不再赘述。

在图形上拾取一个夹点，改变该夹点颜色，将其作为编辑对象的基准夹点。此时系统提示：

＊＊拉伸＊＊

指定拉伸点或[基点(B)/复制(C)/放弃(U)/退出(X)]：

在上述拉伸编辑提示下，输入"镜像"命令 MIRROR 或右击，在弹出的快捷菜单中选择"镜像命令"，系统就会转换为"镜像"操作，其他操作类似。

二、修改对象属性

1. 执行方式

(1) 命令行：选择 DDMODIFY 或 PROPERTIES 命令。

(2) 菜单栏：选择"修改"|"特性"命令。

(3) 工具栏：单击"标准"工具栏中的"特性"按钮。

2. 操作步骤

执行上述命令后，打开"特性"选项板，利用它可以方便地设置或修改对象的各种属性，如图 5-91 所示。

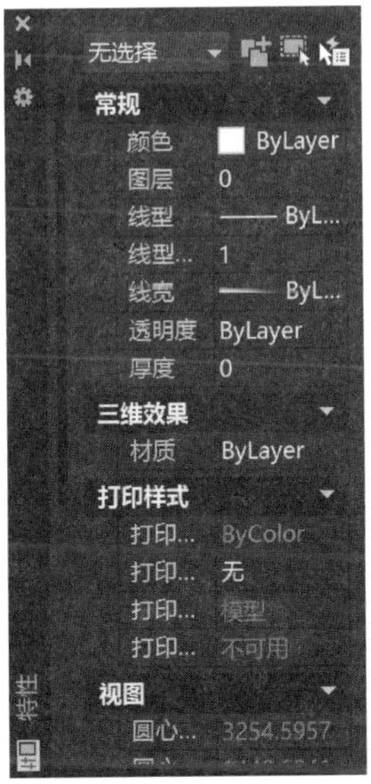

图 5-91　"特性"选项板

不同对象的属性种类和值不同，修改属性值，对象的属性即可改变。

三、特性匹配

特性匹配是指将目标对象的属性与源对象的属性进行匹配，使目标对象的属性与源对象的属性相同。利用特性匹配功能可以方便、快捷地修改对象属性，并保持不同对象的属性相同。图 5-92(a)所示为两个属性不同的对象，以左边的圆为源对象，对右边的矩形进行特性匹配，结果如图 5-92(b)所示。

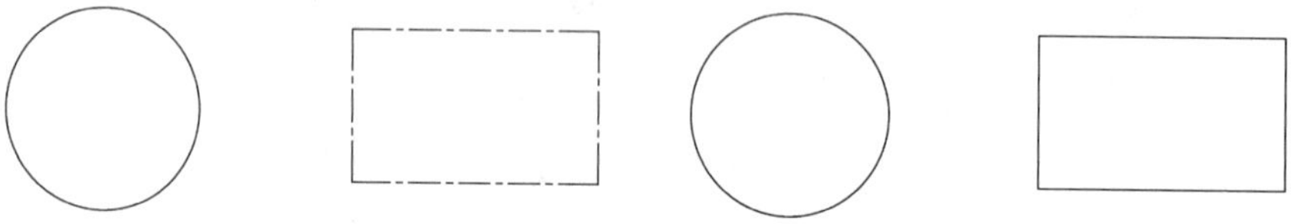

(a) 原图　　(b) 结果

图 5-92　特性匹配

1. 执行方式

(1) 命令行：输入 MATCHPROP 命令。

(2) 菜单栏：选择“修改”|“特性匹配”命令。

2. 操作步骤

执行上述命令后，命令行提示与操作如下：

(1) 命令：MATCHPROP ↙

(2) 选择源对象：　　　　　　　　//选择源对象

(3) 选择目标对象或[设置(S)]：　//选择目标对象

【例 5-16】 绘制花朵。

例 5-16 讲解视频

本实例首先利用“圆”命令绘制花蕊，再利用“正多边形”及“圆弧”等命令绘制花瓣，最后利用“多段线”命令绘制花茎与叶子并修改。绘制流程如图 5-93 所示(扫描图中二维码获取彩图，下同)。

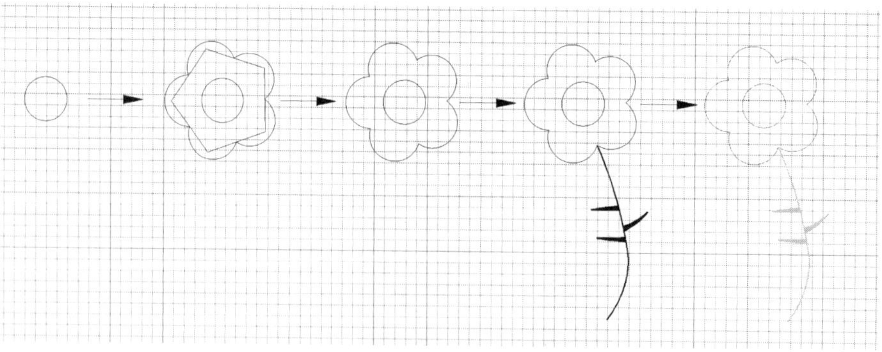

图 5-93　花朵绘制流程

操作步骤：

(1) 单击“绘图”工具栏中的“圆”按钮，绘制花蕊。

(2) 单击“绘图”工具栏中的“正多边形”按钮，以图 5-94 中的圆心为正多边形的中心点绘制正五边形，结果如图 5-95 所示。

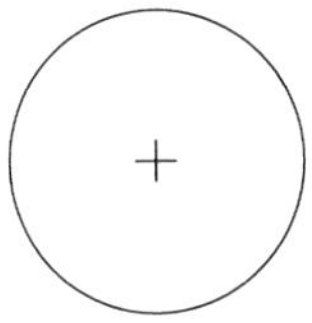

图 5-94　捕捉圆心

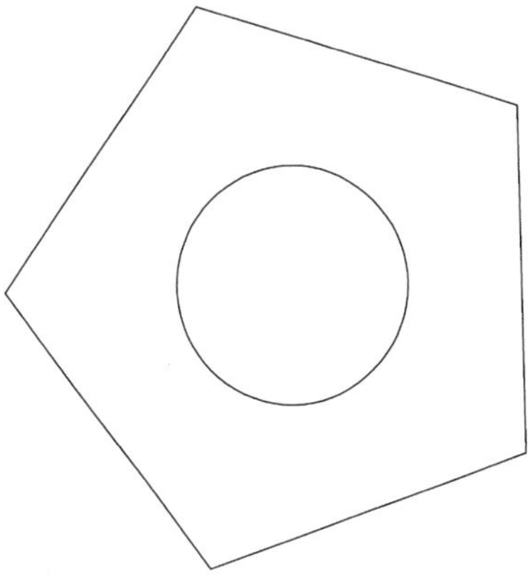

图 5-95　绘制正五边形

注意：一定要先绘制内部的圆，因为正五边形的外接圆与此圆同心，必须通过捕捉获得正五边形的外接圆圆心位置。如果反过来，先画正五边形，再画圆，会发现无法捕捉正五边形外接圆圆心。

(3) 单击“绘图”工具栏中的“圆弧”按钮，以左上斜边中点为圆弧起点，左下斜边中点为圆弧端点，绘制一段圆弧，如图 5-96 所示。重复“圆弧”命令，绘制另外 4 段圆弧，结果如图 5-97 所示；删除正五边形，结果如图 5-98 所示。

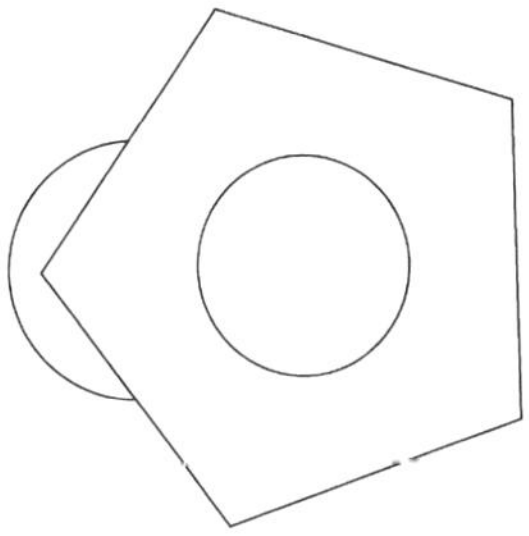

图 5-96　绘制一段圆弧

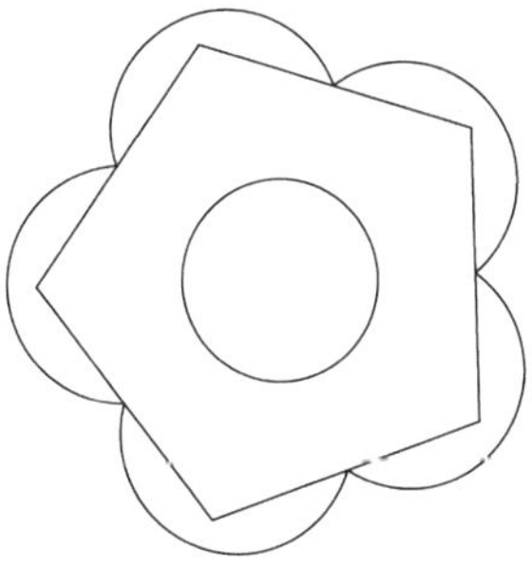

图 5-97　绘制所有圆弧

图 5-98　绘制花朵

(4) 单击“绘图”工具栏中的“多段线”按钮，绘制枝叶。花枝的宽度为 4；叶子的起点半宽为 12，端点半宽为 3。使用同样的方法绘制另外两片叶子，结果如图 5-99 所示。

(5) 选择枝叶，在枝叶上将显示夹点标记。在一个夹点上单击鼠标右键，在弹出的快捷菜单中选择“特性”命令(图 5-100)，打开“特性”选项板，在“颜色”下拉列表框中选择“绿色”，如图 5-101 所示。

(6) 按照步骤(5)的方法修改花朵颜色为红色，花蕊颜色为洋红色，最终结果如图 5-102 所示。

图 5-99　绘制枝叶

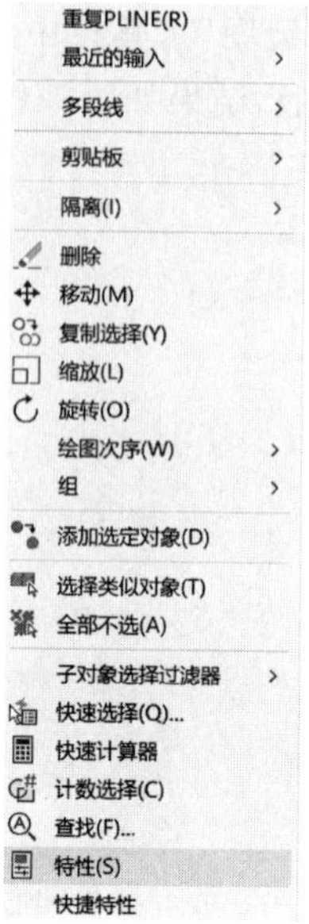

图 5-100　选择“特性”命令

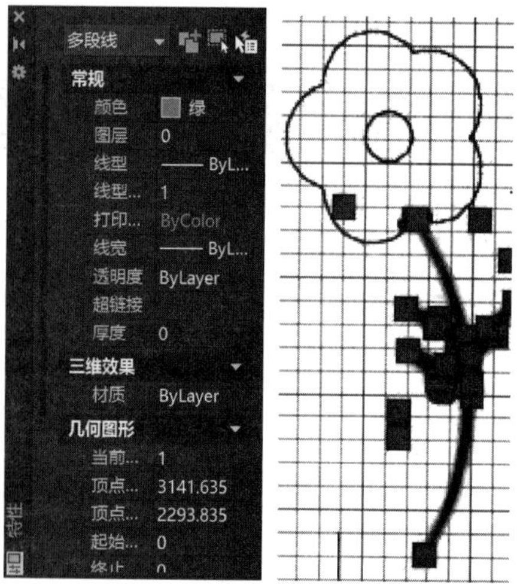

图 5-101　修改枝叶颜色

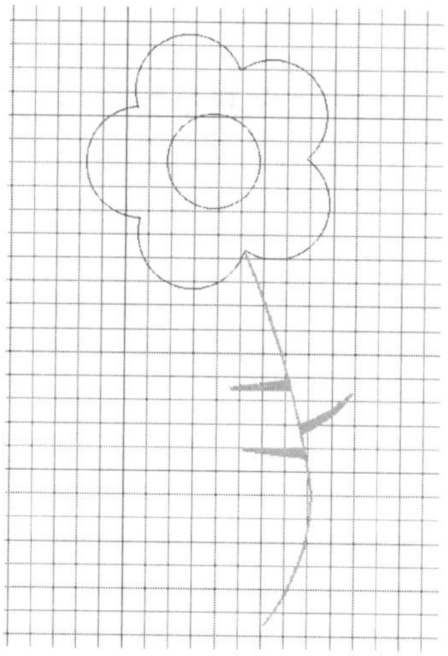

图 5-102　绘制结果

思考与练习

1. 绘制如图 5-103 所示的 VCD 机。

操作提示：(1) 利用“矩形”命令绘制 VCD 机外形轮廓；(2) 利用“矩形阵列”和“圆”命令绘制按钮。

2. 绘制如图 5-104 所示的床。

操作提示：(1) 利用“矩形”命令绘制床的外轮廓；(2) 利用“直线”命令绘制枕头；(3) 绘

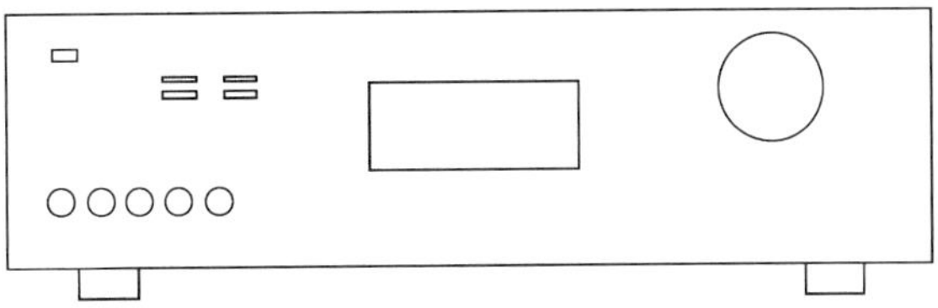

图 5-103　VCD 机

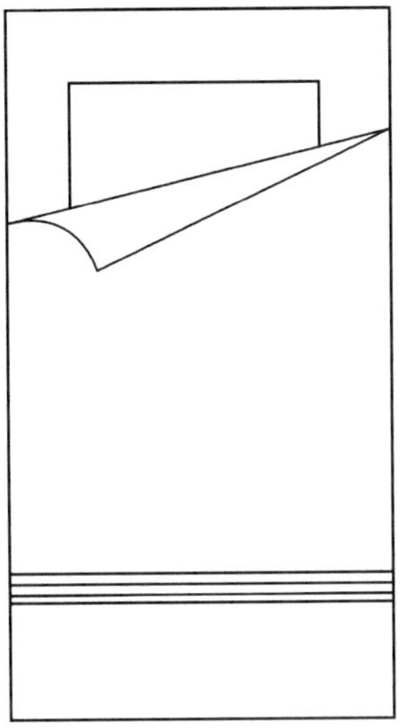

图 5-104　床

制床单。

3. 绘制如图 5-105 所示的图形(图中给出了部分主要尺寸，其余尺寸由读者自己确定)。

操作提示：图 5-105(a)考虑复制、偏移及阵列命令的组合使用；图 5-105(b)考虑旋转、复制等命令的使用。

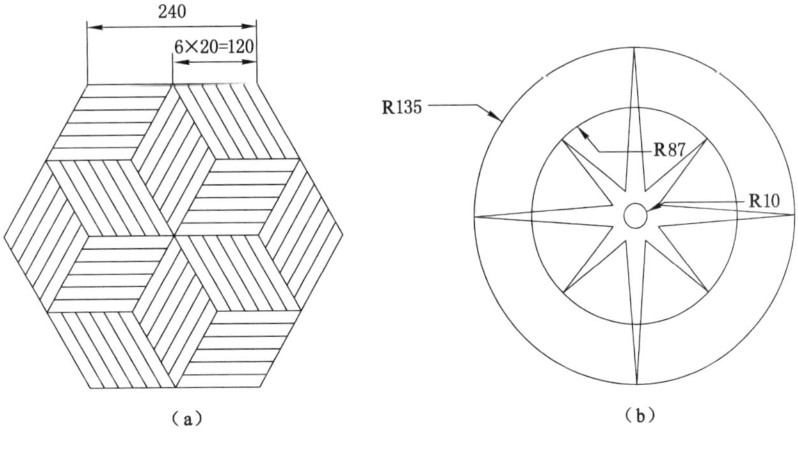

图 5-105　练习图

4. 绘制如图 5-106 所示的图形。

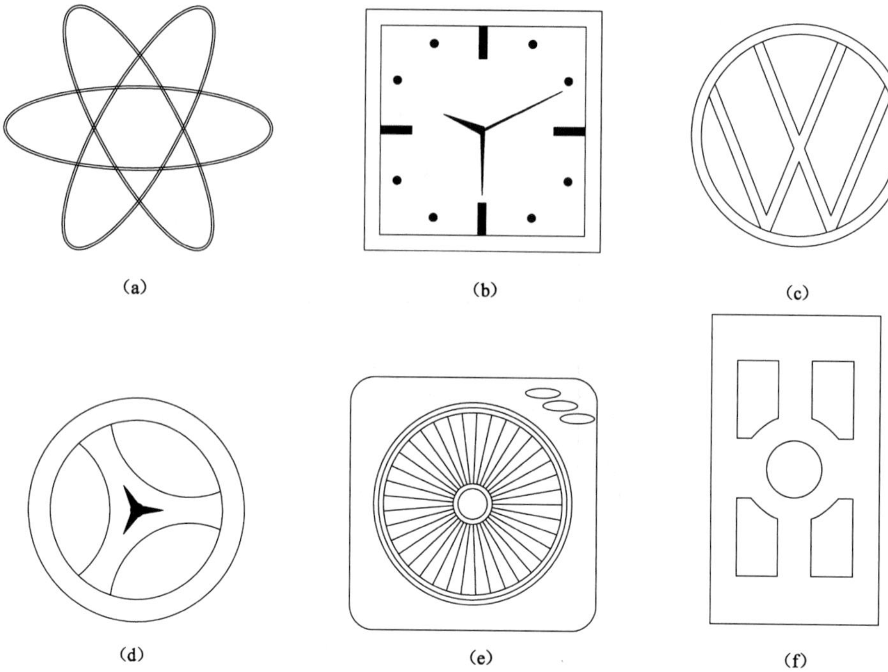

图 5-106 练习图

操作提示:图 5-106(a)考虑复制、偏移、修剪及阵列命令的组合使用;图 5-106(b)考虑多段线、阵列命令的使用;图 5-106(c)考虑运用正多边形、圆、偏移等命令,正多边形选择正八边形;图 5-106(d)考虑圆、多段线和偏移命令的综合使用;图 5-106(e)考虑运用矩形、圆、多段线、椭圆和阵列等命令;图 5-106(f)考虑运用矩形、圆和阵列等命令。

5. 绘制如图 5-107 所示的利用激光指向仪进行掘进定向图。

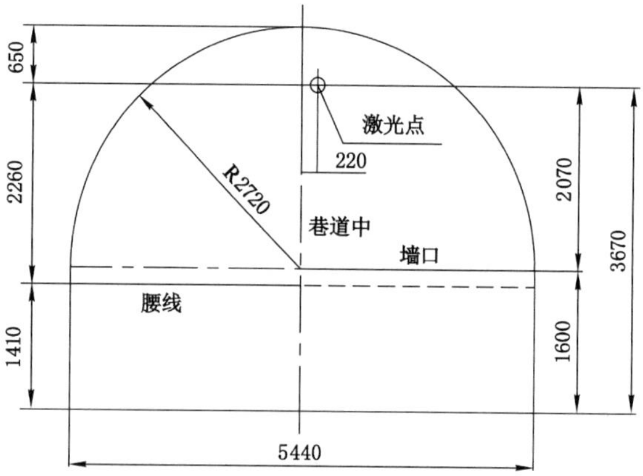

图 5-107 练习图

操作提示:(1) 利用“修剪”命令绘制巷道内部轮廓;(2) 利用“圆”命令绘制巷道外部轮廓;(3) 尺寸标注。

第六章　文字与表格使用

本章学习要点：

(1) 创建文字样式的方法和步骤

(2) 创建及编辑单行文字的方法和步骤

(3) 创建及编辑多行文字的方法和步骤

(4) 创建及编辑表格对象

第一节　文字样式创建

本节介绍创建国标文字样式、创建单行及多行文字和创建特殊符号。

一、设置样式名

文字样式包含字体、字符宽度、倾斜角度及高度等项目。AutoCAD 生成的文字对象，其外观由与它关联的文字样式决定。默认情况下 Standard 文字样式是当前样式，用户也可根据需要创建新的文字样式。

例 6-1
讲解视频

【例 6-1】 创建国标文字样式及添加单行文字。

(1) 选择菜单栏“默认”命令，单击“注释”中的“文字样式”按钮，弹出“文字样式”对话框，如图 6-1 所示。

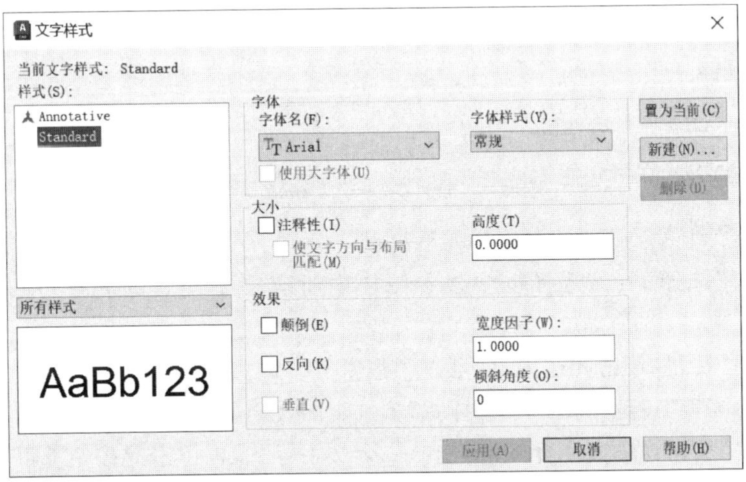

图 6-1　“文字样式”对话框

(2) 单击“新建”按钮，打开“新建文字样式”对话框，如图 6-2 所示。在“样式名”文本框中输入文字样式的名称“工程文字”。

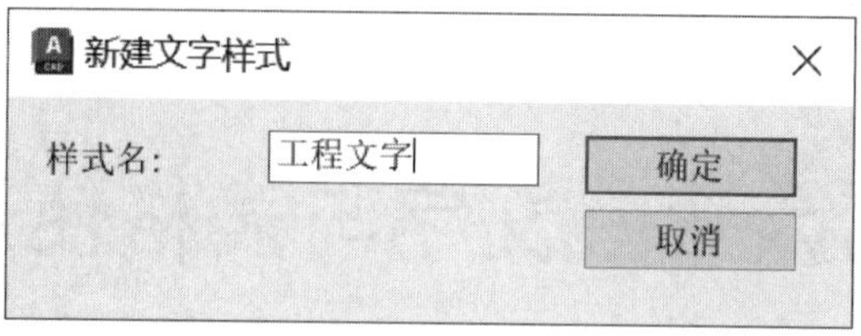

图 6-2 “新建文字样式”对话框

(3) 单击“确定”按钮,返回“文字样式”对话框,在“字体”下拉列表中选择“gbeitc. shx”。选择“使用大字体”复选项,然后在“大字体”下拉列表中选择“gbcbig. shx”,如图 6-3 所示。

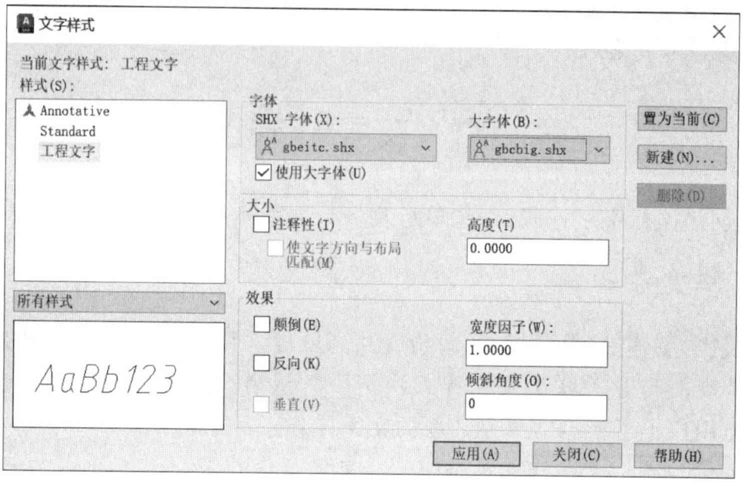

图 6-3 “字体”设置

注意:AutoCAD 提供了符合国标的字体文件。在工程图中,中文字体采用“gbcbig. shx”,该字体文件包含长仿宋体。西文字体采用“gbeitc. shx”或“gbenor. shx”,前者是斜体西文,后者是直体。

(4) 单击“应用”按钮,然后关闭“文字样式”对话框。

二、设置字体样式

“文字样式”对话框中的常用选项如下。

(1) “样式”选择框:该选择框中显示图样中所有文字样式的名称,用户可从中选择一个。

(2) “新建”按钮:单击此按钮,就可以创建新文字样式。

(3) “置为当前”按钮:将在“文字样式”下选定的文字样式设为当前样式。

(4) “删除”按钮:在“文字样式”下选择一个文字样式,再单击此按钮就可以将该文字样式删除。当前样式和正在使用的文字样式不能被删除。

(5) “字体”下拉列表:在此下拉列表中罗列了所有字体的清单。带有双“T”标志的字体是 Windows 系统提供的“TrueType”字体,其他字体是 AutoCAD 自带的字体(*.shx),

其中“gbenor. shx”和“gbeitc. shx”字体是符合国家标准的工程字体。

(6)“使用大字体”复选项:大字体是指专为亚洲国家设计的文字字体。其中,“gbcbig. shx”字体是符合国家标准的工程汉字字体,该字体文件还包含一些常用的特殊符号,由于它不包含西文字体的定义,因而可将其与“gbenor. shx”和“gbeitc. shx”字体配合使用。

(7)“字体样式”下拉列表:取消对“使用大字体”复选项的选取,将会出现“字体样式”下拉列表。如果用户选择的字体支持不同的样式,如粗体或斜体等,就可在“字体样式”下拉列表中选择一个。

(8)“高度”文本框:输入字体的高度。如果用户在该文本框中制定了文本高度,则当使用 DTEXT(单行文字)命令时,系统将不提示“指定高度”。

(9)“颠倒”复选项:选取此复选项,文字将上下颠倒显示。该复选项仅影响单行文字,如图 6-4 所示。

(a) 关闭“颠倒”复选项　　(b) 打开“颠倒”复选项

图 6-4　关闭或打开“颠倒”复选项时的效果

(10)“反向”复选项:选取该复选项,文字将首尾反向显示。该复选项仅影响单行文字,如图 6-5 所示。

(a) 关闭“反向”复选项　　(b) 打开“反向”复选项

图 6-5　关闭或打开“反向”复选项时的效果

(11)“垂直”复选项:选取该复选项,文字将沿竖直方向排列,如图 6-6 所示。

(a) 关闭“垂直”复选项　　(b) 打开“垂直”复选项

图 6-6　关闭或打开“垂直”复选项时的效果

(12)“宽度因子”文本框：默认的宽度因子为 1，若输入小于 1 的数值，则文本将变窄，否则文本变宽，如图 6-7 所示。

(a) 宽度因子为1.0　　(b) 宽度因子为0.7

图 6-7　调整宽度因子的效果

(13)“倾斜角度”文本框：该文本框用于指定文本的倾斜角度，角度值为正时向右倾斜，为负时向左倾斜，如图 6-8 所示。

(a) 倾斜角度为30°　　(b) 倾斜角度为-30°

图 6-8　设置文字倾斜角度的效果

DTEXT 命令的常用选项如下。

(1) 对正(J)：设定文字的对齐方式。

(2) 调整(F)：“对正(J)”选项的子选项。使用该选项时，系统提示指定文本分布的起始点、结束点及文字高度。当用户选定两点并输入文本后，系统把文字压缩或扩展使其充满指定的宽度范围，如图 6-9 所示。

图 6-9　文字充满指定的宽度范围

(3) 样式(S)：指定当前文字样式。

第二节　单行文字创建与编辑

一、创建单行文字

DTEXT 命令用来创建单行文字对象。执行此命令后，用户不仅可以设定文本的对齐方式和文字的倾斜角度，而且还能用十字光标在不同的地方选取点以定位文本的位置(系统变量 DTEXTED 不等于 0)，该特性使用户只发出一次命令就能在图形的多个区域放置文本。

例 6-2
讲解视频

【例 6-2】 利用上节创建的国标文字样式添加单行文字。

利用 DTEXT 命令创建单行文字，如图 6-10 所示。选择菜单“默认”|“文字”|“单行文

字”命令，启动 DTEXT 命令。命令行提示与操作如下。

命令：dtext ↙
指定文字的起点或【对正(J)/样式(S)】：　//单击 A 点，如图 6-10 所示
指定高度<3.0000>：5　//输入文字高度
指定文字的旋转角度<0>：　//按 Enter 键
横臂升降机构　//输入文字
行走轮　//在 B 点处单击，并输入文字
行走轨道　//在 C 点处单击，并输入文字
行走台车　//在 D 点处单击，输入文字并按 Enter 键
台车行走速度 5.72 m/min　//输入文字并按 Enter 键
台车行走电机功率 3 kW　//输入文字
立架　//在 E 点处单击，并输入文字
配重系统　//在 F 点处单击，输入文字并按 Enter 键
　//按 Enter 键结束

命令：DTEXT　//重复命令
指定文字的起点或【对正(J)/样式(S)】：　//单击 G 点
指定高度<5.0000>：　//按 Enter 键
指定文字的旋转角度<0>：90　//输入文字旋转角度
设备总高 5500　//输入文字
横臂升降行程 1500　//在 H 点处单击，输入文字并按 Enter 键
　//按 Enter 键结束

结果如图 6 10 所示。

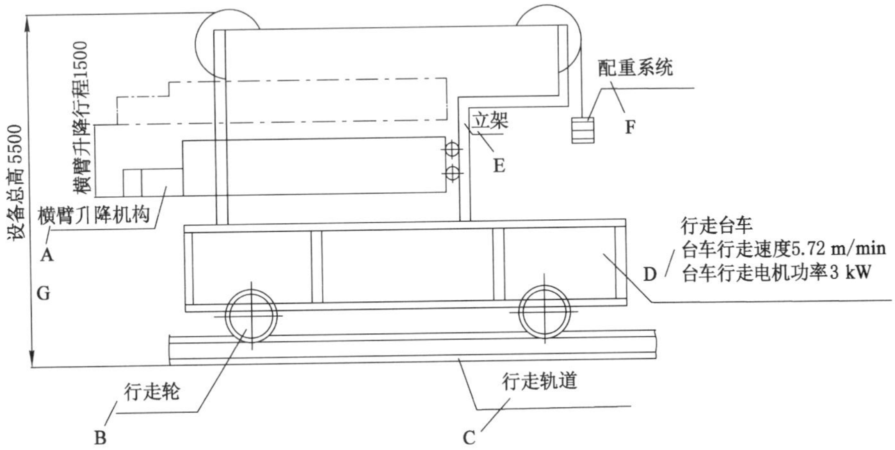

图 6-10　创建单行文字

二、使用文字控制符

例 6-3
讲解视频

【例 6-3】 单行文字中添加特殊符号。

在图中添加单行文字，如图 6-11 所示。文字字高为 5，中文字体采用“gbcbig. shx”，西文字体采用“gbenor. shx”。

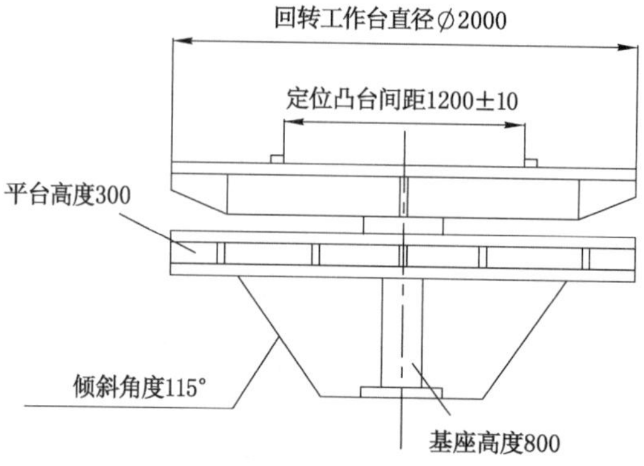

图 6-11　在单行文字中加入特殊符号

工程图中用到的许多符号都不能通过标准键盘直接输入，如文字的下划线、直径代号等。当用户利用 DTEXT 命令创建文字注释时，必须输入特殊的代码来产生特定的字符，这些代码及对应的特殊字符如表 6-1 所示。

表 6-1　特殊字符的代码

代码	字符	代码	字符
%%O	文字的上划线	%%U	文字的下划线
%%D	角度的度符号	%%P	表示“±”
%%C	直径代号		

使用表 6-1 中代码生成特殊字符的样例如图 6-12 所示。

图 6-12　创建特殊字符

三、编辑文字样式

编辑文字样式也是在“文字样式”对话框中进行的，其过程与创建文字样式相似，这里不再重复。

编辑文字样式时，用户应注意以下几点：

(1) 编辑完成后，单击“文字样式”对话框中的“应用”按钮，则修改生效，系统立即更新图样中与此文字样式关联的文字。

(2) 当改变文字样式连接的字体文件时，系统改变所有的文字外观。

(3) 当修改文字的“颠倒”“反向”及“垂直”特性时，系统将改变单行文字的外观。而修改文字的“高度”“宽度因子”及“倾斜角度”时，则不会引起已有单行文字外观的改变，但会影响此后创建的文字对象。

(4) 对于多行文字，只有“垂直”“宽度因子”及“倾斜角度”选项会影响其外观。

注意：如果发现图形中的文本没有正确地显示出来，多数情况是由于文字样式所连接的字体不合适。

第三节　多行文字创建与编辑

MTEXT 命令可以创建复杂的文字说明。利用 MTEXT 命令生成的文字段落称为多行文字，它可由任意数目的文字行组成，所有的文字构成一个单独的实体。使用 MTEXT 命令时，用户可以指定文本分布的宽度，而文字沿竖直方向可无限延伸。另外，用户还能设置多行文字中单个字符或某一部分文字的属性(包括文本的字体、倾斜角度和高度等)。

一、创建多行文字

执行 MTEXT 命令并建立文本边框后，系统将弹出“文字编辑器”选项卡及顶部带标尺的文字输入框，这两部分组成多行文字编辑器，如图 6-13 所示。利用此编辑器，用户可方便地创建文字并设置文字样式、对齐方式、字体及字高等。

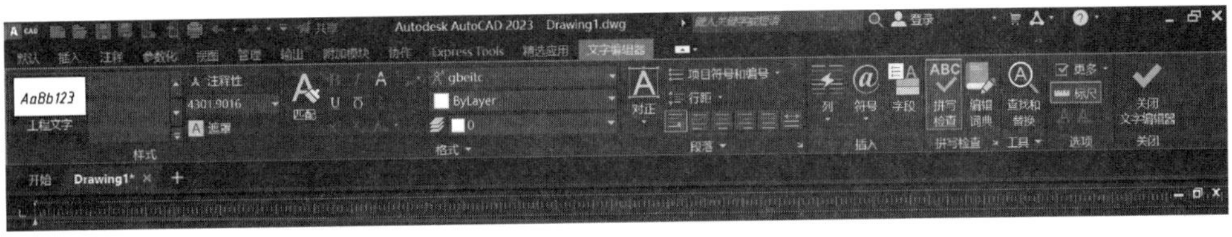

图 6-13　多行文字编辑器

在文字输入框中输入文本，当文本到达定义边框的右边界时，按 Shift＋Enter 组合键换行(若只按 Enter 键换行，则表示已输入的文字构成一个段落)。默认情况下，文字输入框是透明的，用户可以观察到输入文字与其他对象是否重叠。若要关闭输入框的透明特性，可单击“选项”面板上的“更多”下拉列表，然后选择“编辑器设置”选项，勾选“显示背景”即可。

下面对多行文字编辑器的主要功能进行说明。

(一) “文字编辑器”选项卡

(1) “样式”面板：设置多行文字的文字样式。若将一个新样式与现有多行文字相关联，则不会影响文字的某些特殊格式，如粗体、斜体和堆叠等。

(2) “字体”下拉列表：从此列表中选择需要的字体。多行文字对象中可以包含不同字体的字符。

(3) “字体高度”下拉列表：从此下拉列表中选择或输入文字高度。多行文字对象中可以包含不同高度的字符。

(4) **B** 按钮：如果所选用字体支持粗体，则可以通过此按钮将文本修改为粗体形式，按下该按钮为打开状态。

(5) *I* 按钮：如果所选用字体支持斜体，则可以通过此按钮将文本修改为斜体形式，按下该按钮为打开状态。

(6) 按钮：可利用此按钮给文字添加下划线。

(7) 按钮：给选定的文字添加上划线。

(8)“文字颜色”下拉列表：为输入的文字设定颜色或修改已选定文字的颜色。

(9)“倾斜角度”文本框：设定文字的倾斜角度。

(10)“追踪”文本框：控制字符间的距离。输入大于 1 的数值，将增大字符间距；否则，缩小字符间距。

(11)“宽度因子”文本框：设定文字的宽度因子。输入小于 1 的数值，文本将变窄；否则，文本变宽。

(12) 按钮：设置多行文字的对正方式。

(13)“项目符号和编号”按钮：给段落文字添加数字编号、项目符号或大写字母形式的编号。

(14)“行距”按钮：设定段落文字的行间距。

(15) 、、、、按钮：设定文字的对齐方式，这 5 个按钮的功能分别为左对齐、居中、右对齐、对正和分散对齐。

(16) 按钮：单击此按钮，弹出菜单，该菜单包含许多常用符号。

(17)“打开”按钮：打开或关闭文字输入框上部的标尺。

(二) 文本输入框

(1) 标尺：设置首行文字及段落文字的缩进，还可设置制表位，操作方法如下。

拖动标尺上第一行的缩进滑块可改变所选段落第一行的缩进位置。

拖动标尺上第二行的缩进滑块可改变所选段落其余行的缩进位置。

标尺上显示了默认的制表位，如图 6-13 所示。要设置新的制表位，可用鼠标左键单击标尺。要删除创建的制表位，可用鼠标指针按住制表位，将其拖出标尺。

(2) 快捷菜单：在文本输入框中单击鼠标右键，弹出快捷菜单，该菜单中包含一些标准编辑选项和多行文字特有的选项，如图 6-14 所示。

①“符号”选项：该选项包含以下几个常用的子选项，如图 6-15 所示。

a. “度数”：在光标定位处插入特殊字符“%%d”，它表示度数符号“°”。

b. “正/负”：在光标定位处插入特殊字符“%%p”，它表示加、减符号“±”。

c. “直径”：在光标定位处插入特殊字符“%%c”，它表示直径符号“∅”。

d. “几乎相等”：在光标定位处插入符号“≈”。

e. “下标 2”：在光标定位处插入下标“2”。

f. “平方”：在光标定位处插入上标“2”。

g. “立方”：在光标定位处插入上标“3”。

h. “其他”：选取该选项，则系统打开“字符映射表”对话框，在该对话框的“字体”下拉列表中选取字体，显示出所选字体包含的各种字符，如图 6-16 所示。若要插入一字符，请选择它并单击“选择”按钮，此时 AutoCAD 会将选取的字符放在“复制字符”文本框中；按此方法选取所有要插入的字符，然后单击“复制”按钮，关闭“字符映射表”对话框，返回多行文字编

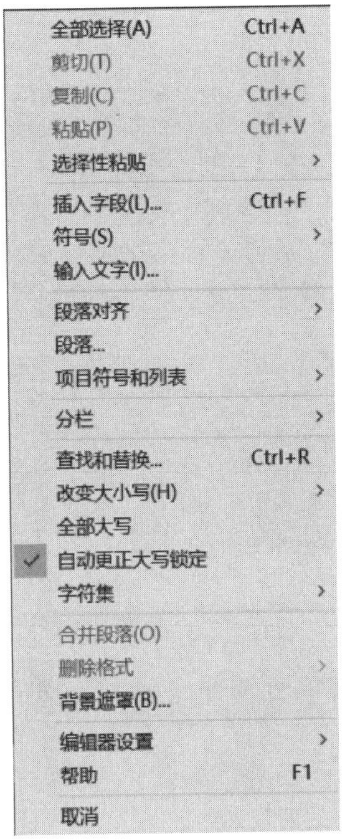

图 6-14　快捷菜单

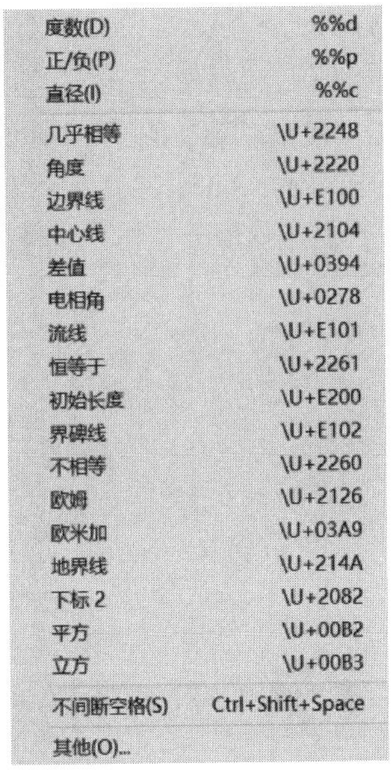

图 6-15　符号菜单

辑器，在要插入字符的地方单击鼠标左键，再单击鼠标右键，弹出快捷菜单，从菜单中选取“粘贴”选项，这样就可以将字符插入多行文字中了。

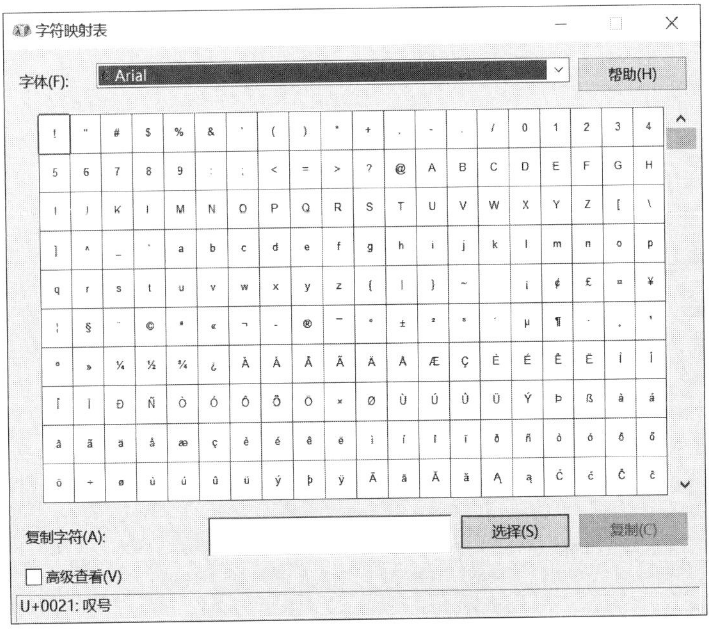

图 6-16　“字符映射表”对话框

② “项目符号和列表”选项：给段落文字添加编号及项目符号。

③ “背景遮罩”选项：为文字设置背景。

④ “段落对齐”选项：设置多行文字的对齐方式。

⑤ “段落”选项：设定制表位和缩进，控制段落对齐方式、段落间距和行间距。

“堆叠”：利用此命令使可层叠的文字堆叠起来，如图 6-17 所示，这对创建分数及公差形式的文字很有用。AutoCAD 通过特殊字符“/”“^”及“#”表明多行文字是可层叠的。输入层叠文字的方式为左边文字＋特殊字符＋右边文字，堆叠后，左边文字被放在右边文字的上面。

(a) 输入可堆叠的文字	(b) 堆叠结果
1/3	$\frac{1}{3}$
100+0.021^-0.008	$100^{+0.021}_{-0.008}$
1#12	$^{1}/_{12}$

图 6-17　堆叠文字

【例 6-4】 使用 MTEXT 命令创建多行文字，文字内容及样式如图 6-18 所示。

例 6-4 讲解视频

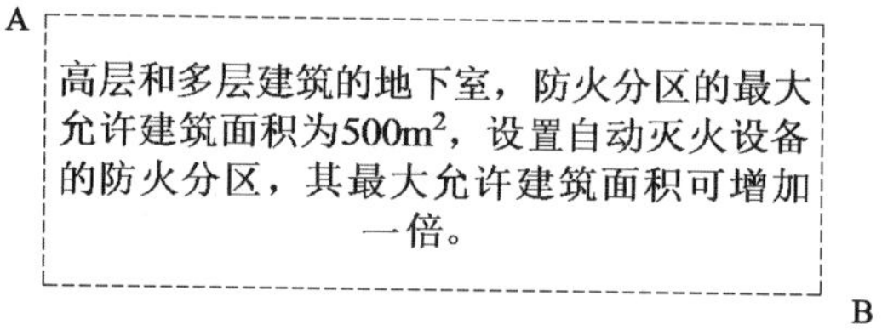

图 6-18　创建多行文字

设定绘图区域大小为 10000×10000。

(1) 选取菜单“注释”|“文字样式”命令，打开“文字样式”对话框，设定图纸文字高度为 400，其余采用默认值。

(2) 单击“注释”面板上的文字，单击“多行文字”按钮，或输入 MTEXT 命令，命令行提示如下。

指定第一角点：　　　　//在 A 点处单击，如图 6-18 所示

指定对角点：　　　　//在 B 点处单击

(3) 系统弹出“文字编辑器”选项卡及顶部带标尺的文字输入框，在“格式”面板的“字体”下拉列表中选取“黑体”，即，然后输入文字。

在“样式”面板的“字体高度”文本框中输入数值 350，如图 6-19 所示，然后输入文字。

(4) 单击“关闭”面板上的“关闭文字编辑器”按钮，结果如图 6-18 所示。

二、添加特殊字符和文字

(一) 添加特殊字符

下面通过实例演示如何在多行文字中加入特殊字符，文字内容及格式如下。

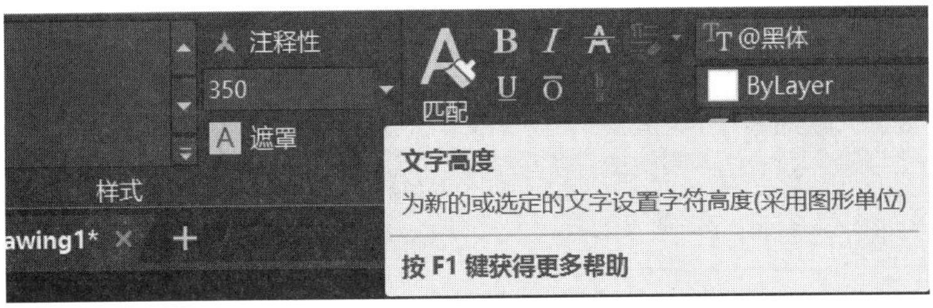

图 6-19　字体高度设置

管道穿墙及穿楼板时，应装⌀40的钢制套管。
供暖管道管径DN≤32采用螺纹连接。

【例 6-5】 多行文字中添加特殊字符。

例 6-5 讲解视频

(1) 设定绘图区域大小为 10000×10000。

(2) 选取菜单“注释”|“文字样式”命令，打开“文字样式”对话框，设定文字高度为 500，其余采用默认设置，如图 6-20 所示。

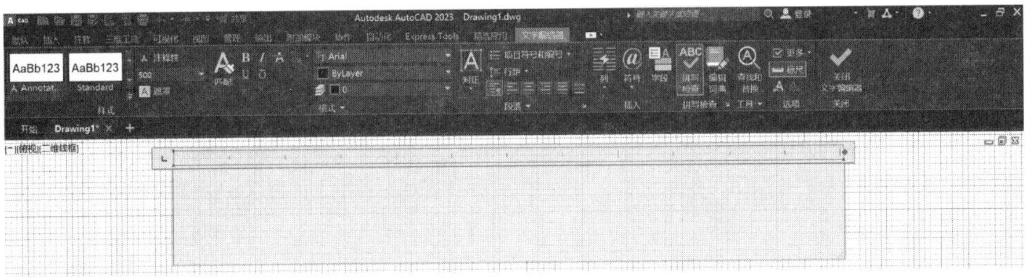

图 6-20　设置文字样式

(3) 单击“注释”面板上的 A 按钮，指定文字分布的宽度，打开多行文字编辑器，在“字体”下拉列表中选取“宋体”，然后输入文字，如图 6-21 所示。

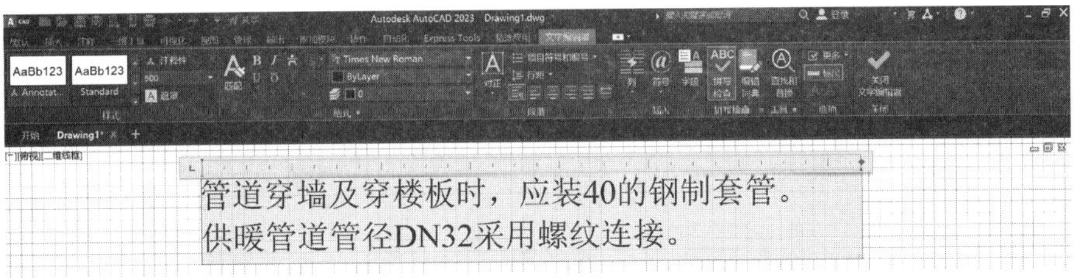

图 6-21　书写多行文字

(4) 在要插入直径符号的位置单击鼠标左键，再指定当前字体为“txt”，然后单击鼠标右键，弹出快捷菜单，选取“符号”|“直径”选项，结果如图 6-22 所示。

(5) 在文本输入窗口中单击鼠标右键，弹出快捷菜单，选取“符号”|“其他”选项，打开“字符映射表”对话框。

(6) 在“字符映射表”对话框的“字体”下拉列表中选取“宋体”，然后选取需要的字符“≤”，如图 6-23 所示。

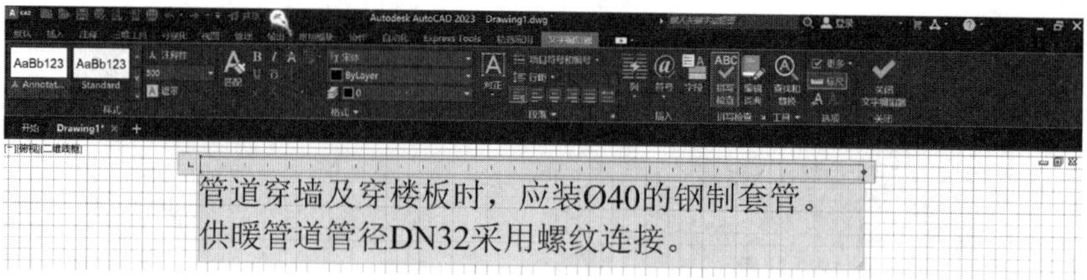

图 6-22　插入直径符号

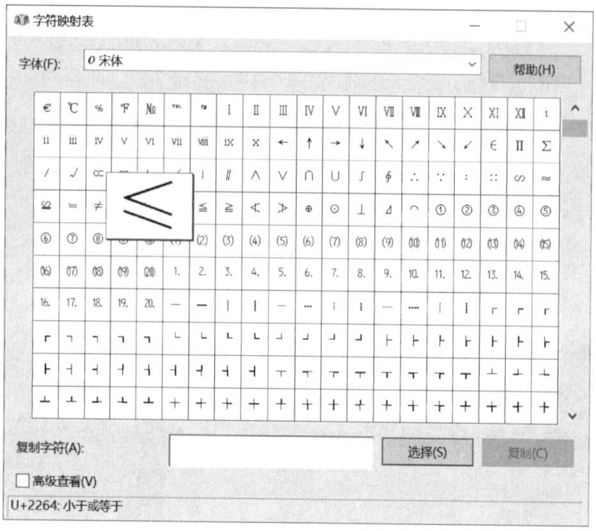

图 6-23　“字符映射表”对话框

(7) 单击“选择”按钮，再单击“复制”按钮。

(8) 返回多行文字编辑器，在需要插入“≤”符号的位置单击鼠标左键，然后再单击鼠标右键，弹出快捷菜单，选取“粘贴”选项，此时“≤”符号和回车符同时被插入。再将鼠标指针放置在此符号的后面，按 Delete 键，删除回车符，结果如图 6-24 所示。

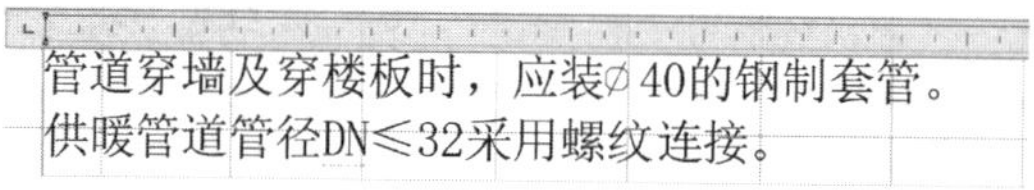

图 6-24　插入“≤”符号

(二) 创建分数及公差形式文字

下面使用多行文字编辑器创建分数及公差形式文字。

【例 6-6】 创建分数及公差形式文字并练习堆叠特性，文字内容如图 6-25 所示。

例 6-6 讲解视频

(1) 打开“文字编辑器”，设置字体为“gbeitc”“gbcbig”，输入多行文字，如图 6-26 所示。

(2) 选择文字“H7/m6”，单击鼠标右键，选择“堆叠”选项，结果如图 6-27 所示。

(3) 选择文字“+0.020^−0.016”，单击鼠标右键，选择“堆叠”选项，结果如图 6-28 所示。

(4) 单击面板上的“关闭文字编辑器”按钮完成创建。

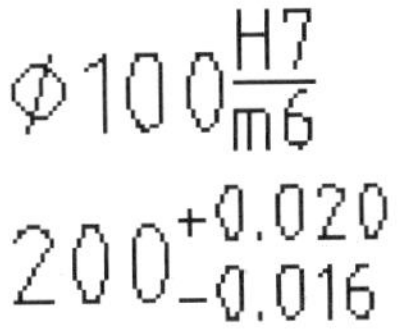

图 6-25 创建分数及公差形式文字

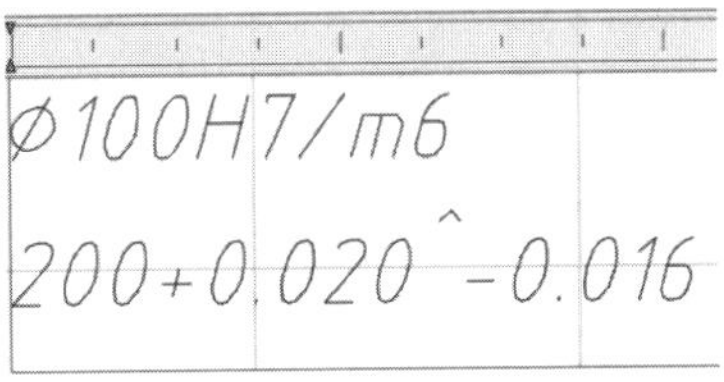

图 6-26 输入文字

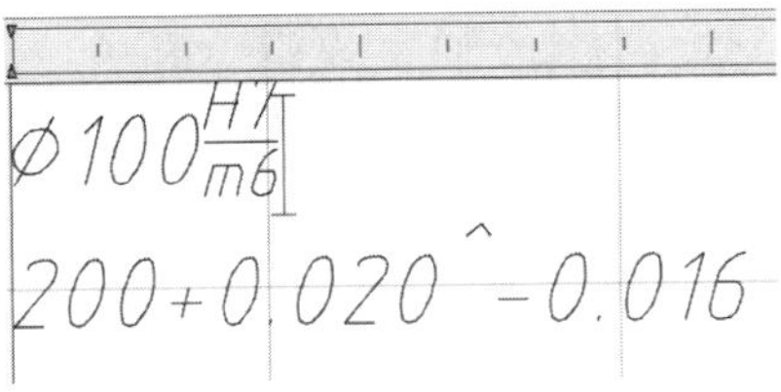

图 6-27 创建分数形式文字

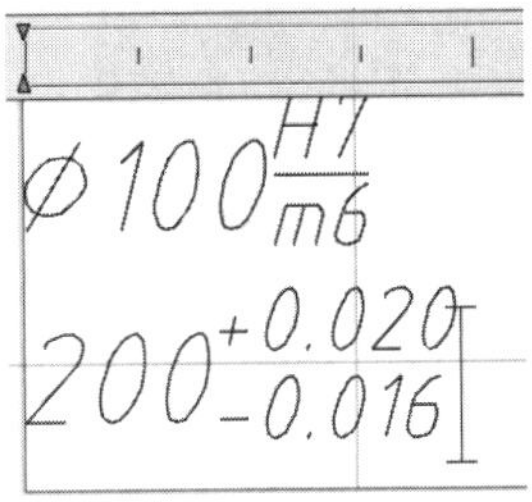

图 6-28 创建公差形式文字

注意：通过堆叠文字的方法也可创建文字的上标或下标，输入方式为“上标^”“^下标”。例如，输入“53^”，选中“3^”，单击鼠标右键，选择“堆叠”选项，结果为“5^3”。

三、编辑多行文字

编辑文字的常用方法有以下两种。

(1) 使用 DDEDIT 命令编辑单行或多行文字。选择不同对象，系统将打开不同的对话框。针对单行或多行文字，系统将分别打开“编辑文字”对话框和多行文字编辑器。使用 DDEDIT 命令编辑文本的优点是：此命令连续地提示用户选择要编辑的对象，因而只要执行 DDEDIT 命令，就能一次修改多个文字对象。

(2) 使用 PROPERTIES 命令修改文本。选择要修改的文字后，执行 PROPERTIES 命令，打开“特性”对话框，在该对话框中用户不仅能修改文本的内容，还能编辑文本的其他许多属性，如倾斜角度、对齐方式、高度和文字样式等，如图 6-29 所示。

【例 6-7】 学习如何修改多行文字内容、改变多行文字的字体和字高、调整多行文字的边界宽度及指定新的文字样式等。

例 6-7
讲解视频

1. 修改文字内容、字体及字高

使用 DDEDIT 命令编辑单行或多行文字。

(1) 设置文件所包含的文字内容如下。

工程说明

1. 高层建筑地下室不宜设置人员密集的厅、室，如必须设置时，其面积不应超过 300 m^2。

2. 消防控制室设在地下一层时，应采用耐火极限不低于 3 h 的隔墙和 2 h 的楼板与其他部位隔开，并应设置直通室外的安全出口。

(2) 输入 DDEDIT 命令,系统提示"选择注释对象",选择文字,打开"文字编辑器",如图 6-30 所示。选中文字"工程",将其修改为"设计"。

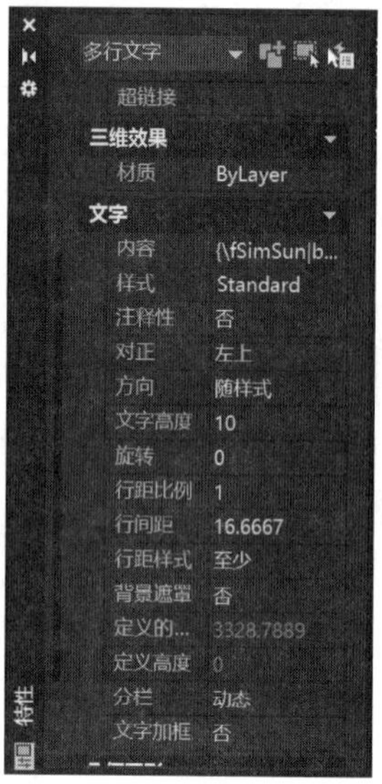

图 6-29 "特性"对话框

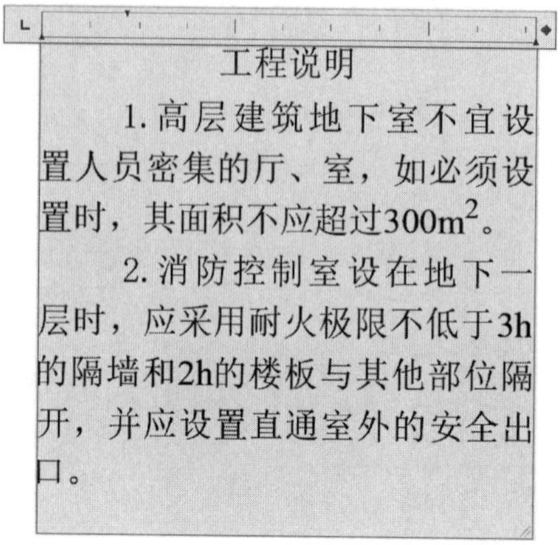

图 6-30 修改文字内容

(3) 选中文字"设计说明",然后在"字体"下拉列表中选取"黑体",再在"字体高度"中输入数值 10.1033,按 Enter 键,结果如图 6-31 所示。

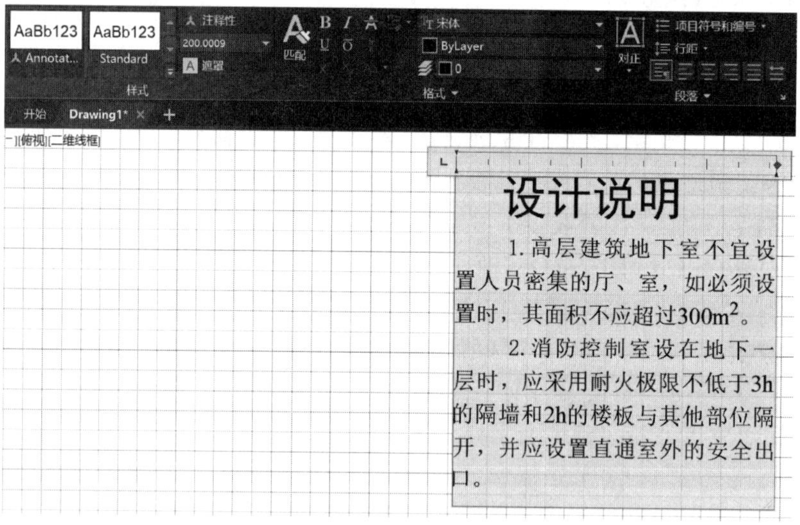

图 6-31 修改字体及字高

(4) 单击"关闭文字编辑器"按钮,完成操作。

2. 调整多行文字的边界宽度

继续前面的练习,修改多行文字的边界宽度。

(1) 选择多行文字,显示对象关键点,如图 6-32 左图所示,激活右边的一个关键点,进入拉伸编辑模式。

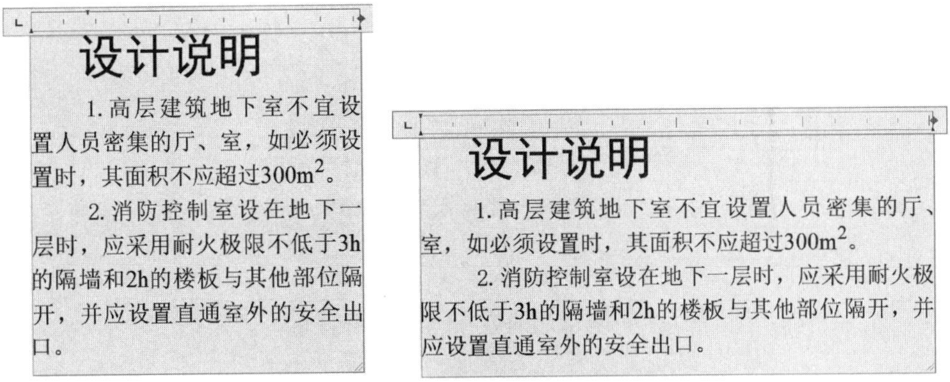

图 6-32　拉伸多行文字边界

(2) 向右移动鼠标指针，拉伸多行文字边界，结果如图 6-32 右图所示。

3. 为文字指定新的文字样式

继续前面的练习，为文字指定新的文字样式。

(1) 选取菜单“注释”|“文字样式”命令，打开“文字样式”对话框，利用该对话框创建新文字样式，样式名为“样式-1”，使该文字样式关联中文字体“楷体-GB2312”。

(2) 选择所有文字，单击鼠标右键，在弹出的快捷菜单中选择“特性”选项，打开“特性”对话框，在该对话框的“样式”下拉列表中选取“样式-1”，在“高度”文本框中输入数值 400，按 Enter 键，结果如图 6-33 所示。

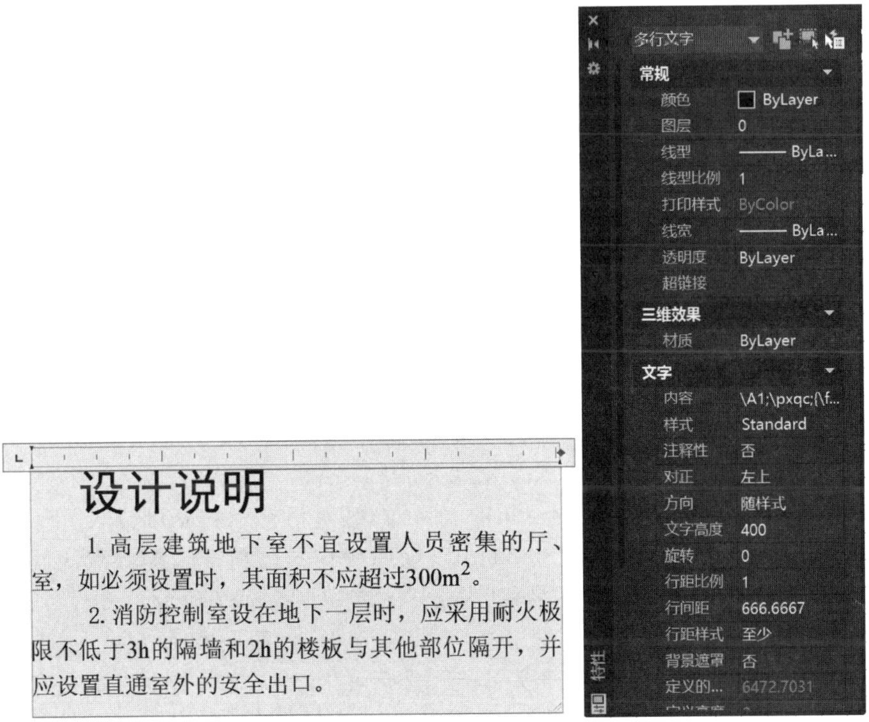

图 6-33　指定新文字样式并修改文字高度

（3）采用新样式及设定新字高后的文字外观如图 6-34 所示。

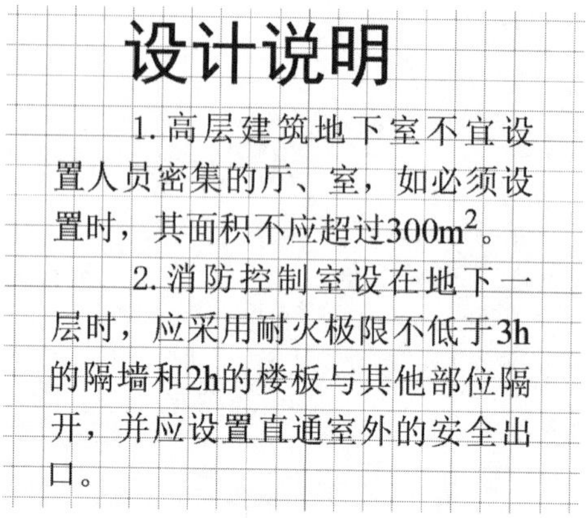

图 6-34　修改后的文字外观

第四节　表格创建与编辑

一、表格样式

表格对象的外观由表格样式控制。默认情况下的表格样式是“Standard”，用户也可以根据需要创建新的表格样式。“Standard”表格的外观如图 6-35 所示，其中第一行是标题行，第二行是列标题行，其他行是数据行。

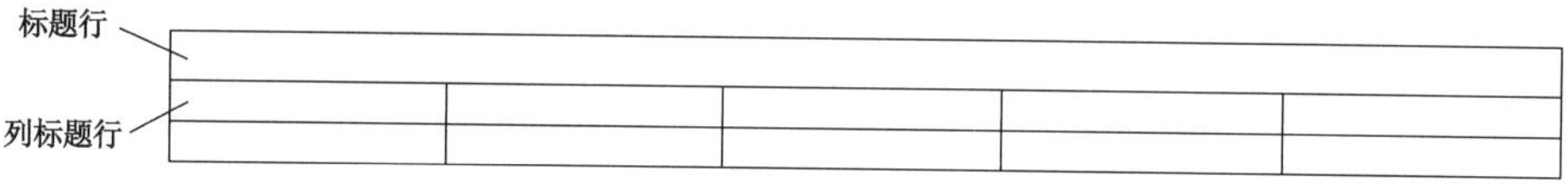

图 6-35　“Standard”表格的外观

在表格样式中，用户可以设定标题文字和数据文字的文字样式、字高、对齐方式及表格单元的填充颜色，还可设定单元边框的线宽和颜色，以及控制是否将边框显示出来等。

【例 6-8】 创建新的表格样式。

（1）单击菜单栏中“注释”工具栏的“表格样式”按钮，或执行 TABLESTYLE 命令，打开“表格样式”对话框，如图 6-36 所示，利用该对话框可以新建、修改及删除表格样式。

例 6-8
讲解视频

（2）单击“新建”按钮，弹出“创建新的表格样式”对话框，在“基础样式”下拉列表中选取新样式的原始样式“Standard”，该原始样式为新样式提供默认设置，接着在“新样式名”文本框中输入新样式的名称“表格样式-1”，如图 6-37 所示。

（3）单击“继续”按钮，打开“新建表格样式”对话框，如图 6-38 所示。在“单元样式”下拉列表中分别选取“数据”“标题”“表头”选项，然后在“文字”选项卡中指定文字样式为“工程文字”，字高为 3.5，在“常规”选项卡中指定文字对齐方式为“正中”。

（4）单击“确定”按钮，返回“表格样式”对话框，再单击“置为当前”按钮，使表格样式成

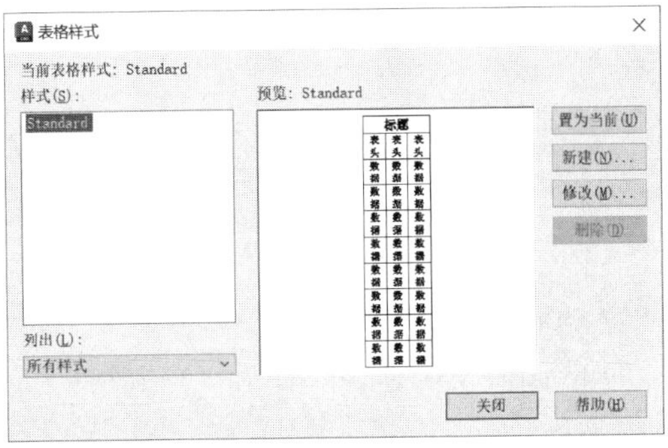

图 6-36 “表格样式”对话框

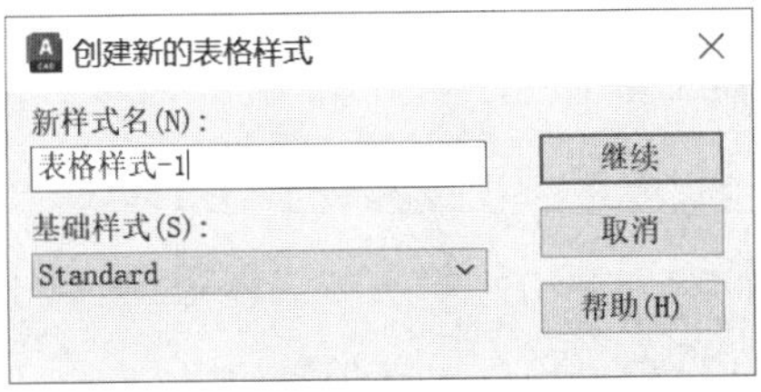

图 6-37 “创建新的表格样式”对话框

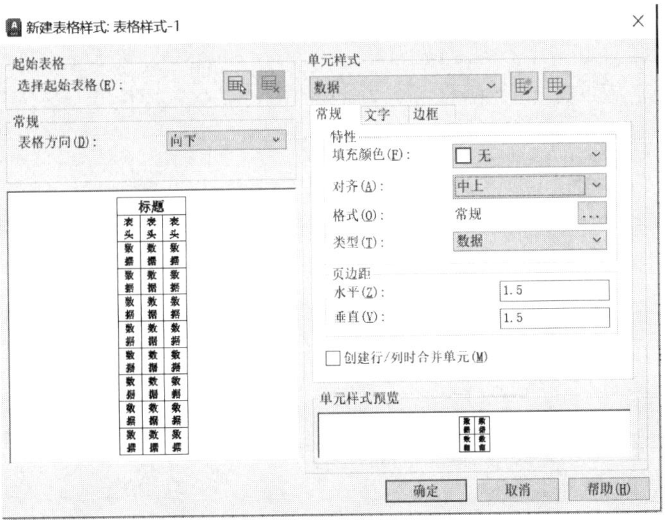

图 6-38 “新建表格样式”对话框

为当前样式。

用户创建表格样式时，应对“新建表格样式”对话框中的常用选项有充分的了解。“新建表格样式”对话框中常用选项的功能如下。

1. “常规”选项卡

(1) 填充颜色：指定表格单元的背景颜色。默认值为“无”。

(2) 对齐：设置表格单元中文字的对齐方式。

(3) 水平:设置单元文字与左右单元边界之间的距离。

(4) 垂直:设置单元文字与上下单元边界之间的距离。

2. “文字”选项卡

(1) 文字样式:选择文字样式。单击 按钮,打开“文字样式”对话框,从中可以创建新的文字样式。

(2) 文字高度:输入文字的高度。

(3) 文字角度:设定文字的倾斜角度。逆时针为正,顺时针为负。

3. “边框”选项卡

(1) 线宽:指定表格单元的边界线宽。

(2) 颜色:指定表格单元的边界颜色。

(3) 按钮:将边界特性设置应用于所有单元。

(4) 按钮:将边界特性设置应用于单元的外部边界。

(5) 按钮:将边界特性设置应用于单元的内部边界。

(6) 按钮:将边界特性设置应用于单元的底边界。

(7) 按钮:隐藏单元的边界。

4. “表格方向”下拉列表

(1) 向下:创建从上向下读取的表对象。标题行和表头行位于表的顶部。

(2) 向上:创建从下向上读取的表对象。标题行和表头行位于表的底部。

二、创建及修改表格

使用 TABLE 命令创建空白表格,空白表格的外观由当前表格样式决定。使用该命令时用户要输入的主要参数有“行数”“列数”“行高”及“列宽”等。

执行 TABLE 命令,系统打开“插入表格”对话框,如图 6-39 所示。在该对话框中用户可选择表格样式,并指定表的行、列数目及相关尺寸来创建表格。

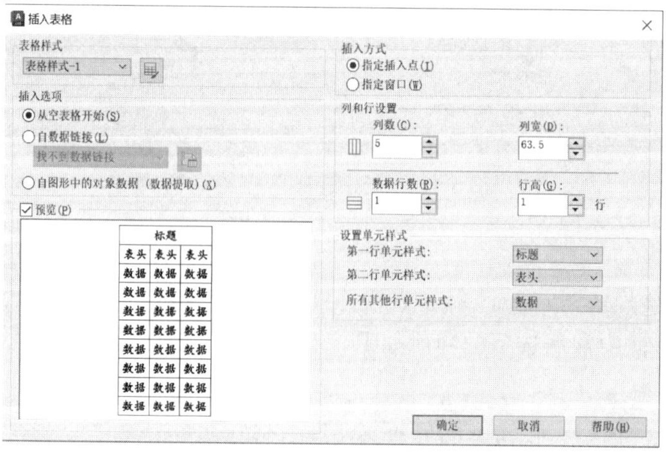

图 6-39 “插入表格”对话框

对于已创建的表格来说，用户可以修改表格单元的长、宽尺寸及表格对象的行、列数目。选中一个单元，拖动单元边框的关键点就可以使单元所在的行、列变宽或变窄。若单击鼠标右键，弹出快捷菜单，利用此菜单上的“特性”选项也可修改单元的长、宽尺寸。此外，用户还可通过“插入行”“插入列”“合并单元”等选项改变表格的行、列数目。

【例 6-9】 创建图 6-40 所示的空白表格并修改表格参数。

例 6-9
讲解视频

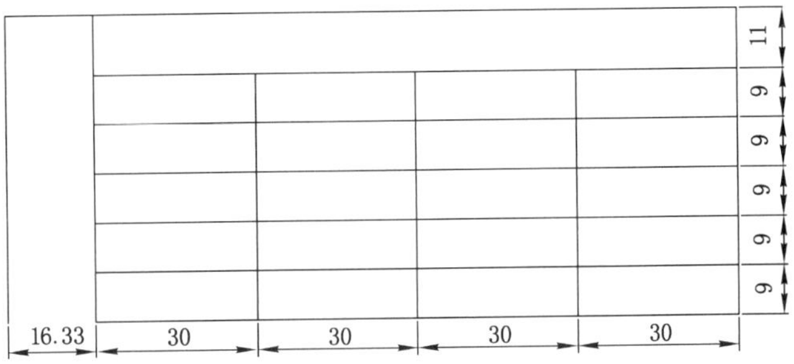

图 6-40　空白表格

(1) 单击“注释”面板上的按钮，打开“插入表格”对话框，在该对话框中输入创建表格的参数，如图 6-41 所示。

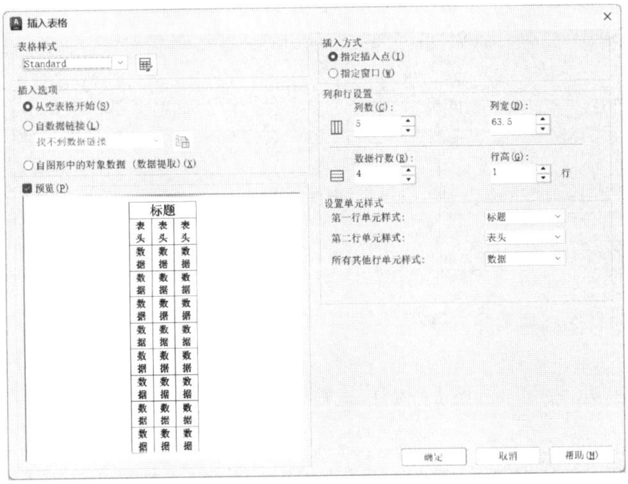

图 6-41　“插入表格”对话框

(2) 单击“确定”按钮，关闭“插入表格”对话框，创建如图 6-42 所示的表格。

(3) 按住鼠标左键，拖动鼠标指针，选中第 1、2 行。单击鼠标右键，弹出快捷菜单，选择“行”|“删除”选项，删除表的第 1、2 行，结果如图 6-43 所示。

(4) 选中第 1 列的任一单元，单击鼠标右键，弹出快捷菜单，选择“列”|“在左侧插入”选项，插入新的一列，如图 6-44 所示。

(5) 选中第 1 行的任一单元，单击鼠标右键，弹出快捷菜单，选择“行”|“在上方插入”选项，插入新的一行，如图 6-45 所示。

(6) 按住鼠标左键拖动鼠标指针，选中第 1 列的所有单元。单击鼠标右键，弹出快捷菜单，选择“合并”|“全部”选项，结果如图 6-46 所示。

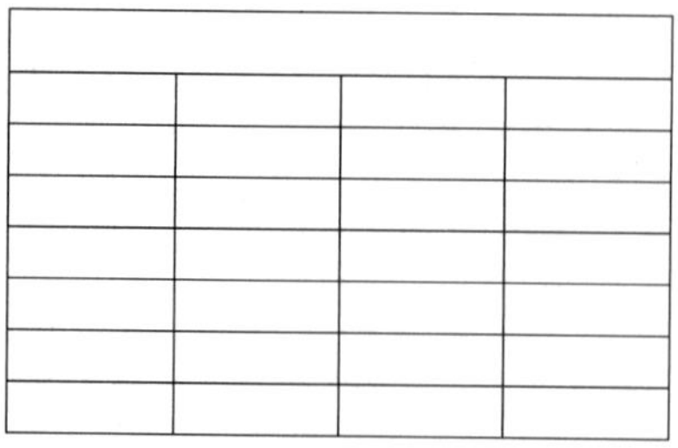

图 6-42　创建表格

图 6-43　删除行

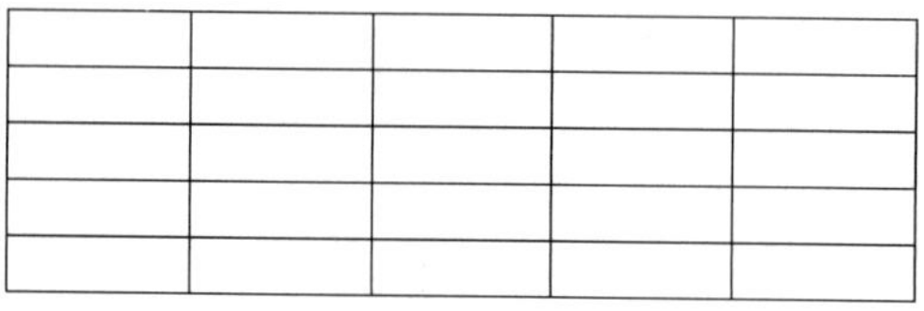

图 6-44　插入列

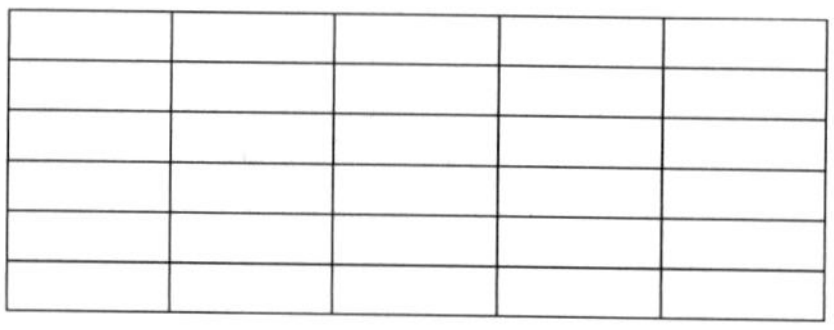

图 6-45　插入行

(7) 按住鼠标左键拖动鼠标指针，选中第 1 行的所有单元。单击鼠标右键，弹出快捷菜单，选择“合并”|“全部”选项，结果如图 6-47 所示。

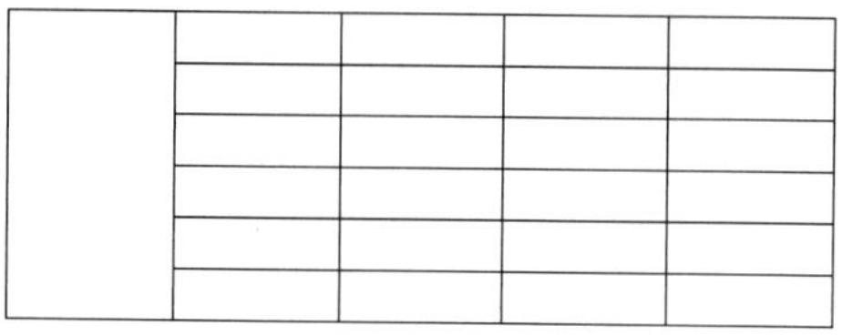

图 6-46　合并列单元

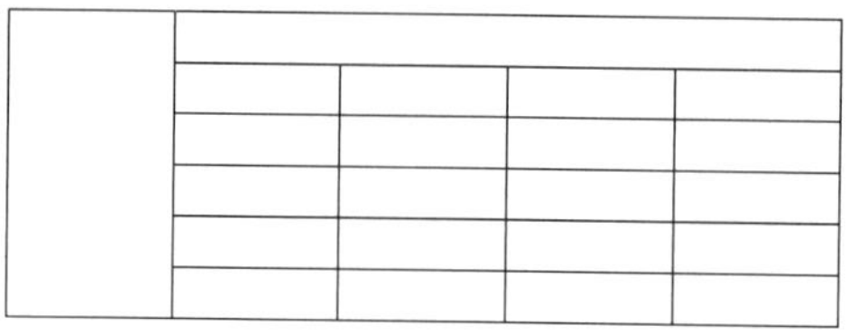

图 6-47　合并行单元

(8) 分别选中单元 A 和 B，然后利用关键点拉伸方式调整单元的尺寸，结果如图 6-48 所示。

(9) 选中单元 C，单击鼠标右键，选择“特性”选项，打开“特性”对话框，在“单元宽度”及“单元高度”栏中分别输入数值 20、10，结果如图 6-49 所示。

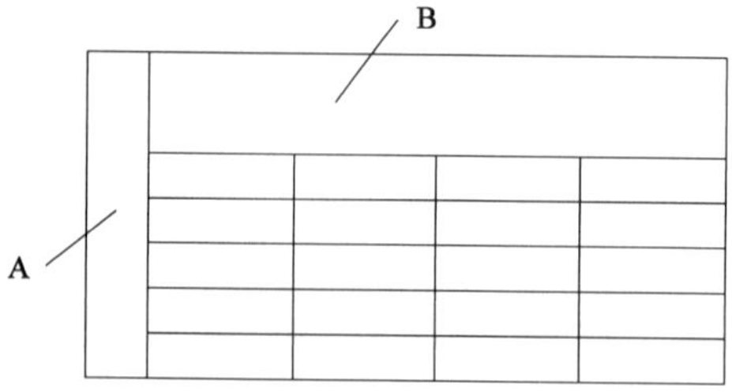

图 6-48　调整单元尺寸(1)

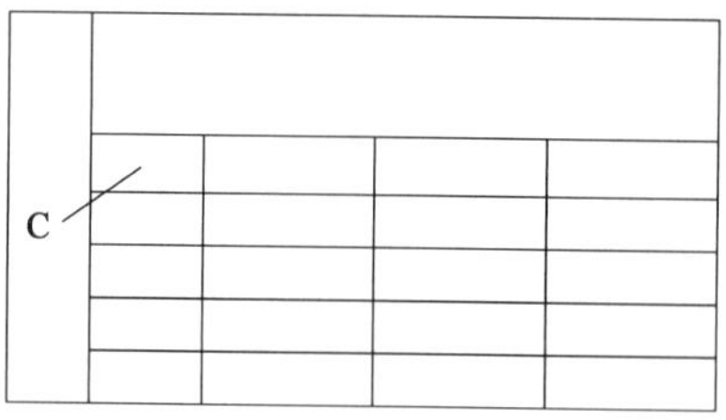

图 6-49　调整单元尺寸(2)

用类似的方法修改表格的其余尺寸。

【知识链接】

“插入表格”对话框中包含以下几个选项。

(1) “表格样式”下拉列表：在该下拉列表中指定表格样式，默认样式为“Standard”。

(2) 按钮：单击此按钮，打开“表格样式”对话框，利用该对话框可创建新的表格样式或修改现有样式。

(3) “指定插入点”复选项：指定表格左上角的位置。

(4) “指定窗口”复选项：利用矩形窗口指定表的位置和大小。若事先指定了表的行、列数目，则列宽和行高将取决于矩形窗口的大小，反之亦然。

(5) “列数”选项：指定表的列数。

(6) “列宽”选项：指定表的列宽。

(7) “数据行数”选项：指定数据行的行数。

(8) “行高”选项：设定行的高度。“行高”是系统根据表格样式中的文字高度及单元边距确定的。

若一次要编辑多个单元，则可用以下方法进行选择。

(1) 在表格中按住鼠标左键拖动鼠标指针，将出现一个虚线矩形框，在该矩形框内的以及与矩形框相交的单元都将被选中。

(2) 在单元内单击鼠标左键选中它，再按住 Shift 键并在另一个单元内单击鼠标左键，则这两个单元以及它们之间的所有单元都将被选中。

思考与练习

1. 在 AutoCAD 2023 中如何创建文字样式？
2. 在 AutoCAD 2023 中如何创建多行文字？
3. 在 AutoCAD 2023 中如何创建表格样式？
4. 创建文字样式“注释文字”，要求字体为“仿宋”，倾角为“15°”，字体大小为“50”。
5. 创建多行文字，如图 6-50 所示。

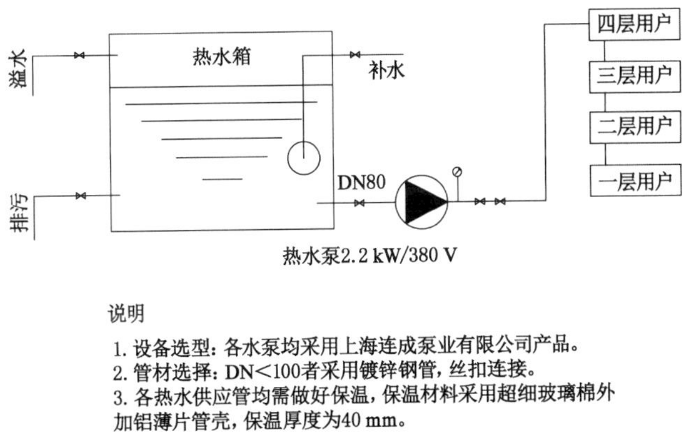

图 6-50　创建多行文字练习

6. 创建公差形式文字，如图 6-51 所示。

$$29^{+0.039}_{-0.015}$$

图 6-51 创建公差形式文字练习

7. 在多行文字中添加特殊字符，如图 6-52 所示。

蜗轮分度圆直径=ϕ100
蜗轮蜗杆传动箱钢板厚度≥5

图 6-52 创建特殊字符练习

8. 利用表格命令绘制标题栏，其格式和尺寸(mm)如图 6-53 所示。

<table>
<tr><td colspan="7">毕业设计名称</td><td>24</td><td rowspan="5">56</td></tr>
<tr><td>设计制图</td><td>（姓名）</td><td>（日期）</td><td colspan="4" rowspan="2">××煤矿矿井开拓平面图</td><td>8</td></tr>
<tr><td>指导教师</td><td></td><td></td><td>8</td></tr>
<tr><td>评阅</td><td></td><td></td><td>比例</td><td></td><td>图号</td><td></td><td>8</td></tr>
<tr><td colspan="7">编制单位（校、院、系、班级名称）</td><td>8</td></tr>
<tr><td>20</td><td>25</td><td>15</td><td>15</td><td>25</td><td>15</td><td>25</td></tr>
<tr><td colspan="7">140</td></tr>
</table>

图 6-53 标题栏的绘制

第七章　图形尺寸标注

本章学习要点：
(1) 尺寸标注规则与组成
(2) 创建与设置标注样式
(3) 基本尺寸标注
(4) 其他尺寸标注
(5) 编辑尺寸标注

第一节　尺寸标注规则与组成

尺寸标注对传达有关设计元素的尺寸和材料等信息有着非常重要的作用，而在对图形进行标注前，应先了解尺寸标注的规则、组成、类型及步骤等。

一、尺寸标注的规则

在 AutoCAD 中，对绘制的图形进行尺寸标注时应遵循以下规则。

(1) 物体的真实大小应以图样上所标注的尺寸数值为依据，与图形的大小及绘图的精确度无关。

(2) 图样中的尺寸以 mm 为单位时，不需要标注计量单位的代号或名称。如采用其他单位，则必须标明相应计量单位的代号或名称，如°、m 及 cm 等。

(3) 图样中所标注的尺寸为该图样所表示的物体的最终完工尺寸，否则应另加说明。

二、尺寸标注的组成

在工程绘图中，一个完整的尺寸标注应由标注文字、尺寸线、尺寸界线、尺寸线的端点符号及起点等组成，如图 7-1 所示。

(1) 标注文字：表明图形的实际测量值。标注文字可以只反映基本尺寸，也可以带尺寸公差。标注文字应按标准字体书写，同一张图纸上的字高要一致。在图中遇到图线时须将图线断开。如果图线断开影响图形表达，则需要调整尺寸标注的位置。

(2) 尺寸线：表明标注的范围。AutoCAD 通常将尺寸线放置在测量区域中。如果空间不足，则将尺寸线或文字移动到测量区域的外部，取决于标注样式的放置规则。尺寸线是一条带有双箭头的线段，一般分为两段，可以分别控制其显示。对于角度标注，尺寸线是一段圆弧。尺寸线应使用细实线绘制。

(3) 尺寸线的端点符号(即箭头)：箭头显示在尺寸线的末端，用于指出测量的开始和结束位置。AutoCAD 默认使用闭合的填充箭头符号。此外，AutoCAD 还提供了多种箭头符

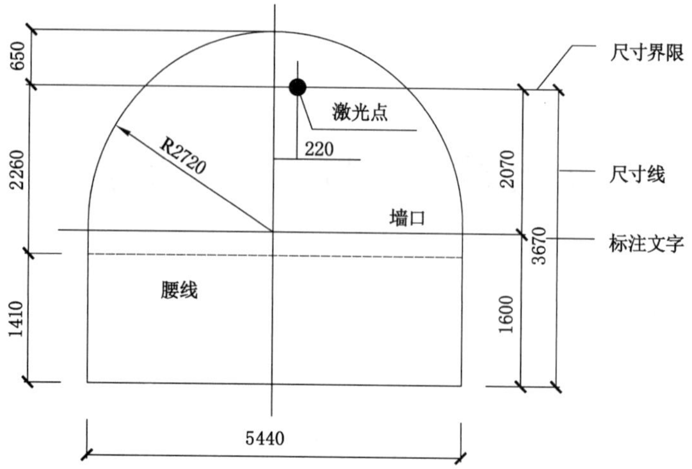

图 7-1　标注尺寸的组成

号，以满足不同行业的需要，如建筑标记、小斜线箭头、点和斜杠等。

（4）起点：尺寸标注的起点是尺寸标注对象标注的定义点，系统测量的数据均以起点为计算点。起点通常是尺寸界线的引出点。

（5）尺寸界线：从标注起点引出的标明标注范围的直线，可以从图形的轮廓线、轴线、对称中心线引出。同时，轮廓线、轴线以及对称中心线也可以作为尺寸界线。尺寸界线也应使用细实线绘制。

三、尺寸标注的类型

AutoCAD 提供了 10 余种标注工具以标注图形对象，使用它们可以进行角度、直径、半径、线性、对齐、连续、圆心及基线等标注，如图 7-2 所示。

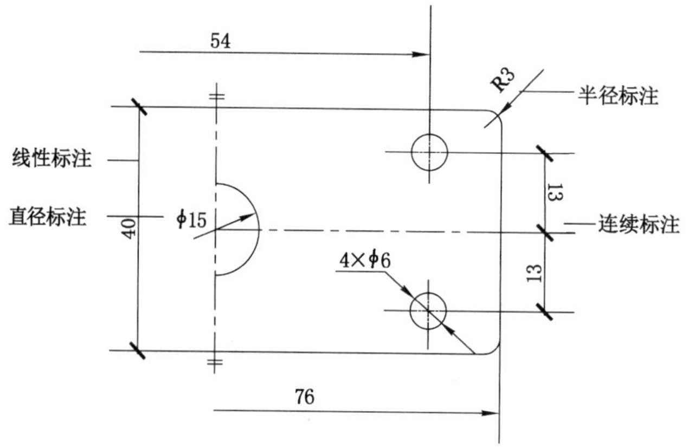

图 7-2　标注尺寸的类型

四、创建尺寸标注的步骤

在 AutoCAD 中对图形进行尺寸标注的基本步骤如下。

（1）在快速访问工具栏中选择“显示菜单栏”命令，然后在弹出的菜单栏中选择“格式”|“图层”命令，并在打开的“图层特性管理器”对话框中创建一个独立的图层，用于尺寸标注，如图 7-3 所示。

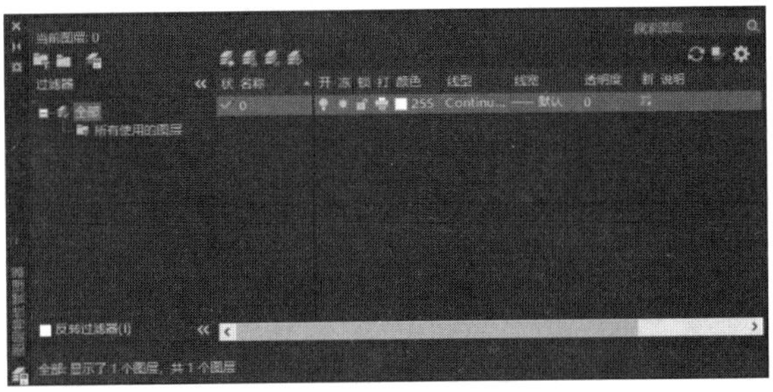

图 7-3　创建图层

（2）在菜单栏中选择“格式”|“文字样式”命令，在打开的“文字样式”对话框中创建一种文字样式，用于尺寸标注。

（3）在快速访问工具栏中选择“显示菜单栏”命令，然后在弹出的菜单栏中选择“格式”|“标注样式”命令，在打开的“标注样式管理器”对话框中设置标注样式，如图 7-4 所示。

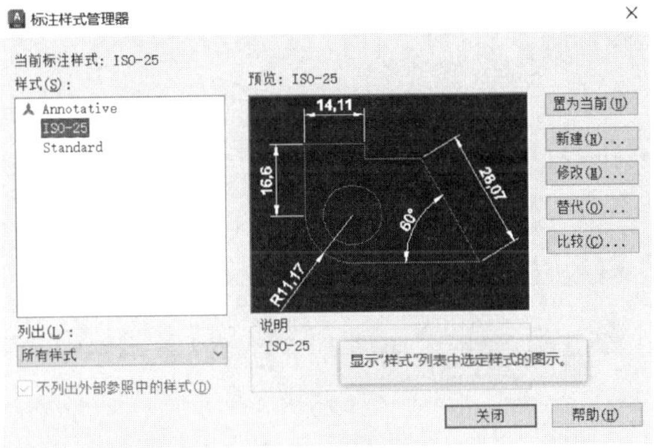

图 7-4　“标注样式管理器”对话框

（4）使用对象捕捉和标注等功能，对图形中的元素进行标注。

第二节　标注样式创建与设置

在 AutoCAD 中，使用标注样式可以控制标注的格式和外观，建立强制执行的绘图标准，并利于对标注格式及用途进行修改。下面介绍使用“标注样式管理器”对话框创建标注样式的方法。

一、创建标注样式

要在 AutoCAD 中创建标注样式，可以在快速访问工具栏中选择“显示菜单栏”命令，在弹出的菜单栏中选择“格式”|“标注样式”命令(或在“功能区”选项板中选择“注释”选项卡，

在“标注”面板中单击“标注样式”按钮），打开“标注样式管理器”对话框，如图 7-4 所示。

在“标注样式管理器”对话框中单击“新建”按钮，可以在打开的“创建新标注样式”对话框中创建新标注样式，如图 7-5 所示。该对话框中各选项的功能如下。

（1）“新样式名”文本框：用于输入新标注样式的名字。

（2）“基础样式”下拉列表：用于选择一种基础样式，在该基础样式上修改得到新样式。

（3）“用于”下拉列表：用于指定新标注样式的适用范围。可适用的范围有“所有标注”“线性标注”“角度标注”“半径标注”“直径标注”“坐标标注”和“引线和公差”等。

在“创建新标注样式”对话框中设置了新样式的名称、基础样式和适用范围等参数后，单击该对话框中的“继续”按钮，将打开“新建标注样式”对话框。在该对话框中，用户可以创建标注中的直线、符号、箭头、文字和单位等内容，如图 7-6 所示。

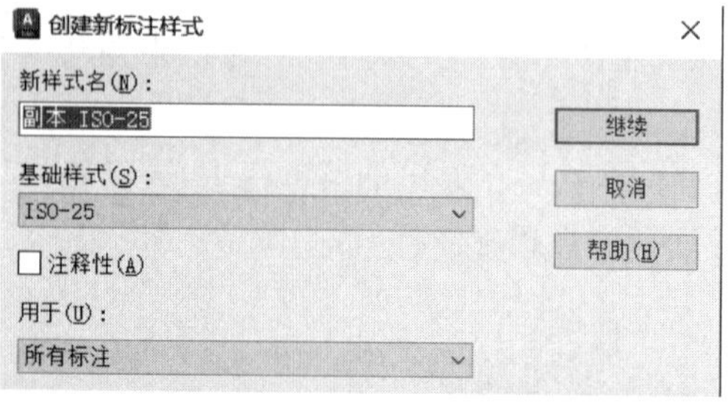

图 7-5 “创建新标注样式”对话框

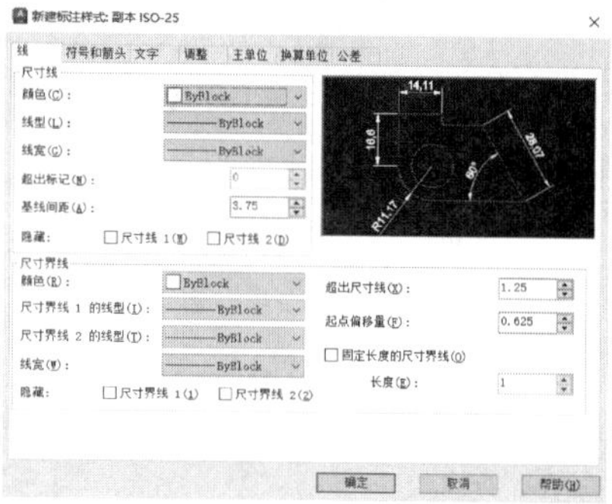

图 7-6 “新建标注样式”对话框

二、设置尺寸线和尺寸界线

在如图 7-6 所示的“新建标注样式”对话框中，使用“线”选项卡可以设置尺寸线和尺寸界线的格式和位置。

（一）尺寸线

在“线”选项卡的“尺寸线”选项区域中，可以设置尺寸线的颜色、线宽、超出标记以及基线间距等属性。

（1）“颜色”：用于设置尺寸线的颜色，默认情况下，尺寸线的颜色随块，也可以使用变量 DIMCLRD 设置。

（2）“线型”：用于设置尺寸线的线型，该选项没有对应的变量。

（3）“线宽”：用于设置尺寸线的线宽，默认情况下，尺寸线的线宽随块，也可以使用变量 DIMLWD 设置。

（4）“超出标记”：当尺寸线的箭头采用倾斜、建筑标记、小点、积分或无标记等样式时，使用该文本框可以设置尺寸线超出尺寸界线的长度。

（5）“基线间距”：进行基线尺寸标注时，用于设置各尺寸线之间的距离。

（6）“隐藏”：“尺寸线 1”和“尺寸线 2”分别控制了第一条和第二条尺寸线的可见性，如图 7-7 和图 7-8 所示。

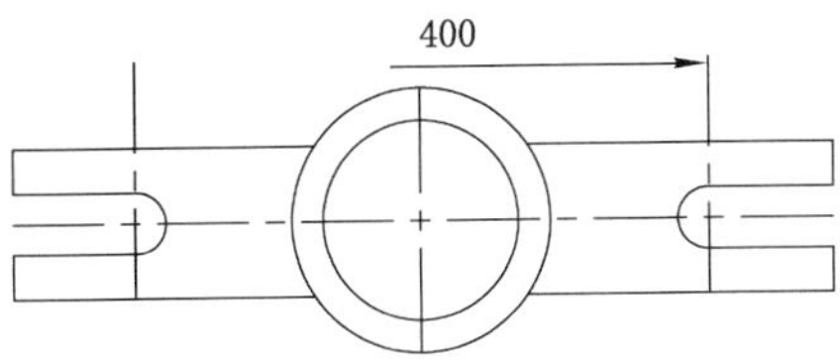

图 7-7　隐藏尺寸线 1

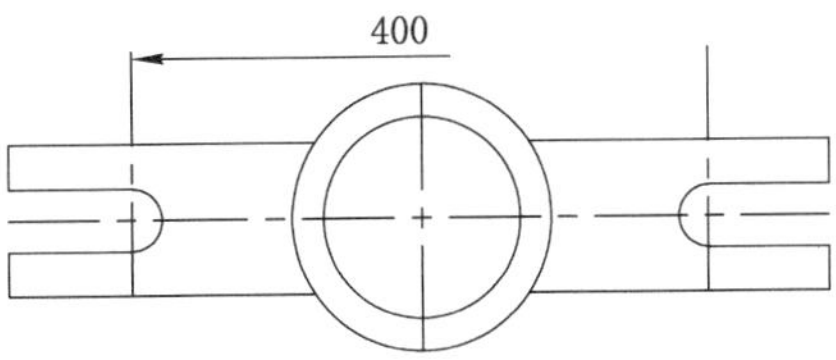

图 7-8　隐藏尺寸线 2

（二）尺寸界线

在“线”选项卡的“尺寸界线”选项区域中，可以设置尺寸界线的颜色、线宽、超出标记以及基线间距等属性。

(1)“颜色”：用于设置尺寸界线的颜色，默认情况下，尺寸界线的颜色随块，也可以使用变量 DIMCLRD 设置。

(2)“线型”：用于设置尺寸界线的线型，该选项没有对应的变量。

(3)“线宽”：用于设置尺寸界线的线宽，默认情况下，尺寸界线的线宽随块，也可以使用变量 DIMLWD 设置。

(4)“超出尺寸线”：用于设置尺寸界线超出尺寸线的距离，也可以用变量 DIMEXE 设置，如图 7-9 所示。

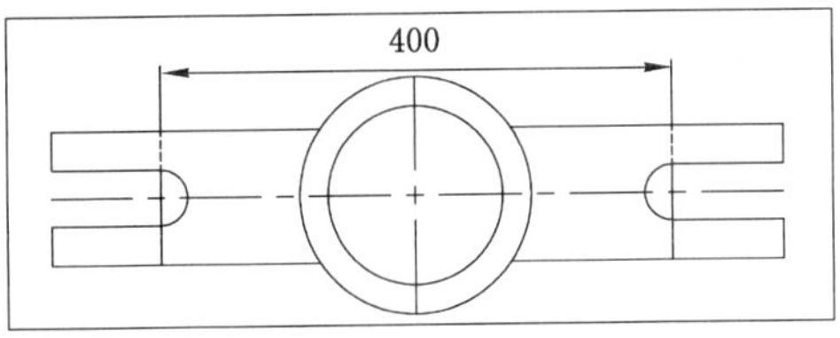

(a)

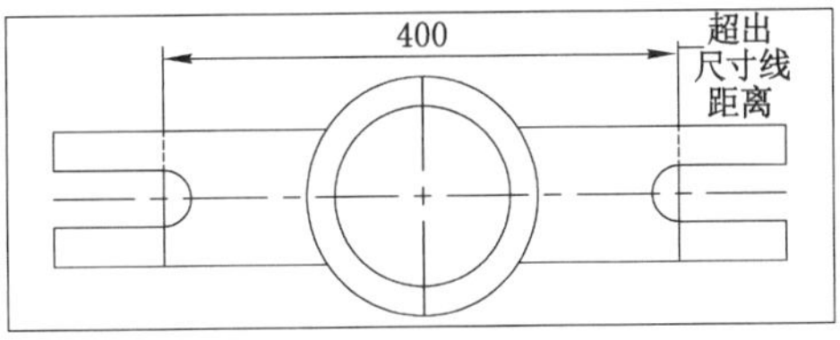

(b)

图 7-9　超出尺寸线距离为 0 与不为 0 时的效果对比

(5)“起点偏移量”：该文本框用于设置尺寸界线的起点与标注定义点的距离。

(6)“隐藏”：“尺寸界线 1”和“尺寸界线 2”分别控制了第一条和第二条尺寸界线的可见性，如图 7-10 和图 7-11 所示。

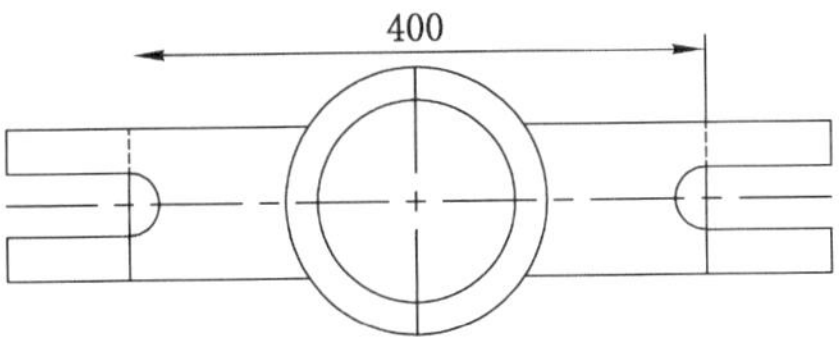

图 7-10　隐藏尺寸界线 1

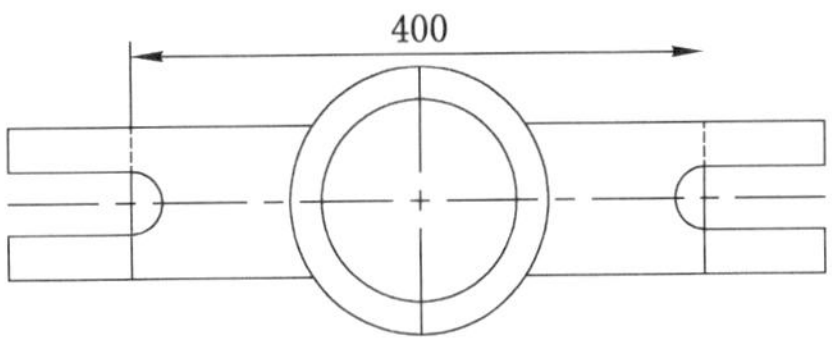

图 7-11　隐藏尺寸界线 2

三、设置符号和箭头

在“新建标注样式”对话框中，使用“符号和箭头”选项卡可以设置箭头、圆心标记、半径折弯标注、折断标注、弧长符号、线性折弯标注的格式与位置，如图 7-12 所示。

（一）箭头

在“符号和箭头”选项卡的“箭头”选项区域中，可以设置尺寸线和引线箭头的类型及尺寸大小等。通常情况下，尺寸线的两个箭头应一致。

为了适用不同类型的图形标注需要，AutoCAD 设置了 20 多种箭头样式，用户可以从对应的下拉列表框中选择箭头，并在“箭头大小”文本框中设置其大小。

另外，还可以使用自定义箭头，在下拉列表框中选择“用户箭头”选项，打开“选择自定义箭头块”对话框，如图 7-13 所示。在“从图形块中选择”文本框内输入当前图形中已有的块名，然后单击“确定”按钮，AutoCAD 将以该块作为尺寸线的箭头样式，此时块的插入基点与尺寸线的端点重合。

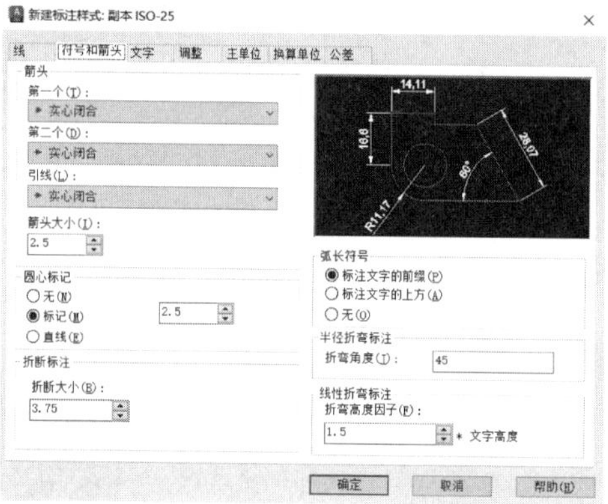

图 7-12 “符号和箭头”选项卡

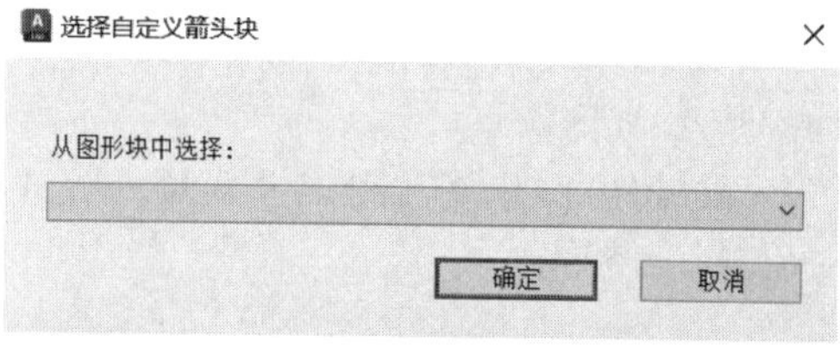

图 7-13 “选择自定义箭头块”对话框

（二）圆心标记

在“符号和箭头”选项卡的“圆心标记”选项区域中，可以设置圆或圆弧的圆心标记类型，如“标记”“直线”和“无”。其中，选择“标记”单选按钮，可对圆或圆弧绘制圆心标记；选择“直线”单选按钮，可对圆或圆弧绘制中心线；选择“无”单选按钮，则没有任何标记，如图 7-14 所示。当选择“标记”或“直线”单选按钮时，可以在“大小”文本框中设置圆心标记的大小。

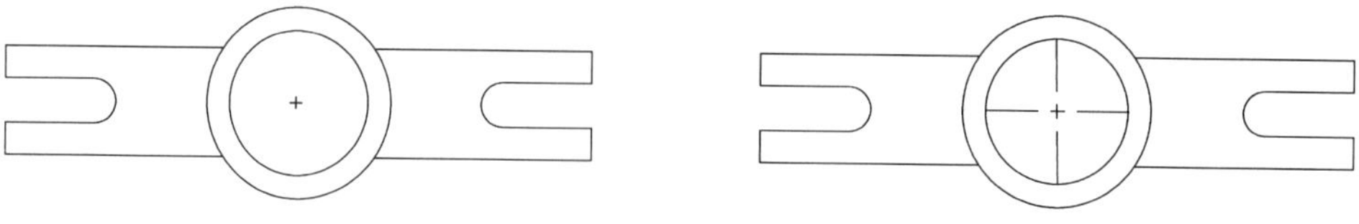

(a) 标记效果　　(b) 直线效果

图 7-14 圆心标记类型

（三）半径折弯标注

在“符号和箭头”选项卡的“半径折弯标注”选项区域的“折弯角度”文本框中，可以设置标注圆弧半径时标注线的折弯角度。

（四）折断标注

在“符号和箭头”选项卡的“折断标注”选项区域的“打断大小”文本框中，可以设置折断标注时标注线的长度。

（五）弧长符号

在“符号和箭头”选项卡的“弧长符号”选项区域中，可以设置弧长符号显示的位置，包括“标注文字的前缀”“标注文字的上方”和“无”3 种方式，如图 7-15 所示。

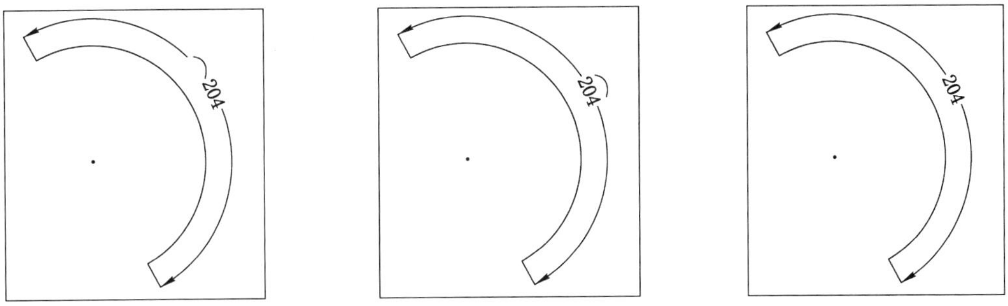

(a)　　(b)　　(c)

图 7-15　设置弧长符号的位置

（六）线性折弯标注

在“符号和箭头”选项卡的“线性折弯标注”选项区域的“折弯高度因子”文本框中，可以设置折弯标注打断时折弯线的高度。

四、设置文字

在“新建标注样式”对话框中，可以使用“文字”选项卡设置标注文字的外观、位置和对齐方式，如图 7-16 所示。单击“文字”选项卡中的“显示文字样式对话框”按钮，可以打开图 7-17 所示的“文字样式”对话框，设置标注文字的样式。

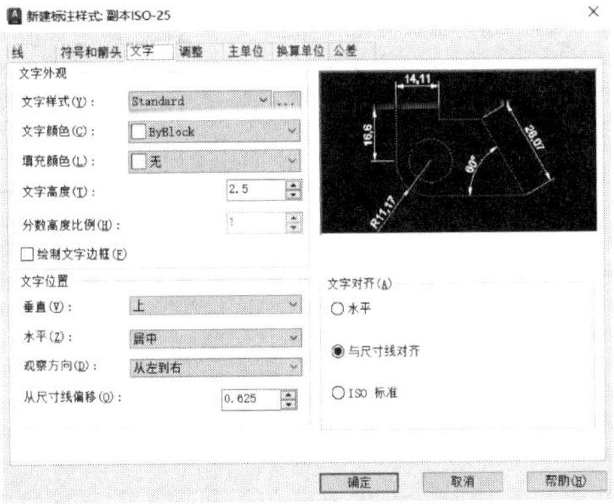

图 7-16　“文字”选项卡

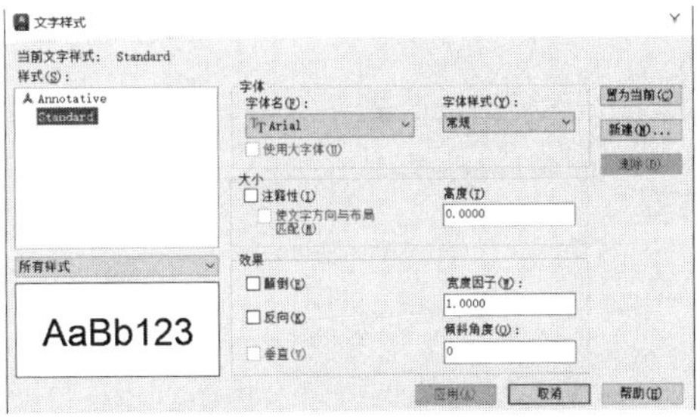

图 7-17　“文字样式”对话框

（一）文字外观

在“文字”选项卡的“文字外观”选项区域中，可以设置文字的样式、颜色、高度和分数高度比例，以及控制是否绘制文字边框等。部分选项的功能说明如下。

（1）“文字样式”：用于选择标注的文字样式，也可以单击其后的 ... 按钮，打开“文字样式”对话框，选择文字样式或新建文字样式。

（2）“文字颜色”：用于设置标注文字的颜色，也可以用变量 DIMCLRT 设置。

（3）“填充颜色”：用于设置标注文字的背景色。

（4）“文字高度”：用于设置标注文字的高度，也可以用变量 DIMTXT 设置。

（5）“分数高度比例”：用于设置标注文字的分数相对其他标注文字的比例，AutoCAD 将该比例值与标注文字高度的乘积作为分数的高度。

（6）“绘制文字边框”：设置是否给标注文字加边框，如图 7-18 所示。

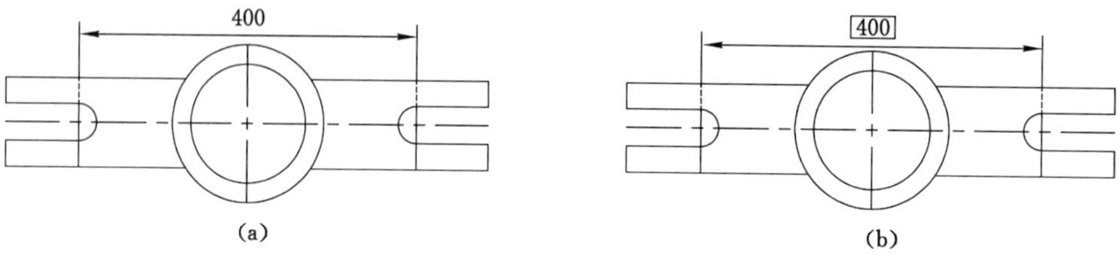

图 7-18　标注文字无边框与有边框效果对比

（二）文字位置

在“文字”选项卡的“文字位置”选项区域中，可以设置文字的垂直、水平位置以及尺寸线的偏移量，各选项的功能如下。

（1）“垂直”：用于设置标注文字相对尺寸线在垂直方向的位置，如“置中”“上”“外部”和“JIS”。其中，选择“置中”选项可以把标注文字放在尺寸线中间；选择“上”选项，将把标注文字放在尺寸线的上方；选择“外部”选项可以把标注文字放在远离第一定义点的尺寸线一侧；选择“JIS”选项则按 JIS 规则放置标注文字，如图 7-19 所示。

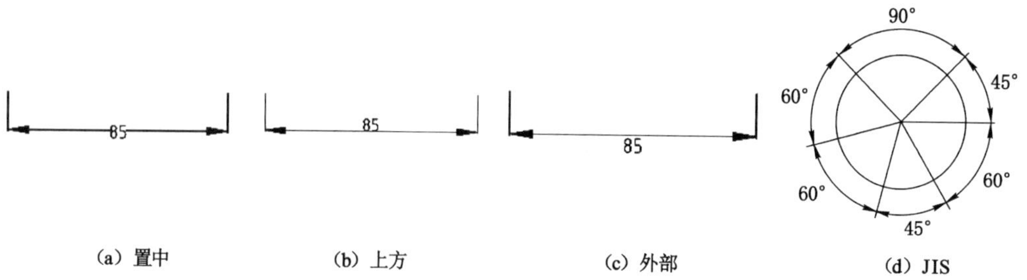

图 7-19　标注文字垂直位置的 4 种形式

（2）“水平”：用于设置标注文字相对尺寸线和尺寸界线在水平方向的位置，如“居中”“第一条尺寸界线”“第二条尺寸界线”“第一条尺寸界线上方”“第二条尺寸界线上方”，如图 7-20 所示。

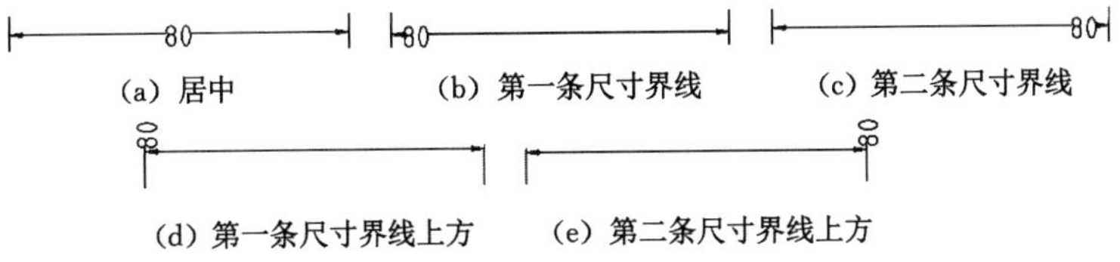

图 7-20　标注文字水平位置

(3)“从尺寸线偏移”:设置标注文字与尺寸线之间的距离。如果标注文字位于尺寸线的中间,则表示断开处尺寸线端点与标注文字的间距。若标注文字带有边框,则可以控制文字边框与其中文字的距离。

(4)“观察方向”:用来控制标注文字的观察方向。

(三)文字对齐

在“文字”选项卡的“文字对齐”选项区域中,可以设置标注文字是保持水平还是与尺寸线平行,如图 7-21 所示。各选项的意义如下。

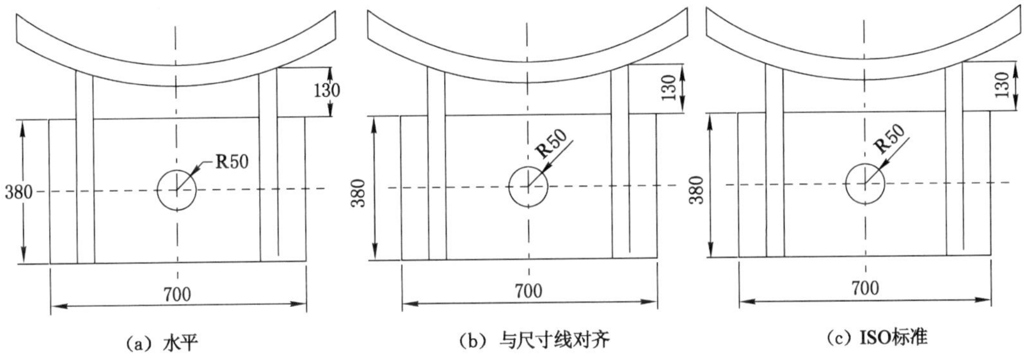

图 7-21　文字对齐方式

(1)“水平”:使标注文字水平放置。

(2)“与尺寸线对齐”:使标注文字方向与尺寸线方向一致。

(3)“ISO 标准”:使标注文字按 ISO 标准放置,当标注文字在尺寸界线之内时,它的方向与尺寸线方向一致,而在尺寸界线之外时将水平放置。

五、设置调整选项

在“新建标注样式”对话框中,可以使用“调整”选项卡设置标注文字、尺寸线和尺寸箭头的位置,如图 7-22 所示。

(一)调整选项

在“调整”选项卡的“调整选项”选项区域中,可以确定当尺寸界线之间没有足够的空间同时放置标注文字和箭头时,应从尺寸界线之间移出对象,如图 7-23 所示。

(1)“文字或箭头(最佳效果)”:按最佳效果自动移出文字或箭头。

(2)“箭头”:首先将箭头移出。

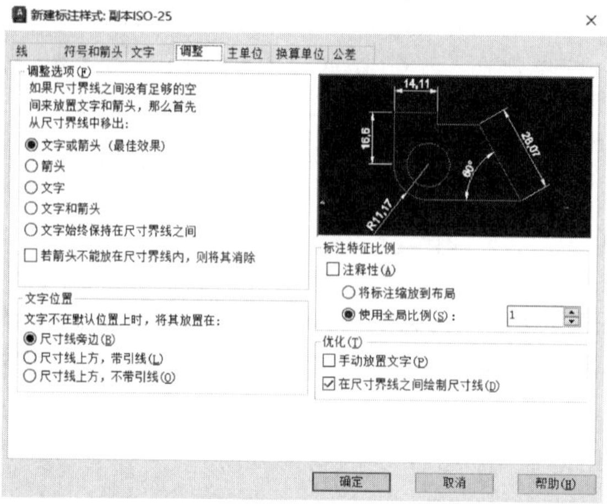

图 7-22 “调整”选项卡

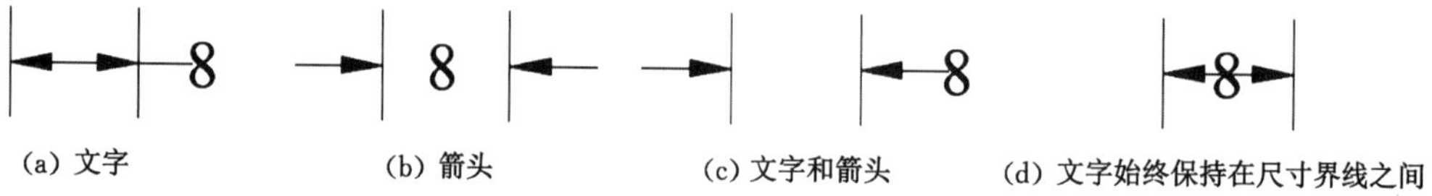

图 7-23 标注文字和箭头在尺寸界线间的放置方式

(3)“文字”:首先将文字移出。

(4)“文字和箭头”:将文字和箭头都移出。

(5)“文字始终保持在尺寸界线之间”:将文字始终保持在尺寸界线之内。

(6)“若箭头不能放在尺寸界线内,则将其消除”复选框:如果选中该复选框,则可以抑制箭头显示。

(二) 文字位置

在“调整”选项卡的“文字位置”选项区域中,用户可以设置当文字不在默认位置时的位置。其中各选项的含义如下。

(1)“尺寸线旁边”:选中该单选按钮,可以将文字放在尺寸线旁边。

(2)“尺寸线上方,带引线”:选中该单选按钮,可以将文字放在尺寸线的上方,并带引线。

(3)“尺寸线上方,不带引线”:选中该单选按钮,可以将文字放在尺寸线的上方,但不带引线。

图 7-24 显示了当文字不在默认位置时的上述设置效果。

(三) 标注特征比例

在“调整”选项卡的“标注特征比例”选项区域中,可以设置标注尺寸的特征比例,以便通过设置全局比例来增大或减小各标注的尺寸。各选项的功能如下。

(1)“使用全局比例”:选择该单选按钮,可以对全部标注尺寸设置缩放比例,该比例不改变尺寸的测量值。

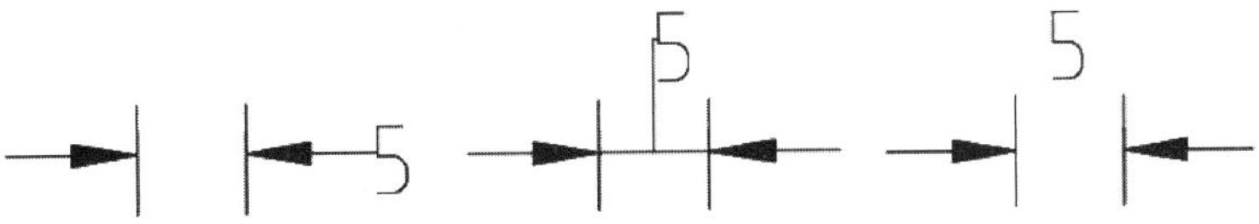

(a) 尺寸线旁边　(b) 尺寸线上方，带引线　(c) 尺寸线上方，不带引线

图 7-24　标注文字的位置

(2)“将标注缩放到布局”:选择该单选按钮,可以根据当前模型空间视口与图纸空间之间的缩放关系设置比例。

(四) 优化

在“调整”选项卡的“优化”选项区域中,可以对标注和尺寸线进行细微调整,该选项区域包括两个复选框。

(1)“手动放置文字”:选中该复选框,在标注时可将标注文字放置在指定位置。

(2)“在尺寸界线之间绘制尺寸线”:选中该复选框,当尺寸线箭头放置在尺寸界线之外时,也可以在尺寸界线之内绘制尺寸线。

六、设置主单位选项

在“新建标注样式”对话框中,可以使用“主单位”选项卡设置主单位的格式与精度等属性,如图 7-25 所示。

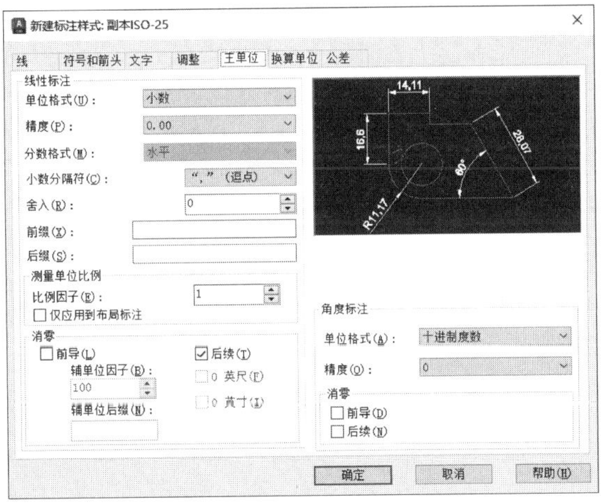

图 7-25　“主单位”选项卡

(一) 线性标注

在“主单位”选项卡的“线性标注”选项区域中,可以设置线性标注的单位格式与精度,主要选项功能如下。

(1)“单位格式”:设置除角度标注以外的其余各标注类型的尺寸单位,包括“科学”“小数”“工程”“建筑”和“分数”等选项。

(2)“精度”:设置除角度标注以外的其他标注的尺寸精度。

(3)“分数格式”:当单位格式是分数时,可以设置分数的格式,包括“水平”“对角”和“非堆叠”3 种格式。

(4)“小数分隔符”:设置小数的分隔符,包括“逗点”“句点”和“空格”3 种方式。

(5)“舍入”:用于设置除角度标注以外的尺寸测量值的舍入值。

(6)“前缀”和“后缀”:设置文字的前缀和后缀,在相应的文本框中输入字符即可。

(7)“测量单位比例”:使用“比例因子”文本框可以设置测量尺寸的缩放比例,AutoCAD 的实际标注值为测量值与该比例因子的积。选中“仅应用到布局标注”复选框,可以设置该比例因子仅适用于布局。

(8)“消零”:可以设置是否显示尺寸标注中的“前导”和“后续”零。

(二)角度标注

在“主单位”选项卡的“角度标注”选项区域中,可以使用“单位格式”下拉列表设置标注角度时的单位,使用“精度”下拉列表设置标注角度的尺寸精度,使用“消零”选项区域设置是否消除角度尺寸的“前导”和“后续”零。

七、设置换算单位

在“新建标注样式”对话框中,可以使用“换算单位”选项卡设置换算单位的格式,如图 7-26 所示。

在 AutoCAD 中,通过换算标注单位,可以转换使用不同测量单位制的标注,通常是显示英制标注的等效公制标注或公制标注的等效英制标注。在标注文字中,换算标注单位显示在主单位旁边的方括号([])中,如图 7-27 所示。

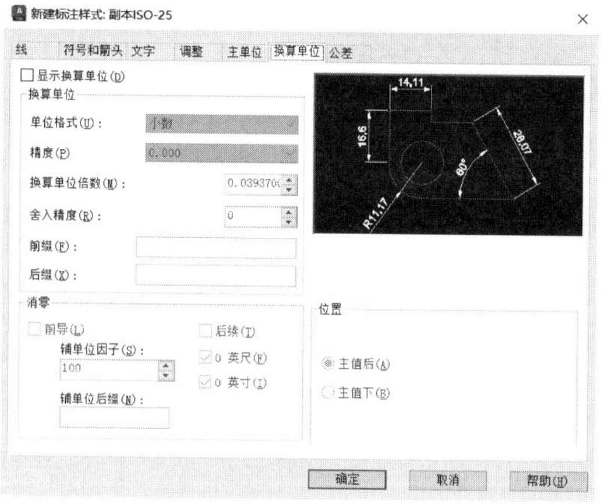

图 7-26 “换算单位”选项卡

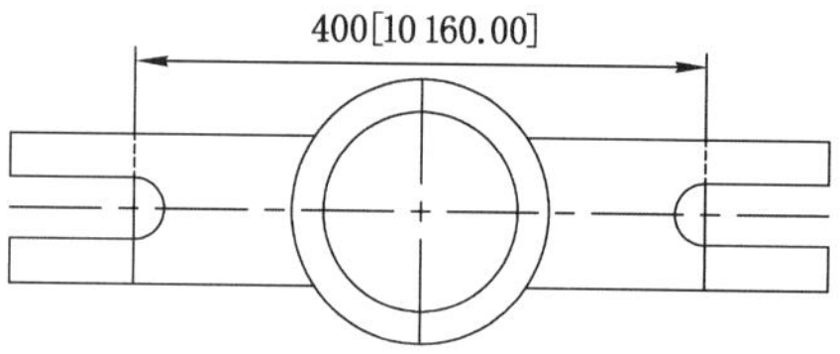

图 7-27 使用换算单位

选中“显示换算单位”复选框后,对话框的其他选项才可使用,可以在“换算单位”选项区域中设置换算单位的“单位格式”“精度”“换算单位倍数”“舍入精度”“前缀”及“后缀”等,方法与设置主单位的方法相同。

八、设置公差

在“新建标注样式”对话框中，可以使用“公差”选项卡设置是否标注公差，以及用何种方式进行标注，如图 7-28 所示。

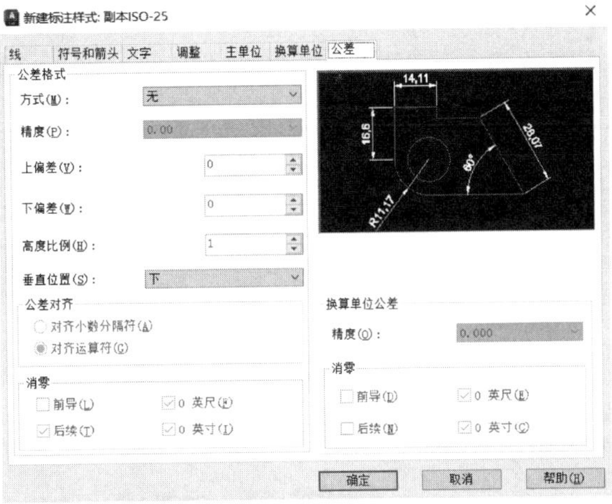

图 7-28　“公差”选项卡

在“公差格式”选项区域中，可以设置公差的标注格式，部分选项的功能说明如下。

(1)“方式”：确定以何种方式标注公差，如图 7-29 所示。

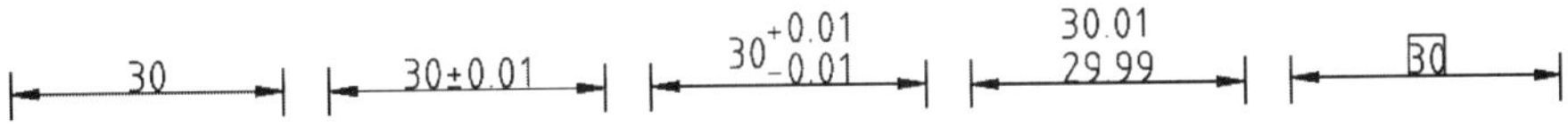

(a) 无　(b) 对称　(c) 极限偏差　(d) 极限尺寸　(e) 基本尺寸

图 7-29　公差标注方式

(2)“上偏差”和“下偏差”：设置尺寸的上偏差、下偏差。

(3)“高度比例”：确定公差文字的高度比例因子。确定后，AutoCAD 将该比例因子与尺寸文字高度之积作为公差文字的高度。

(4)“垂直位置”：控制公差文字相对尺寸文字的位置，包括“上”“中”和“下”3 种方式。

(5)“换算单位公差”：当标注换算单位时，可以设置换算单位精度和是否消零。

【例 7-1】 对图 7-30 所示的图形修改标注样式。

例 7-1 讲解视频

(1) 单击“样式”工具栏中的“标注样式”按钮，系统自动弹出“标注样式管理器”对话框，选择要修改的尺寸样式名称“工程标注”，如图 7-31 所示。

(2) 单击“修改”按钮，系统自动弹出“修改标注样式”对话框，切换至“文字”选项卡，在“文字外观”选项区域中修改“文字样式”为“标注样式”，如图 7-32 所示。

(3) 切换至“符号和箭头”选项卡，在“箭头”选项区域的“第一个”下拉列表中选择“实心闭合”选项，如图 7-33 所示。

(4) 单击“确定”按钮，关闭“修改标注样式”对话框，然后单击“置为当前”按钮，再关闭“标注样式管理器”对话框，结果如图 7-34 所示。

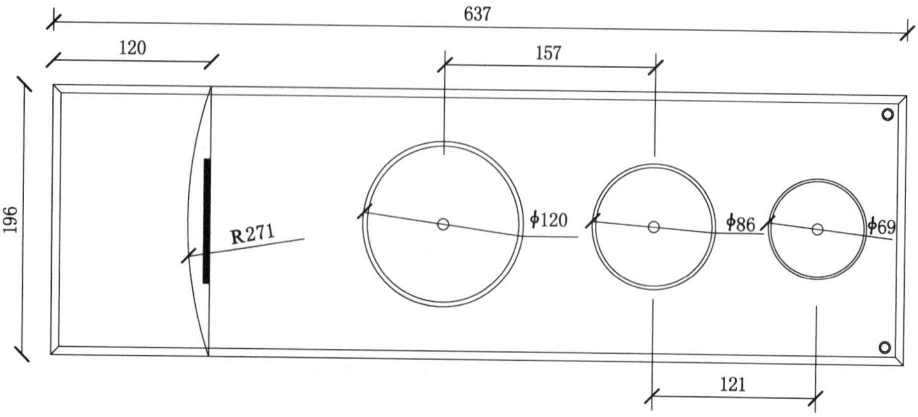

图 7-30　基础图形

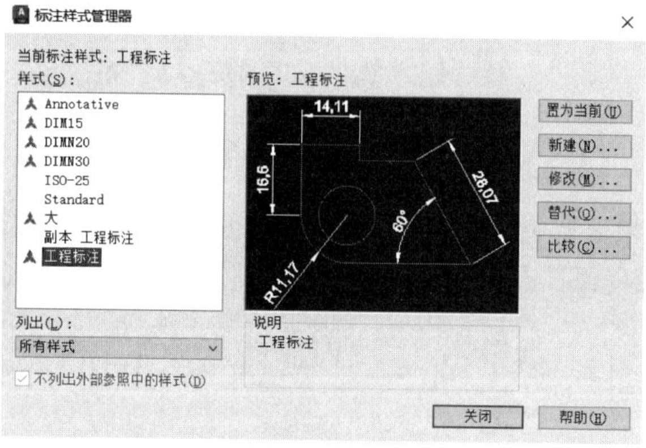

图 7-31　“标注样式管理器”对话框

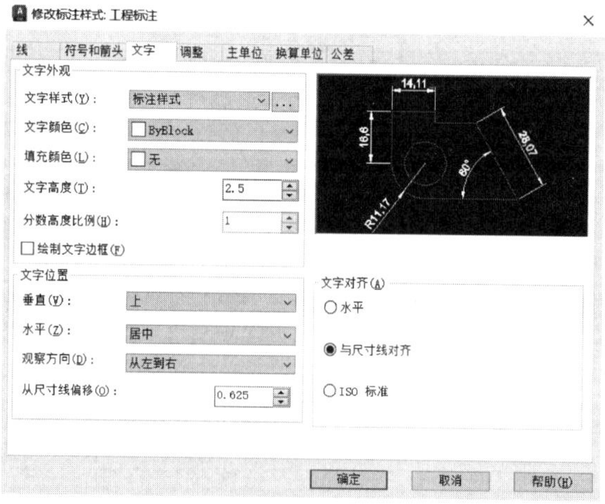

图 7-32　“文字”选项卡

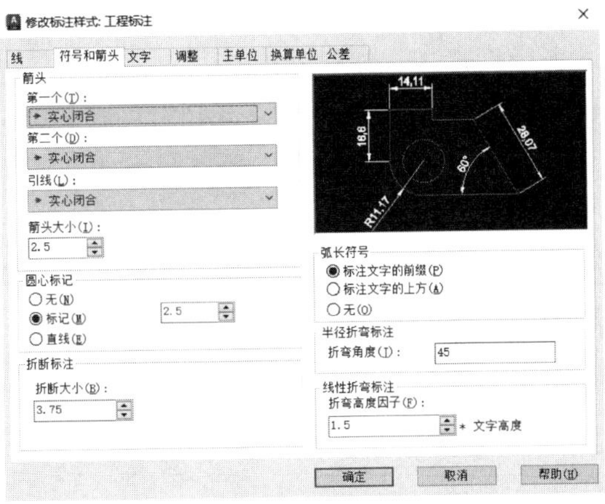

图 7-33　“符号和箭头”选项卡

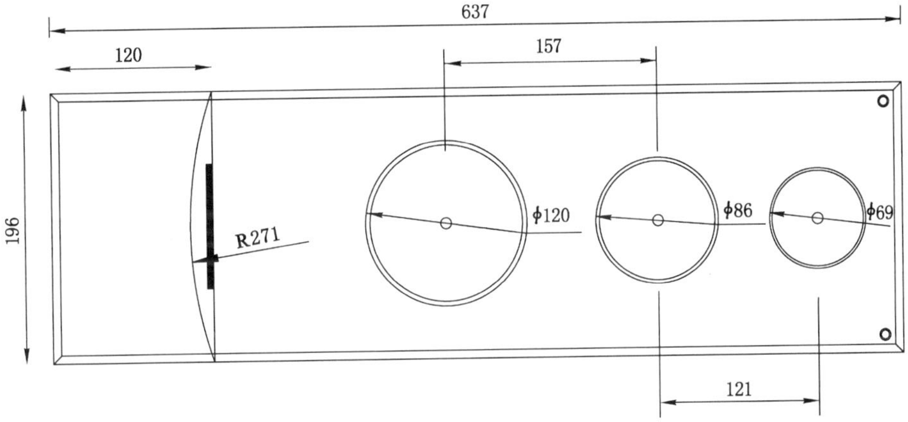

图 7-34　标注样式修改效果

第三节　基本尺寸标注

为了更方便、快捷地标注图纸中的各个方向和形式的尺寸，AutoCAD 提供了线性标注、对齐标注、连续标注、基线标注、直径标注、半径标注等多种标注类型。掌握这些标注方法可以为各种图形灵活添加尺寸标注，使其成为生产制造或施工的依据。

一、线性标注

“线性标注”命令可以标注水平和竖直及倾斜方向的尺寸，标注时，若要使尺寸倾斜，需要输入选项 R，然后再输入倾斜角度即可，执行“线性标注”命令的方法有以下几种。

(1) 命令行：输入 DIMLINEAR/DLI 命令。

(2) 菜单栏：执行“标注”|“线性”命令。

(3) 工具栏：单击“标注”工具栏中的“线性标注”按钮。

（4）功能区：在“注释”选项卡中，单击“标注”面板中的“线性标注”按钮。

【例 7-2】 对图 7-35 所示图形进行线性标注。

（1）将“标注”标注样式置为当前标注样式。

（2）单击“标注”工具栏中的“线性标注”按钮，命令行提示与操作如下。

例 7-2
讲解视频

命令：DLI ↙ //调用“线性标注”命令
指定第一个尺寸界线原点或＜选择对象＞： //指定标注对象起点
指定第二个尺寸界线原点： //指定标注对象终点
指定尺寸线位置或[多行文字(M)/文字(T)/角度(A)/水平(H)/垂直(V)/旋转(R)]：
//单击左键，确定尺寸线放置位置，完成操作，标注结果如图 7-36 所示
标注文字＝1457

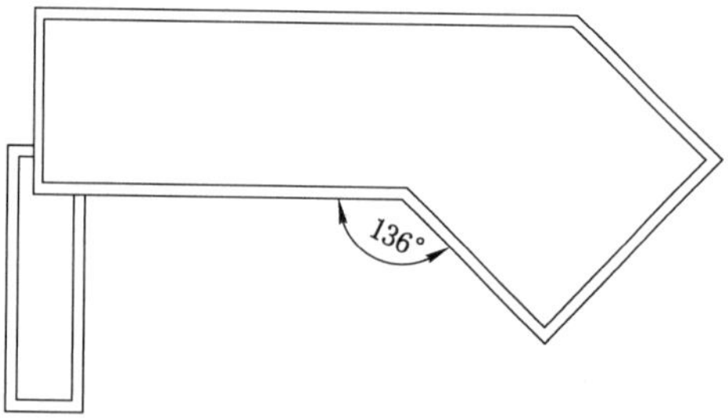

图 7-35 图形

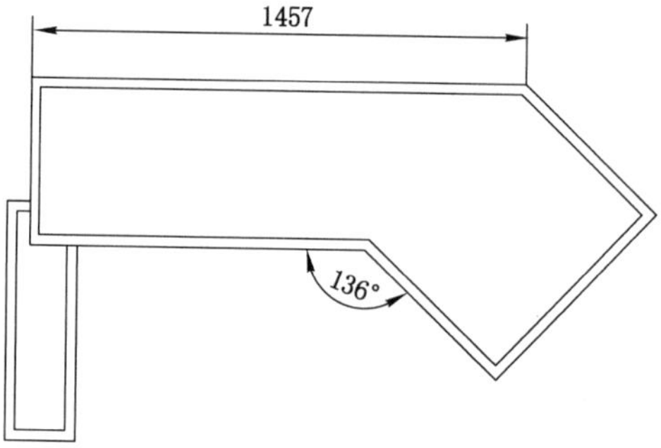

图 7-36 标注结果

（3）用同样的方法标注其他水平线性尺寸。标注结果如图 7-37 所示。

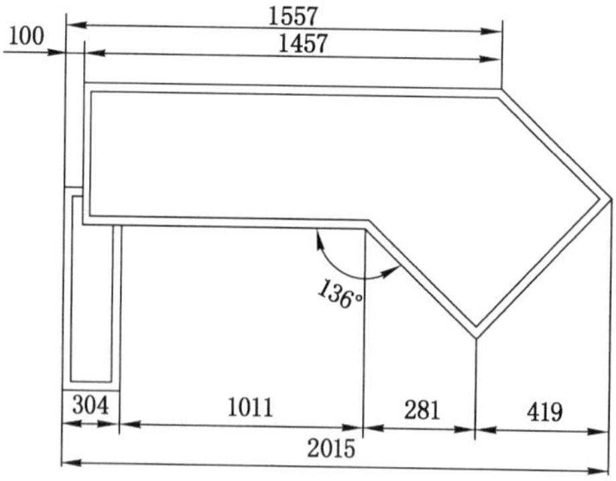

图 7-37 标注其余水平尺寸

（4）继续执行“线性标注”命令，标注垂直方向的尺寸。标注结果如图 7-38 所示。

（5）重复执行“线性标注”命令，标注倾斜方向的尺寸，如图 7-39 所示，命令行提示与操作如下。

命令：DLI ↙ //调用“线性标注”命令

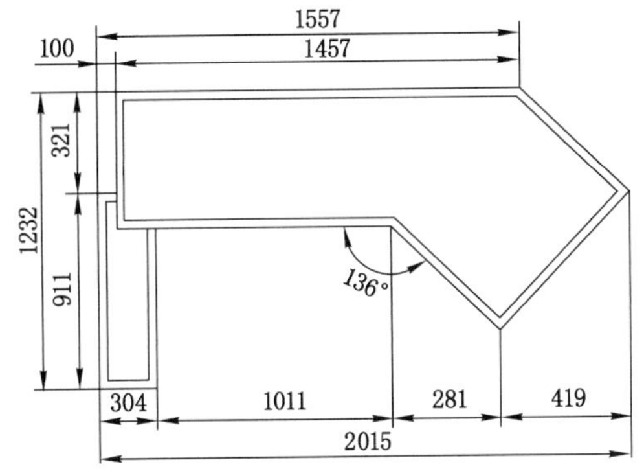

图 7-38　标注垂直尺寸

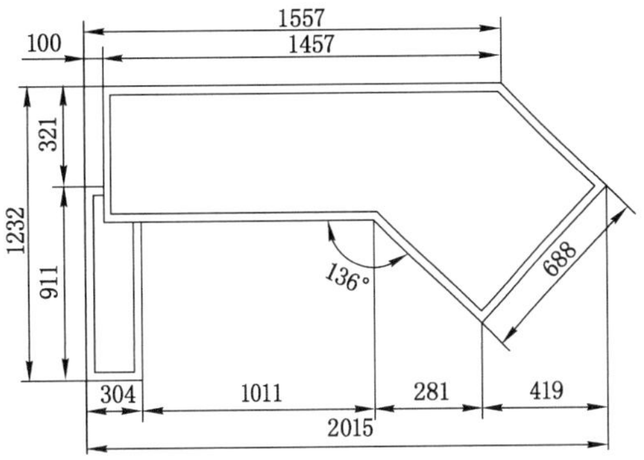

图 7-39　倾斜方向尺寸标注

指定第一个尺寸界线原点或＜选择对象＞：　//指定标注对象起点
指定第二个尺寸界线原点：　//指定标注对象终点
指定尺寸线位置或[多行文字(M)/文字(T)/角度(A)/水平(H)/垂直(V)/旋转(R)]：R↙
指定尺寸线的角度＜0＞：36↙　//输入角度值
指定尺寸线位置或[多行文字(M)/文字(T)/角度(A)/水平(H)/垂直(V)/旋转(R)]：
　//单击左键，确定尺寸线位置，完成操作

“线性标注”命令的命令行选项含义如下。

(1)“多行文字(M)”：选择该选项将进入多行文字编辑模式，可以使用“多行文字编辑器”对话框输入并设置标注文字。其中，文字输入窗口中的尖括号(＜ ＞)表示系统测量值。

(2)“文字(T)”：以单行文字形式输入尺寸文字。

(3)“角度(T)”：设置标注文字的旋转角度。

(4)“水平(H)”和“垂直(V)”：标注水平尺寸和垂直尺寸。

(5)“旋转(R)”：旋转标注对象的尺寸线。

二、对齐标注

在对直线段进行标注时，如果该直线的倾斜角度未知，那么，使用“线性标注”的方式将无法得到准确的测量结果，此时可以使用“对齐标注”命令进行标注。

执行“对齐标注”命令的方法如下。

(1) 命令行：输入 DIMALIGNED/DAL 命令。

(2) 菜单栏：执行“标注”|“对齐”命令。

(3) 工具栏：单击“标注”工具栏中的“对齐标注”按钮。

(4) 功能区：在“注释”选项卡中，单击“标注”面板中的“对齐标注”按钮。

例 7-3
讲解视频

【例 7-3】 对图 7-40 所示基础图形进行对齐标注。

(1) 单击“标注”工具栏中的“对齐标注”按钮，命令行提示与操作如下。

命令：DAL↙　//调用“对齐标注”命令
指定第一个尺寸界线原点或＜选择对象＞：　//指定标注对象起点

指定第二个尺寸界线原点： //指定标注对象终点

指定尺寸线位置或[多行文字(M)/文字(T)/角度(A)]： //单击左键，确定尺寸线放置位置，完成操作

标注文字＝550

(2) 使用同样的方法，标注长椅宽度方向的对齐标注，如图 7-41 所示。

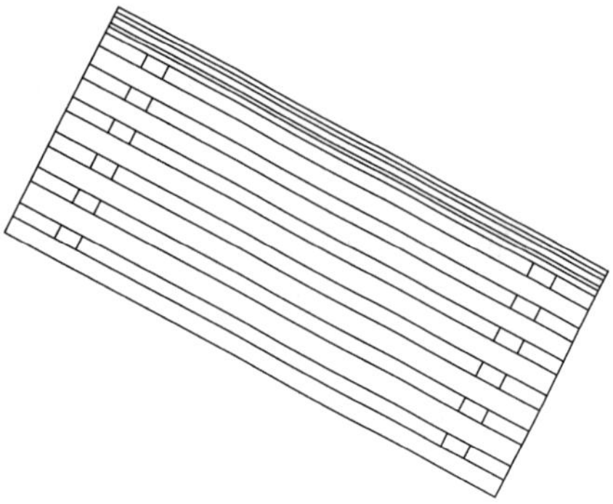

图 7-40 基础图形

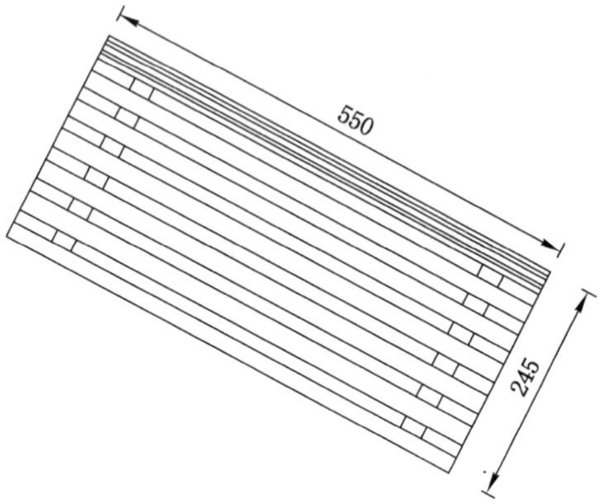

图 7-41 对齐标注

【例 7-4】 对图 7-42(a)所示角柜的 AB，BC 段进行尺寸标注。

例 7-4
讲解视频

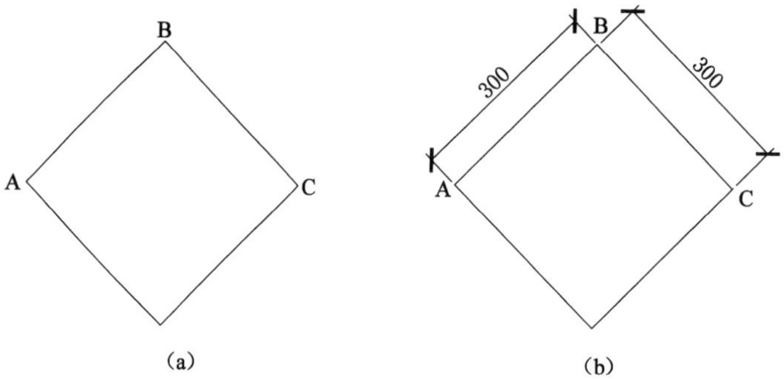

图 7-42 “对齐标注”实例

(1) 启动“对齐标注”命令。

(2) 在“指定第一个尺寸界线原点或<选择对象>：”提示下，选取图中所示的 A 点。

(3) 在“指定第二个尺寸界线原点：”提示下，选取图中所示的 B 点。

(4) 在“指定尺寸线位置或[多行文字(M)/文字(T)/角度(A)]：”提示下，向左上方拖动鼠标到适当位置单击，完成 AB 段的尺寸标注。

(5) 同理完成 BC 段尺寸标注，如图 7-42(b)所示。

三、连续标注

连续标注又称为“链式标注”或“尺寸链”，是多个线性尺寸的组合。连续标注从某一基

准尺寸界线开始，按某一方向顺序标注一系列的尺寸，相邻的尺寸共用一条尺寸界线，而且所有的尺寸线都在同一直线上。

执行“连续标注”命令的方法如下。

（1）命令行：输入 DIMCONTINUE/DCO 命令。

（2）菜单栏：执行“标注”|“连续”命令。

（3）工具栏：单击“标注”工具栏中的“连续标注”按钮。

（4）功能区：在“注释”选项卡中，单击“标注”面板中的“连续标注”按钮。

【例 7-5】　对图 7-43 所示图形进行连续标注。

例 7-5
讲解视频

（1）单击“标注”工具栏中的“线性标注”按钮，标注线性尺寸，命令行提示与操作如下。

命令：DLI ↙　　　　　　　　//调用“线性标注”命令
指定第一个尺寸界线原点或＜选择对象＞：
指定第二个尺寸界线原点：
指定尺寸线位置或[多行文字(M)/文字(T)/角度(A)/水平(H)/垂直(V)/旋转(R)]：
标注文字＝50

（2）单击“标注”工具栏中的“连续标注”按钮，建立连续标注尺寸，如图 7-44 所示，命令行提示与操作如下。

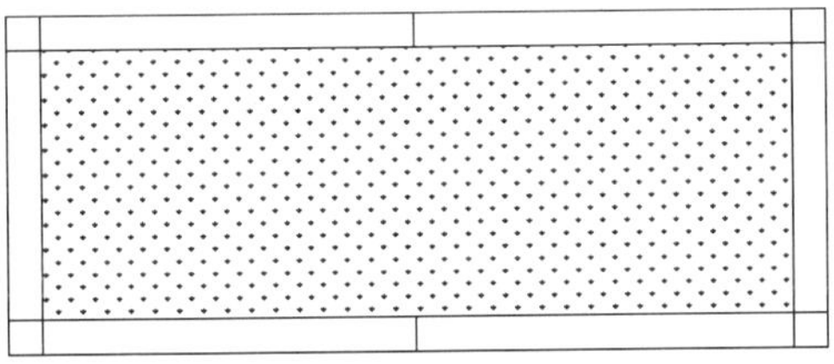

图 7-43　基础图形

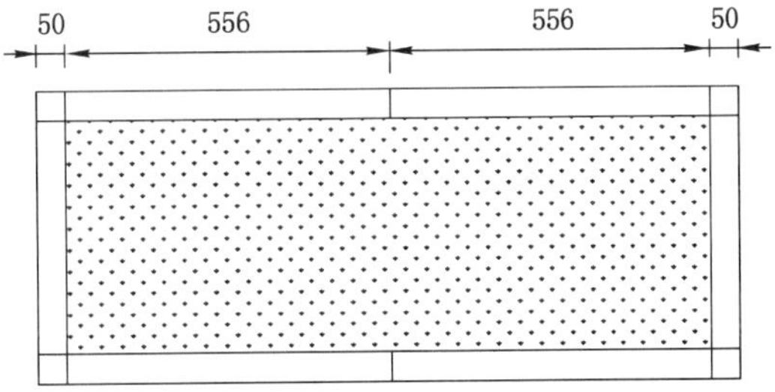

图 7-44　连续尺寸标注

命令：DCO ↙　　　　　　　　//调用“连续标注”命令
指定第一个尺寸界线原点或[放弃(U)/选择(S)]＜选择＞：
　　　　　　　　　　　　　　//选择需要标注尺寸的原点
指定第二个尺寸界线原点或[放弃(U)/选择(S)]＜选择＞：
　　　　　　　　　　　　　　//连续标注尺寸，完成后按 Esc 键

“连续标注”命令的命令行各选项含义如下。

（1）“放弃(U)”：输入此命令，用户可以重新选择某一点作为此尺寸界线的起点。

（2）“选择(S)”：指连续标注时，用户可以选择某一标注尺寸作为标注基准建立连续尺寸。

例 7-6
讲解视频

【例 7-6】　对图 7-45(a)所示墙体和窗进行尺寸标注。

（1）使用“线性标注”命令将 A 点与 1 点间的尺寸标注完毕。

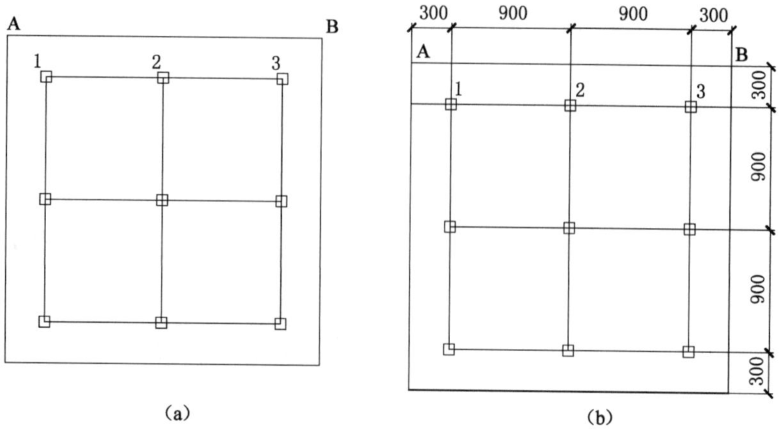

图 7-45　连续标注实例

（2）启动“连续标注”命令。

（3）在“指定第二个尺寸界线原点或[放弃(U)/选择(S)]<选择>：”提示下，依次选取图 7-45(a)所示的 2 点、3 点、B 点后，按 Enter 键确认。

（4）同理完成其他方向尺寸标注。尺寸标注结果如图 7-45(b)所示。

四、基线标注

基线标注是指所有尺寸都从某一点开始标注，即它们共用一条尺寸界线。基线标注和连续标注一样，都要先建立一个基准标注。

执行“基线标注”命令的方法如下。

（1）命令行：输入 DIMBASELINE/DBA 命令。

（2）菜单栏：执行“标注”|“基线”命令。

（3）工具栏：单击“标注”工具栏中的“基线标注”按钮。

（4）功能区：在“注释”选项卡中，单击“标注”面板中的“基线标注”按钮。

【例 7-7】 对图 7-46 所示图形进行基线标注。

（1）单击“标注”工具栏中的“线性标注”按钮，建立一个基准标注。

（2）单击“标注”工具栏中的“基线标注”按钮，建立基线标注尺寸，如图 7-47 所示，命令行提示与操作如下。

例 7-7
讲解视频

命令：DBA ↙　　　　　　　　//调用“基线标注”命令

指定第二个尺寸界线原点或[放弃(U)/选择(S)]<选择>：

　　　　　　　　//选择 A 点，作为第二个尺寸界线原点

标注文字＝150

……　　　　　　　　//继续选择 B 点

指定第二个尺寸界线原点或[放弃(U)/选择(S)]<选择>：　//按 Esc 键，退出操作

“基线标注”命令的命令行各选项含义如下。

（1）“放弃(U)”：输入此命令，用户可以重新选择某一点作为此尺寸界线原点。

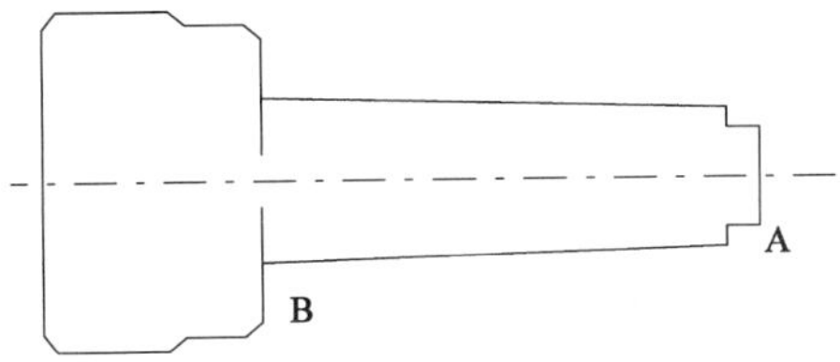

图 7-46　基础图形

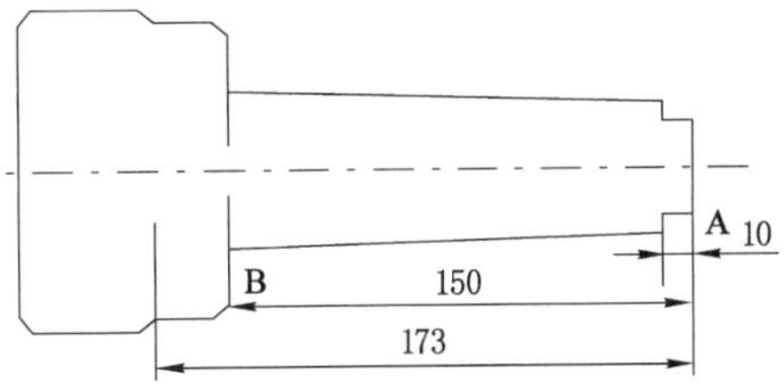

图 7-47　基线尺寸标注

(2)“选择(S)”:指基线标注时,用户可以选择某一标注尺寸作为标注基准建立基线尺寸。

五、直径标注

直径标注就是标注圆或圆弧的直径尺寸。在标注直径时,系统自动在标注文字前面添加 ϕ 符号。

执行“直径标注”命令的方法如下。

(1) 命令行:输入 DIMDIAMETER/DDI 命令。

(2) 菜单栏:执行“标注”|“直径”命令。

(3) 工具栏:单击“标注”工具栏中的“直径标注”按钮。

(4) 功能区:在“注释”选项卡中,单击“标注”面板中的“直径标注”按钮。

例 7-8
讲解视频

【例 7-8】 对图 7-48 所示基础图形进行直径标注。

单击“标注”工具栏中的“直径标注”按钮,标注圆的直径,如图 7-49 所示。命令行提示与操作如下。

命令:DDI ↙　　　　//调用“直径标注”命令
选择圆或圆弧:　　　　//选择要标注的圆
指定尺寸线位置或[多行文字(M)/文字(T)/角度(A)]:　　　　//指定标注放置的位置

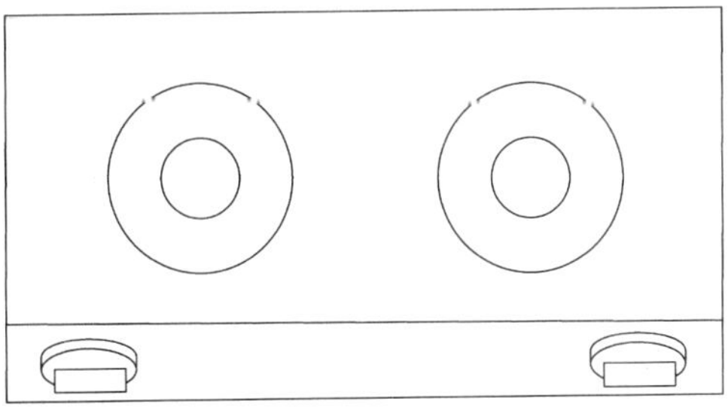

图 7-48　基础图形

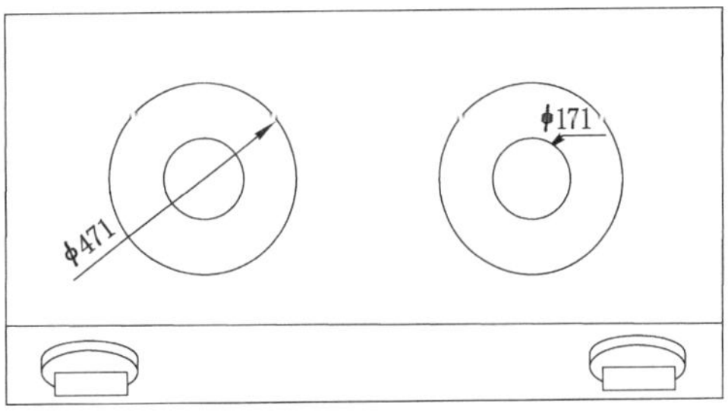

图 7-49　直径尺寸标注

六、半径标注

半径标注就是标注圆或圆弧的半径尺寸,并显示前面带有字母 R 的标注文字,标注半径尺寸与标注直径尺寸的方法类似。

执行“半径标注”命令的方法如下。

(1) 命令行：输入 DIMRADIUS/DRA 命令。

(2) 菜单栏：执行“标注”|“半径”命令。

(3) 工具栏：单击“标注”工具栏中的“半径标注”按钮。

(4) 功能区：在“注释”选项卡中，单击“标注”面板中的“半径标注”按钮。

例 7-9
讲解视频

【例 7-9】 对图 7-50 所示图形进行半径标注。

单击“标注”工具栏中的“半径标注”按钮，标注圆的半径，如图 7-51 所示。命令行提示与操作如下。

命令：DRA ↙ //调用“半径标注”命令

选择圆或圆弧： //选择要标注的圆

指定尺寸线位置或[多行文字(M)/文字(T)/角度(A)]： //指定标注放置的位置

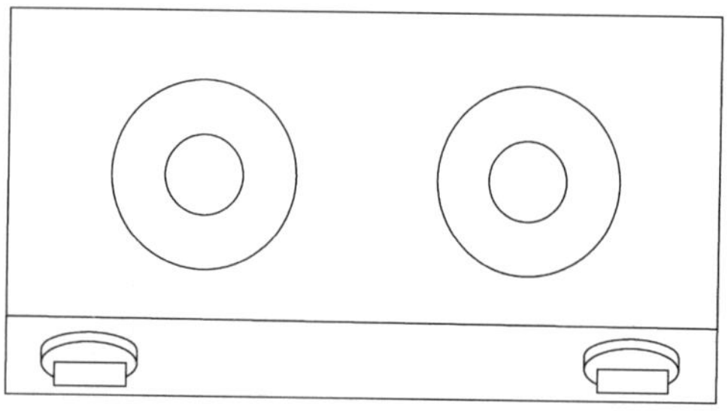

图 7-50 基础图形

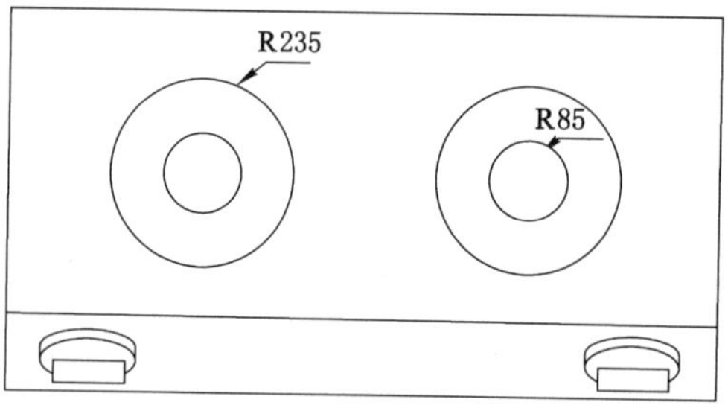

图 7-51 半径标注

第四节 其他尺寸标注

除了基本尺寸标注以外，AutoCAD 还提供了角度标注、弧长标注、快速标注、折弯标注、引线标注与多重引线标注、坐标标注、形位公差标注等特殊标注类型。

一、角度标注

利用“角度标注”工具不仅可以标注两条呈一定角度的直线或 3 个点之间的夹角，还可以标注圆弧的圆心角。

执行“角度标注”命令的方法如下。

(1) 命令行：输入 DIMANGULAR/DAN 命令。

(2) 菜单栏：执行“标注”|“角度”命令。

(3) 工具栏：单击“标注”工具栏中的“角度标注”按钮。

(4) 功能区：在“注释”选项卡中，单击“标注”面板中的“角度标注”按钮。

例 7-10
讲解视频

【例 7-10】 对图 7-52 所示基础图形进行角度标注。

单击“标注”工具栏中的“角度标注”按钮，标注角度，如图 7-53 所示。命令行提示与操作如下。

命令：DAN↙　　　　　　　　　　　　　　//调用“角度标注”命令
选择圆弧、圆、直线或<指定顶点>：　　　　//选择第一条直线
选择第二条直线：　　　　　　　　　　　　//选择第二条直线
指定标注弧线位置或[多行文字(M)/文字(T)/角度(A)/象限点(Q)]：
　　　　　　　　　　　　　　　　　　　　//指定尺寸线位置

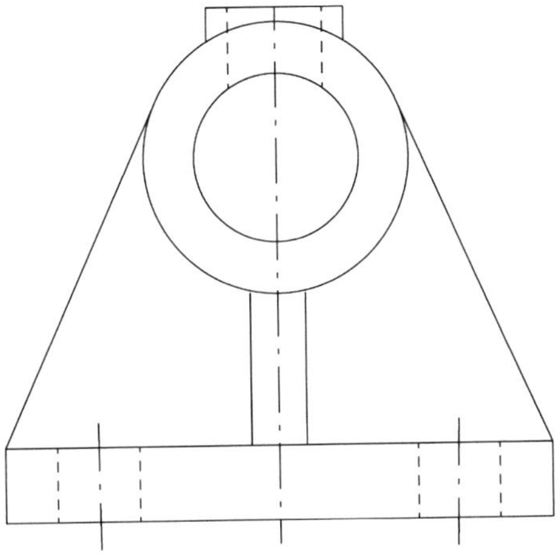

图 7-52　基础图形

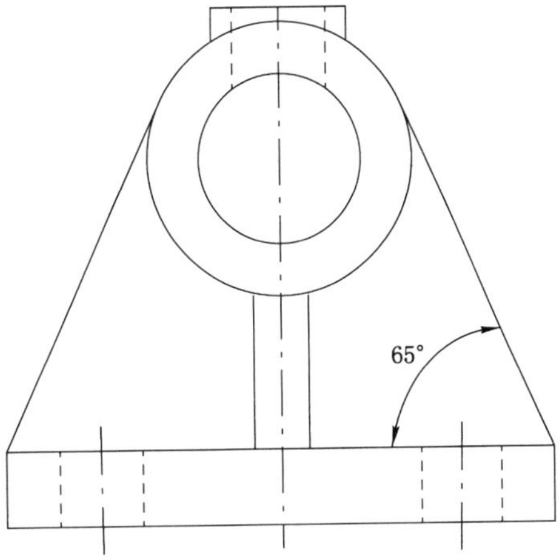

图 7-53　角度标注

二、弧长标注

使用“弧长标注”工具可以标注圆弧、多段线圆弧或其他弧线的长度。

执行“弧长标注”命令的方法如下。

(1) 命令行：输入 DIMARC 命令。

(2) 菜单栏：执行“标注”|“弧长”命令。

(3) 工具栏：单击“标注”工具栏中的“弧长标注”按钮。

(4) 功能区：在“注释”选项卡中，单击“标注”面板中的“弧长标注”按钮。

例 7-11
讲解视频

【例 7-11】 对图 7-54 所示基础图形进行弧长标注。

单击“标注”工具栏中的“弧长标注”按钮，标注弧长，如图 7-55 所示。命令行提示与操作如下。

命令：dimarc↙　　　　　　　　　　　　//调用“弧长标注”命令
选择弧线段或多段线弧线段：　　　　　　　//选择要标注的圆弧
指定弧长标注位置或[多行文字(M)/文字(T)/角度(A)/部分(P)/引线(L)]：
　　　　　　　　　　　　　　　　　　　　//指定尺寸线的位置

三、快速标注

AutoCAD 将常用的标注综合成了一个方便的快速标注命令——QDIM。执行该命令

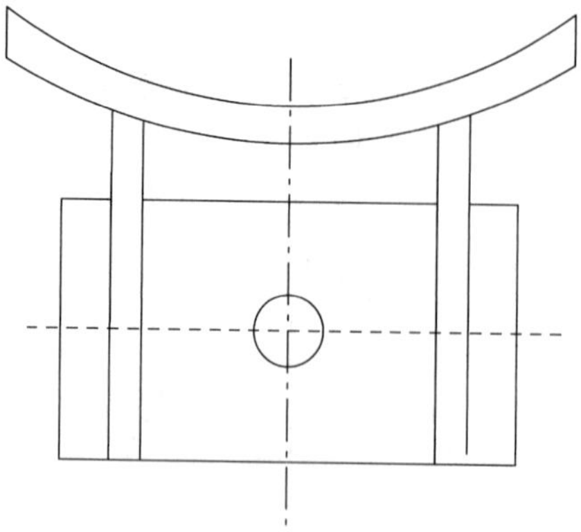

图 7-54　基础图形

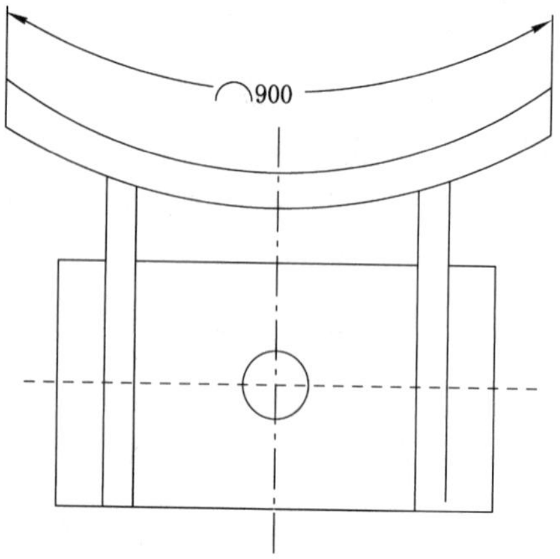

图 7-55　弧长标注

时，只需要选择标注的图形对象，AutoCAD 就针对不同的对象自动选择合适的标注类型，并快速标注。

执行“快速标注”命令的方法如下。

(1) 命令行：输入 QDIM 命令。

(2) 菜单栏：执行“标注”|“快速标注”命令。

(3) 工具栏：单击“标注”工具栏中的“快速标注”按钮。

(4) 功能区：在“注释”选项卡中，单击“标注”面板中的“快速标注”按钮。

例 7-12
讲解视频

【例 7-12】 对图 7-56 所示基础图形进行快速标注。

单击“标注”工具栏中的“快速标注”按钮，对图 7-56 进行尺寸标注，命令行提示与操作如下。

命令：qdim ↙　　//调用“快速标注”命令

选择要标注的几何图形：　　//选择中间矩形部分作为快速标注的对象

选择要标注的几何图形：找到 1 个，总计 5 个

指定尺寸线位置或[连续(C)/并列(S)/基线(B)/坐标(O)/半径(R)/直径(D)/基准点(P)/编辑(E)/设置(T)]<连续>：　　//指定尺寸线位置

命令：qdim ↙　　//按空格键，再次调用“快速标注”命令

选择要标注的几何图形：　　//选择其他两处圆弧作为标注对象，标注结果如图 7-57 所示

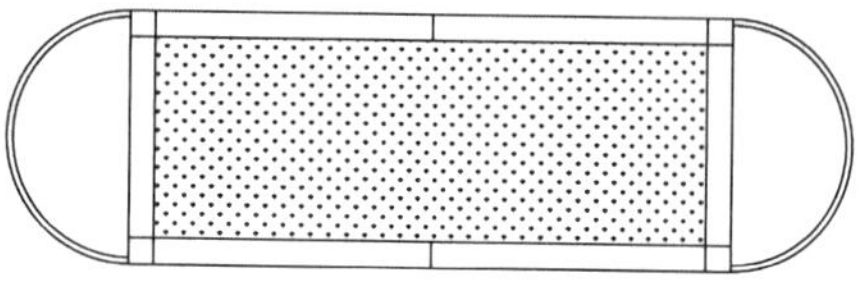

图 7-56　基础图形

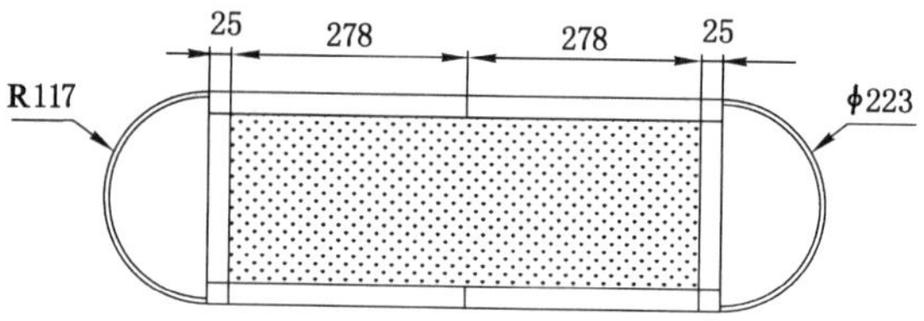

图 7-57　快速标注

四、折弯标注

折弯标注用于标注大圆或圆弧的半径。

执行“折弯标注”命令的方法如下。

(1) 命令行:输入 DIMJOGGED 命令。

(2) 菜单栏:执行“标注”|“折弯标注”命令。

(3) 工具栏:单击“标注”工具栏中的“折弯标注”按钮。

(4) 功能区:在“注释”选项卡中,单击“标注”面板中的“折弯”按钮。

【例 7-13】 对图 7-58 所示基础图形进行折弯标注。

例 7-13
讲解视频

执行“折弯标注”命令标注大圆弧半径,如图 7-59 所示,命令行提示与操作如下。

命令:DIMJOGGED↙　　//调用“折弯标注”命令

选择圆弧或圆:　　//选择需要标注的圆或圆弧

指定图示中心的位置:　　//指定“折弯标注”圆心位置

标注尺寸线的位置或[多行文字(M)/文字(T)/角度(A)]:

　　//指定尺寸线位置

指定折弯位置:　　//指定折弯位置,完成标注

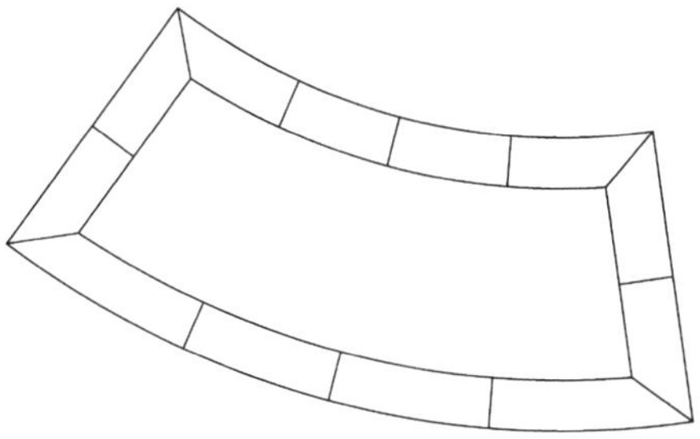

图 7-58　基础图形

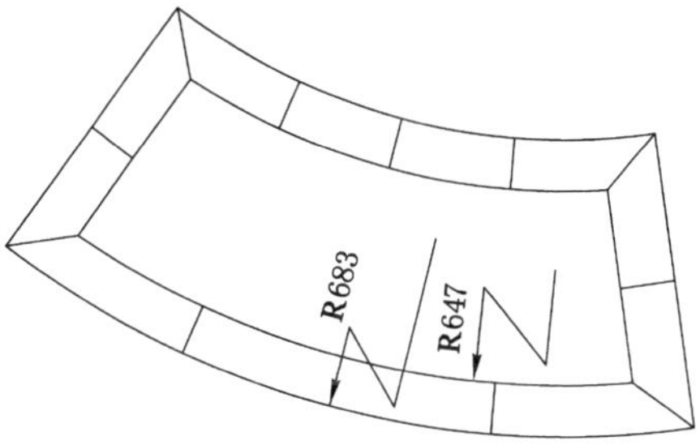

图 7-59　折弯标注

五、引线标注与多重引线标注

引注是另外一类常用的尺寸标注类型,由箭头、引线和注释文字构成。箭头是引注的起点,从箭头处引出引线,在引线边上加注注释文字。

(一) 快速引线标注

快速引线标注命令没有显示在菜单栏、工具栏和面板中,只能通过命令行进行调用。

执行快速引线标注命令的方式如下。

命令行:输入 QLEADER/LE 命令。

QLEADER 命令需要输入的参数包括引注的起点(箭头)、引线各节点的位置和注释文字。

(二) 创建多重引线样式

用户可以创建多重引线样式来控制引线标注样式的外观,如箭头的形式、引线外观、文

字属性等。

打开“多重引线样式管理器”对话框的方法如下。

(1) 命令行:输入 MLEADERSTYLE/MLS 命令。

(2) 菜单栏:执行“格式”|“多重引线样式”命令。

(3) 工具栏:单击“样式”工具栏中的“多重引线样式”按钮。

(4) 功能区:在“注释”选项卡中,单击“引线”面板右下角的按钮。

例 7-14
讲解视频

【例 7-14】 创建引线标注样式。

(1) 执行“文件”|“新建”命令,新建空白文件。

(2) 选择菜单栏中的“格式”|“多重引线样式”命令,弹出“多重引线样式管理器”对话框,如图 7-60 所示。

(3) 单击“新建”按钮,弹出“创建新多重引线样式”对话框,在“新样式名”文本框中输入“引线标注”,如图 7-61 所示。

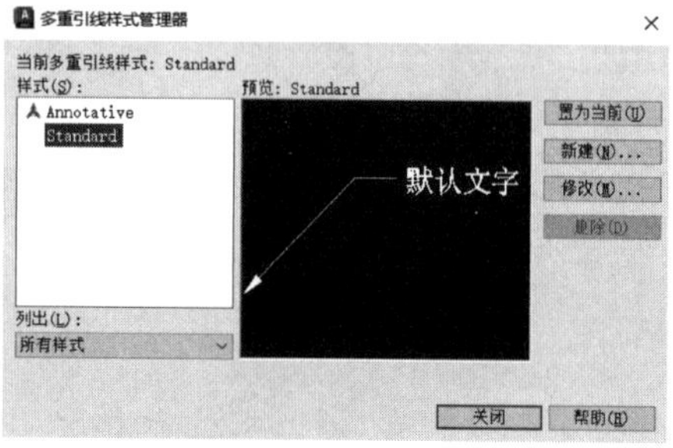

图 7-60 “多重引线样式管理器”对话框

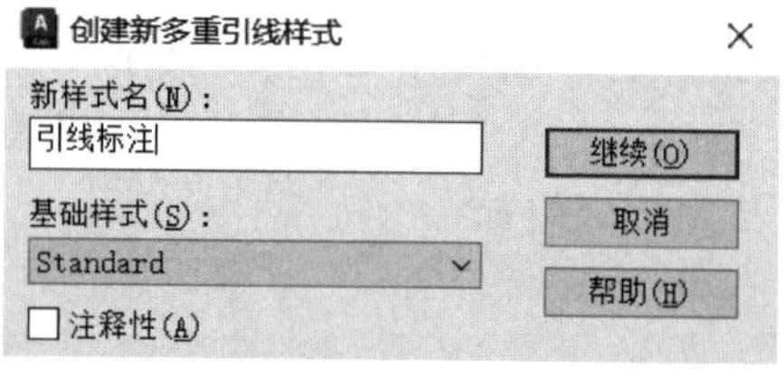

图 7-61 “创建新多重引线样式”对话框

(4) 单击“继续”按钮,弹出“修改多重引线样式”对话框,如图 7-62 所示。

(5) 在“引线格式”选项卡中,设置“箭头”选项组中的“符号”为“点”,在“大小”文本框中输入 4,如图 7-63 所示。

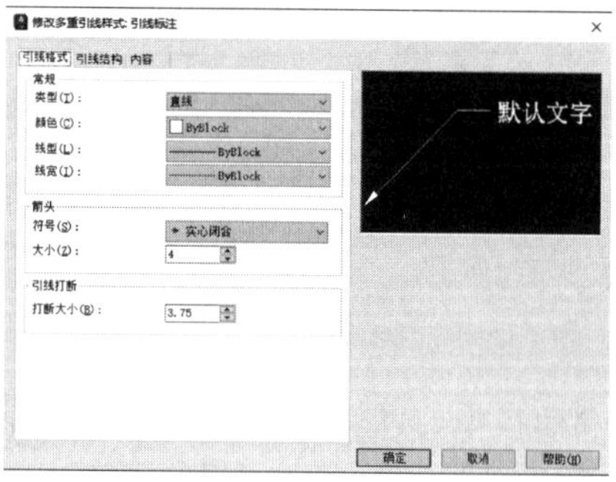

图 7-62 “修改多重引线样式”对话框

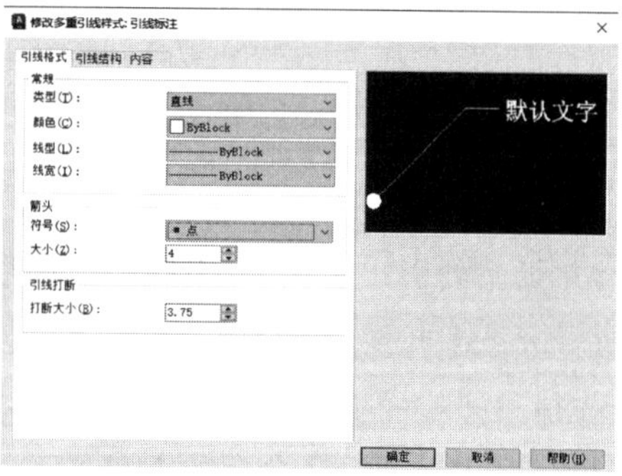

图 7-63 “引线格式”选项卡

(6) 在“引线结构”选项卡中,在“基线设置”选项组中设置基线距离为 3,如图 7-64 所示。

(7) 在“内容”选项卡中,设置“多重引线类型”为块,修改“源块”为“圆”,如图 7-65 所示。

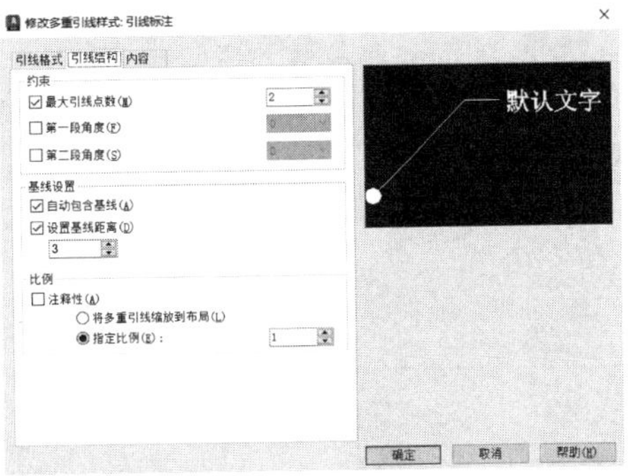

图 7-64　“引线结构”选项卡

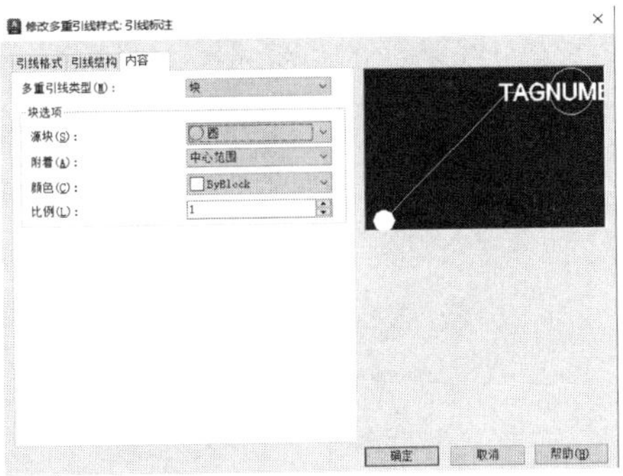

图 7-65　“内容”选项卡

(8) 单击“确定”按钮,返回“多重引线样式管理器”对话框,再单击“置为当前”按钮,然后关闭“多重引线样式管理器”对话框,完成设置。

(三) 多重引线标注

多重引线样式创建好了以后,即可使用“多重引线”命令进行标注。

执行“多重引线”标注命令的方法如下。

(1) 命令行:输入 MLEADER/MLD 命令。

(2) 菜单栏:执行“标注”|“多重引线”命令。

(3) 工具栏:单击“标注”工具栏中的“多重引线”按钮。

(4) 功能区:在“注释”选项卡中,单击“引线”面板中的“多重引线”按钮。

例 7-15
讲解视频

【例 7-15】 对图 7-66 所示基础图形进行多重引线标注。

(1) 在“多重引线样式管理器”对话框中选择“引线标注”样式,单击“置为当前”按钮,如图 7-67 所示。

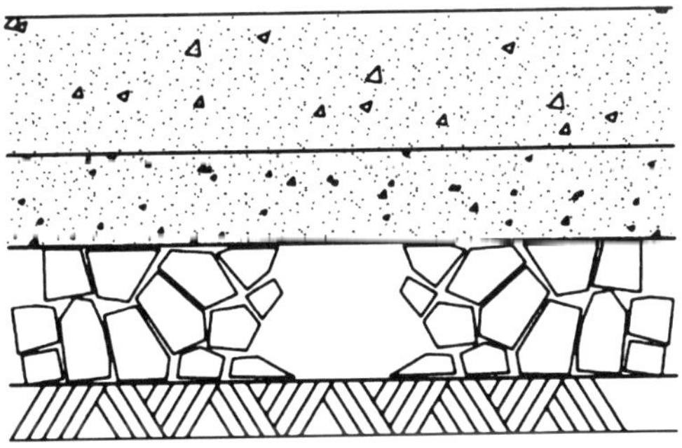

图 7-66　基础图形

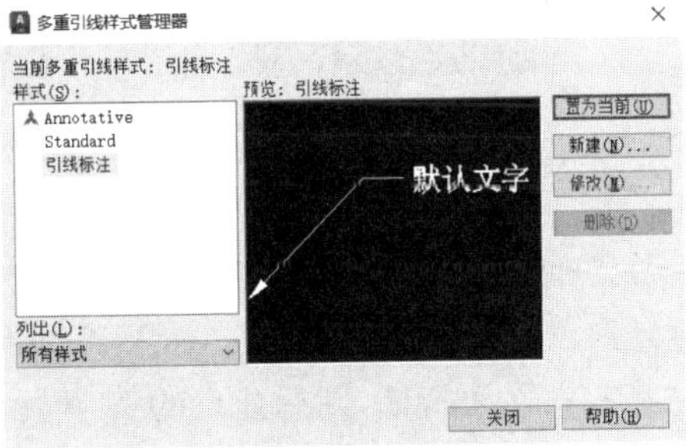

图 7-67　“多重引线样式管理器”对话框

(2) 单击“样式”工具栏中的“多重引线”按钮,创建引线标注。命令行提示与操作如下。

命令行:mleader ↙　　　　　　　　　　//调用“多重引线”命令

指定引线箭头的位置或[预输入文字(T)/引线基线优先(L)/内容优先(C)/选项(O)]

<选项>： //指定引线箭头插入位置

指定引线基线的位置： //指定引线基线放置位置

输入名称：印花红花岗岩↙ //输入引线标注名称

指定引线箭头的位置：<正交 关> //指定箭头放置位置，结果如图 7-68 所示

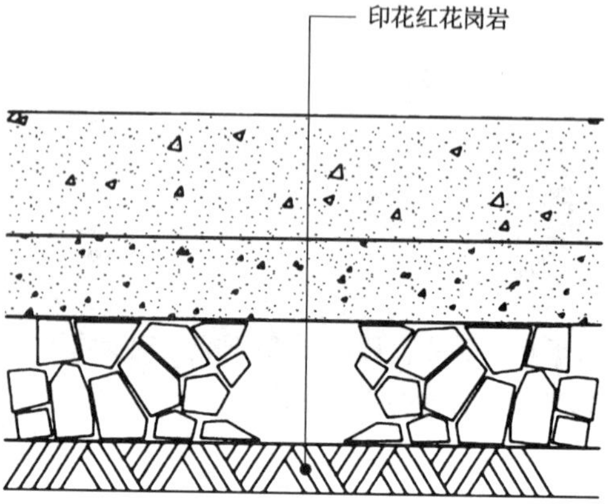

图 7-68 创建引线标注

六、坐标标注

在快速访问工具栏中选择“显示菜单栏”命令，在弹出的菜单中选择“标注”|“坐标”命令，或在“功能区”选项板中选择“注释”选项卡，在“标注”面板中单击“坐标”按钮，如图 7-69 所示，都可以标注相对用户坐标原点的坐标，如图 7-70 所示。

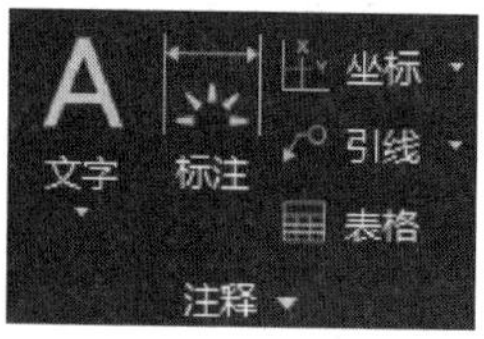

图 7-69 “标注”面板

图 7-70 坐标标注

注意：在“指定引线端点”提示下确定引线的端点位置之前，应先确定标注点坐标是 X 坐标还是 Y 坐标。如果在此提示下相对标注点上下移动光标，将标注点的 X 坐标；若相对标注点左右移动坐标，则标注点的 Y 坐标。

此外，在命令行提示中，“X 基准(X)”“Y 基准(Y)”选项分别用来标注指定点的 X 坐标和 Y 坐标，“多行文字(M)”选项用于通过当前文本输入窗口标注多行文字的具体内容，“文字(T)”选项用于输入标注的内容，“角度(A)”选项用于确定标注内容的旋转角度。

七、形位公差标注

形位公差实际上就是允许加工时产生的形位误差范围，而在该公差范围内，不会影响产品的功能。

在快速访问工具栏中选择“显示菜单栏”命令，在弹出的菜单栏中选择“标注”|“公差”命令，或在“功能区”选项板中选择“注释”选项卡，在“标注”面板中单击“公差”按钮■，打开“形位公差”对话框，可以设置公差的符号及基准等参数，如图 7-71 所示。

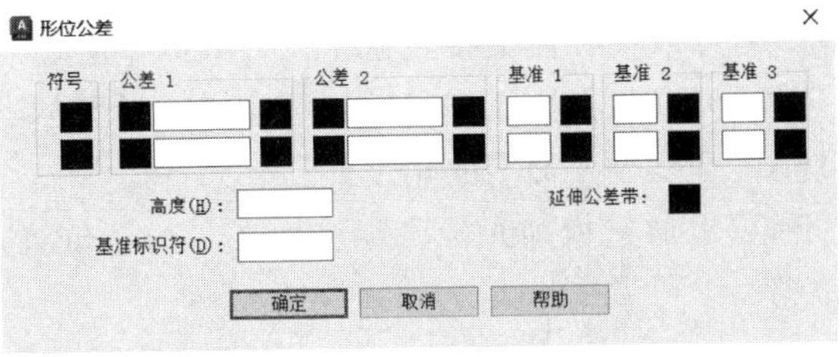

图 7-71　“形位公差”对话框

(1) “符号”：单击该列的“■”框，将打开“特征符号”，可以为公差 1 和公差 2 选择几何特征符号，如图 7-72 所示。

(2) “公差 1”和“公差 2”：单击该列前面的“■”框，将插入一个直径符号。在中间的文本框中，可以输入公差值。单击该列后面的“■”框，将打开“附加符号”，可以为公差选择包容条件符号，如图 7-73 所示。

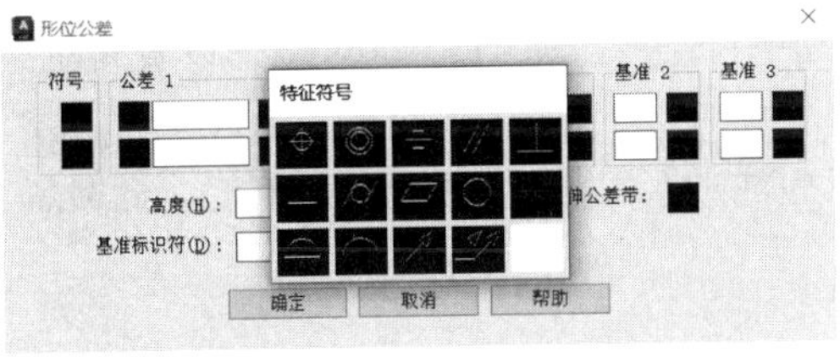

图 7-72　公差特征符号

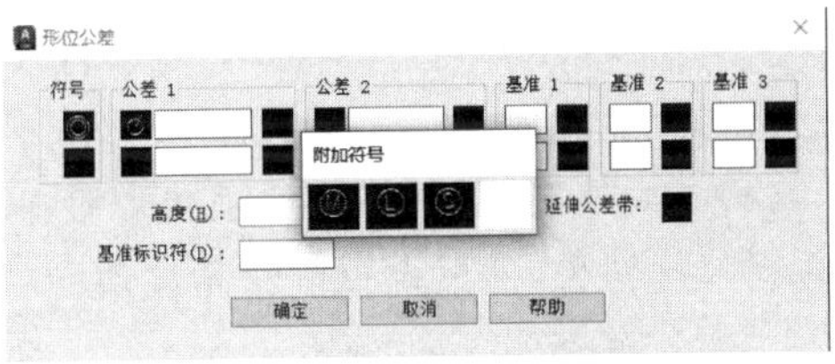

图 7-73　包容条件符号

(3) “基准 1”、“基准 2”和“基准 3”：设置基准参照值。

(4) “高度”：设置投影公差带的值。投影公差带控制固定垂直部分延伸区的高度变化，并以位置公差控制公差精度。

(5) “延伸公差带”：单击“■”框，可以在延伸公差带值的后面插入延伸公差带符号。

(6) “基准标识符”：创建由参照字母组成的基准标识符号。

第五节　尺寸标注编辑

在 AutoCAD 中，可以对已标注尺寸对象的文字、位置及样式等内容进行修改，而不必删除所标注的尺寸对象再重新进行标注。

一、编辑标注文字的位置

选择“标注”|“对齐文字”子菜单中的相关命令，可以修改尺寸的文字位置。选择需要修改的尺寸对象后，命令行提示如下。

指定标注文字的新位置或[左(L)/右(R)/中心(C)/默认(H)/角度(A)]:

各选项的功能及含义如下。

(1) 左:选择该选项,可以对标注文字进行左对齐操作。

(2) 右:选择该选项,可以对标注文字进行右对齐操作。

(3) 中心:选择该选项,可以将标注文字定位于尺寸线的中心。

(4) 默认:选择该选项,可以将标注文字移动到标注样式设置的默认位置。

(5) 角度:选择该选项,可以改变文字的角度。

注意:在默认情况下,可以通过拖动光标确定尺寸文字的新位置,也可以输入相应的选项指定标注文字的新位置。

二、编辑标注

在 AutoCAD 中,用户可以通过在命令行中输入 DIMEDIT 命令,修改标注文字的位置及倾斜角度。此时命令行的提示如下。

输入标注编辑类型[默认(H)/新建(N)/旋转(R)/倾斜(O)]<默认>:

以上命令行提示中各选项的含义如下。

(1)“默认(H)”:选择该选项并选择尺寸对象,可以按默认位置和方向设置尺寸文字。

(2)“新建(N)”:选择该选项可以修改尺寸文字,此时系统将显示“文字格式”工具栏和位置输入窗口。修改或输入尺寸文字后,选择需要修改的尺寸对象即可。

(3)“旋转(R)”:选择该选项可以将尺寸文字旋转一定的角度,同样是先设置角度值,然后选择尺寸对象。

(4)“倾斜(O)”:选择该选项可以使非角度标注的尺寸界线倾斜一定角度。此时需要先选择尺寸对象,然后设置倾斜角度值。

三、替代标注

在快速访问工具栏中选择“显示菜单栏”命令,在弹出的菜单栏中选择“标注”|“替代”命令(DIMOVERRIDE),可以临时修改尺寸标注的系统变量设置,并按该设置修改尺寸标注。该操作只对指定的尺寸对象作出修改,并且修改后不影响原系统的变量设置。执行该命令时,命令行提示如下。

输入要替代的标注变量名或[清除替代(C)]:

在默认情况下,输入要修改的系统变量名,并为该变量指定一个新值。然后选择需要修改的尺寸对象,这时指定的尺寸对象将按新的变量设置作相应的更改。如果在命令行提示下输入 C,并选择需要修改的对象,可以取消用户已作出的修改,并将尺寸对象恢复成在当前系统设置下的标注形式。

四、更新标注

在快速访问工具栏中选择“显示菜单栏”命令,在弹出的菜单栏中选择“标注”|“更新”命令,可以更新标注,使其采用当前的标注样式,此时命令行提示如下。

输入标注样式选项[保存(S)/恢复(R)/状态(ST)/变量(V)/应用(A)/?]<恢复>:

命令行中各选项的功能如下。

(1)“保存(S)”:将当前尺寸系统变量的设置作为一种尺寸标注样式来命名保存。

(2)“恢复(R)”:将用户保存的某一尺寸标注样式恢复为当前样式。

(3)“状态(ST)”:查看当前各尺寸系统变量的状态。选择该选项,可以切换到文本窗口,并显示各尺寸系统变量及其当前设置。

(4)“变量(V)”:显示指定标注样式或对象的全部或部分尺寸系统变量及其设置。

(5)“应用(A)”:可以根据当前尺寸系统变量的设置更新指定的尺寸对象。

(6)“?”:显示当前图形中命名的尺寸标注样式。

思考与练习

1. 定义一个新的标注样式。具体要求如下:样式名为“工程标注样式”,文字高度为“50”,尺寸文字从尺寸线偏移距离为“1.25”,箭头大小为“20”,尺寸界线超出尺寸线距离为“2”,基线间距为“100”,其余设置均采用系统默认设置。

2. 在 AutoCAD 2023 中,尺寸标注有哪些类型?各有什么特点?

3. 在 AutoCAD 2023 中,如何创建引线标注?

第八章　安全工程类图纸的绘制规范与绘制实例

本章学习要点：

(1) 安全工程类图纸的绘制规范

(2) 安全工程相关图纸的绘制

(3) 出图前的注意事项

(4) 图形空间布局与打印出图等操作

第一节　安全工程类图纸的绘制规范

为使图面简洁清晰，符合工程要求，提高设计图纸的编制质量，需要制定一套制图标准。工程制图标准主要包括：比例、图纸幅面、字体及符号、图层、线型线宽、标注及图例等。总体要求如下：

(1) 图纸布局合理、美观、清晰、紧凑、线条均匀光滑。

(2) 图纸使用统一标准符号，标注、文字、数字等样式统一。

(3) 图纸符合实际，充分反映现场实际情况，准确无误，能够起到指导生产的作用。

一、比例

制图时所有的比例应根据设计阶段图纸内图形的复杂程度按表 8-1 的规定选取，并将图形的比例标注在标题栏内。当采矿制图常用比例中没有合适的比例可选，需要采用一般制图比例时，应按 1∶(1×10^n)、1∶(2×10^n)、1∶(5×10^n)的比例系列选取适当的比例(n 为正整数)。

表 8-1　图纸比例

图　　名	常用比例	可用比例
矿区井田划分及开发方式图	平面 1∶10000，剖面 1∶20000	平面 1∶50000，剖面 1∶50000
井田开拓方式图，开拓巷道工程图，矿井通风系统平面图	平面 1∶5000，剖面 1∶2000	平面 1∶10000、1∶2000，剖面 1∶5000
采区巷道布置及机械配备图	平面 1∶2000，剖面 1∶2000	平面 1∶5000
采区通风系统图(采区巷道布置平面图和剖面图)	平面 1∶2000，剖面 1∶2000	平面 1∶2000，剖面 1∶1000
井底车场布置图	平面 1∶500，断面 1∶50	平面 1∶1000
安全煤柱图	1∶2000	—

表 8-1(续)

图　　名	常用比例	可用比例
各种井筒	1∶20	1∶30,1∶50
各种硐室	平面 1∶50、1∶100, 剖面 1∶50, 断面 1∶50、1∶100	平面 1∶200, 剖面 1∶200
采区车场	平面 1∶200,断面 1∶50, 剖面 1∶200	平面 1∶500、1∶100, 剖面 1∶100
各种详图	1∶2,1∶5,1∶10	—

比例标注应符合下列规定:

(1) 在同一幅图中,主要视图宜采用相同的比例绘制,并将比例标注在标题栏中。当主要视图的比例不一致时,应分别在各视图图名标注线下居中标注比例,同时应在比例栏内注明“见图”字样。

(2) 在同一视图中图样的纵横比过大,而又要求详细标注尺寸时,纵向和横向可采用不同比例绘制,并应在视图名称下方或右侧标注比例。

(3) 必要时,视图的比例可采用比例尺的形式,即在视图的铅垂或水平方向加画比例尺。

(4) 不能按比例绘制的视图,可不按比例绘制,但应注明“×××示意图”的字样,并应防止严重失真。

二、图纸幅面

(1) 所有设计图纸的幅面,均按规定绘制,见表 8-2 及图 8-1。

表 8-2　设计图纸幅面规定

幅面代号	A0	A1	A2	A3	A4
尺寸 B×L/mm	841×1189	594×841	420×594	297×420	210×297
C/mm	10			5	
a/mm	25				

(2) 必要时可以将表 8-2 中幅面的长边加长(0 号及 1 号幅面允许加长两边),其加长量应按 4 号幅面相应的长边或短边尺寸成整数倍增加,如图 8-2 所示。

三、图纸字体规格

(1) 字体的字型、大小应一致,笔画清楚,间隔均匀,排列整齐。

(2) 字体高度宜符合其公称尺寸系列:1.8 mm、2.5 mm、3.5 mm、5 mm、7 mm、10 mm、14 mm、20 mm。

(3) 汉字应写成长仿宋体,并应采用简化字。汉字的高度不应小于 3.5 mm。

(4) 文字或字母格式、基本比例和尺寸宜符合表 8-3 的规定。

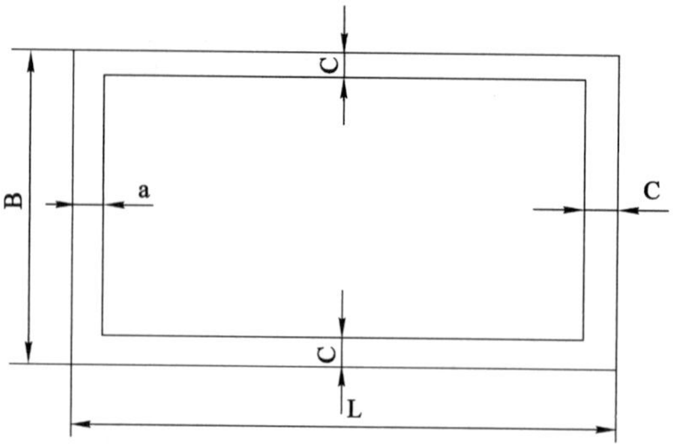

图 8-1　标准工程图

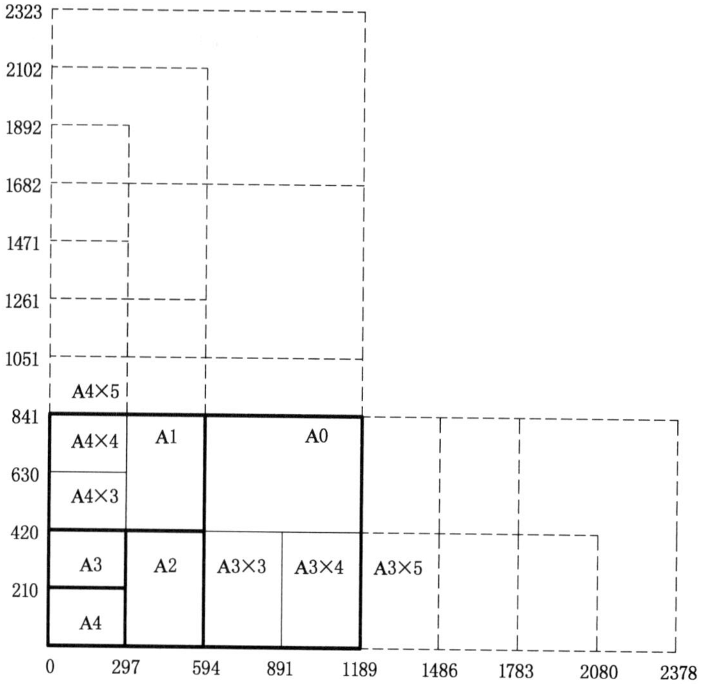

图 8-2　图纸幅面(粗实线为基本幅面;细实线、细虚线为加长幅面)

表 8-3　文字或字母格式、基本比例和尺寸

书写格式		基本比例	尺寸/mm							
大写字母高度	h	(14/14)h	1.8	2.5	3.5	5	7	10	14	20
小写字母高度	c1	(10/14)h	1.3	1.8	2.5	3.5	5	7	10	14
字母间距	a	(2/14)h	0.26	0.36	0.5	0.7	1	1.4	2	2.8
词间距	e	(6/14)h	0.78	1.5	1.5	2.1	3	4.2	6	8.4
基准线最小间距(大写字母)	b3	(17/14)h	2.21	3.06	4.25	5.95	8.5	11.9	17	23.8

注:h 代表大写字母高度,是一个基准参数,其他相关尺寸基于它按一定比例确定;c1 表示小写字母高度,其与大写字母高度存在比例关系(10/14)h;a 指字母间距,同样是基于 h 按(2/14)h 的比例来确定具体尺寸;e 为词间距,按照(6/14)h 的比例确定尺寸;b3 代表基准线最小间距(大写字母),依据(17/14)h 的比例确定尺寸。

(5) 在同一幅图纸上，宜选用一种形式的字体。

(6) 尺寸标注、数字、高程、煤厚、断层名称及测点编号采用 2.5 mm 字高，工作面编号、钻孔编号、村庄名称标记、井巷名称采用 3.5 mm 字高，说明部分采用 5 mm 字高。

四、图线

(1) 图线的宽度应根据图纸的类别、比例和复杂程度选用。采矿制图常用的各种线型宜符合表 8-4 的规定。图线宽度系列一般应为 0.18 mm、0.25 mm、0.40 mm 和 0.80 mm。井田边界线线宽一般为 0.80 mm，水平、采区边界线线宽一般为 0.40 mm，巷道线线宽一般为 0.25 mm，等高线及经纬网线宽一般为 0.18 mm。

表 8-4 线型

名称	线型	线宽/mm	主要用途
粗实线		0.80	主要可见轮廓线、主要可见过渡线
中实线		0.40	次要可见轮廓线、次要可见过渡线
中虚线		0.40	次要不可见轮廓线、次要不可见过渡线
细实线		0.18 或 0.24	尺寸线、尺寸界线、剖面线或断面线、引出线、范围线
细虚线		0.18 或 0.24	不可见轮廓线、不可见过渡线
粗单点画线		0.80	有特殊要求的线或表面的表示线
细单点画线		0.18 或 0.24	中心线、轴线、轨迹线
细双点画线		0.18 或 0.24	剖面图中表示被剖切去的部分形状的假想投影轮廓线、中断线
折断线		0.40	井巷断裂处的分界线
波浪线		0.18 或 0.24	井巷断裂处的边界线、视图和剖视图的分界线

(2) 图线的宽度要根据图形的大小和复杂程度来选取，在同一图纸上按同一比例绘制图形时，同类图线的宽度应保持一致。

(3) 剖切线的线段长度，应根据图形的大小来决定，一般的在 5～20 mm，特殊的在 5～40 mm 的范围内选取。

(4) 虚线的线段长度一般为 2～6 mm，线段间的间隔距离为其长度的 1/4～1/2，同时各线段长度应大致相等，若线加粗，则线段也相应地加长。

(5) 点画线和双点画线的线段长度一般为 20～50 mm，各线段间的间隔距离为其长度的 1/7～1/5，各类线段长度应大致相等。

(6) 各类线型的画法：

① 折断线和波浪线一般可用鼠标手工绘制，其他各种线条一律按制图标准绘制。

② 虚线和虚线或者点画线和点画线应交于线段中间，两端应以短线收尾，并超出物体轮廓界线 4～5 mm。

③ 直径小于 12 mm 的圆，其中心线可画成实线。

④ 虚线成为实线的连接线时，应留出一段空隙；但两者成某一角度相交时，结合处不应留出空隙。

(7) 矿井各种边界线图例宜符合表 8-5 的规定。

表 8-5　边界线图例

序号	名称	图例
1	勘探边界线	
2	矿区边界线	
3	井田境界线	
4	煤柱边界线	
5	采区边界线	
6	可采边界线	
7	剖切线	
8	煤层巷道	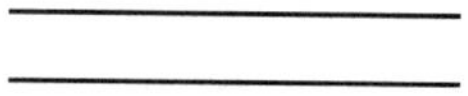
9	岩石平巷	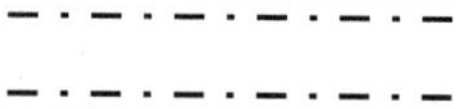
10	岩石斜巷	

五、图层颜色

(1) 图框、图例、经纬网、等高线、剖面线、表格、指北针、钻孔、文字、数字等：黑色(White)。

(2) 断层线、断层标注：红色(索引颜色 10)。

(3) 岩层巷道：深黄色(索引颜色 40)。

(4) 煤层、半煤岩巷道：第一层蓝色(Blue)、第二层绿色(Green)、第三层紫色(Purple)等。

(5) 地面建筑及其他：深绿色(索引颜色 64)。

(6) 地面河湖等水域：浅蓝色(索引颜色 121)。

(7) 保护煤柱、冲积层与基岩分界线，冲积层填充等：深棕色(索引颜色 32)。

(8) 煤层或厚煤层填充：深灰色(第二调色板，索引颜色 8)。

(9) 辅助线：白色(第三调色板，索引颜色 255)。

六、图例

(1) 在复制地质图时，仍采用原地质图例；需要在复制图中增添设计内容时应按本标准规定的图例绘制。

(2) 为了图纸美观，同一张图纸应采用统一图例绘制。

(3) 绘制 1∶500～1∶5000 比例的剖面图时，对剖面图中的井巷应按剖切情况进行处理：剖切到的井巷，用单实线表示；没有剖切到的井巷，当井巷在剖切线的前面时用虚线表示，当井巷在剖切线的后面时用双点画线表示。

(4) 图例一般放置在图纸右侧标题栏附近。

第二节　安全工程相关图纸绘制实例

一、地下工程相关图纸绘制

双轨大巷断面图和轨道上山进风的采区通风系统图都是矿山系统常用图纸。其中，双轨大巷断面图是指展示双轨大巷横断面形状、尺寸、结构及相关设施布局的图纸。这种图纸在煤矿等采矿工程中具有重要意义，它详细描绘了巷道的断面结构，包括巷道的宽度、高度、支护方式、轨道布局、设备安装位置等关键信息，对于指导施工、安全评估、设备管理和资料存档等方面都具有重要作用。轨道上山进风的采区通风系统图详细描绘了采区内风流从轨道上山进入，流经采掘工作面、硐室和其他用风地点后，最终排至矿井主要回风巷的整个通风线路。

(1) 绘制特点

① 为保证绘图精度和美观度，先根据实际尺寸设置好比例和单位，确保在不同视图和缩放条件下，图形保持整体一致性。

② 采用不同的线型、线条粗细和颜色来区分主风流、支风流和回风线路以及不同类型的通风设施，使图形更加直观。

③ 对于重复使用的设施(如风门、风桥等)，可以创建动态块，在绘图过程中可以根据实际需求调整其大小、方向等属性，提高绘图效率。

④ 可利用不同的图层管理不同类型的线条和标注，以提高图层清晰度和进行结构化管理。

⑤ 图中的图例符号和线型应遵循相关的国家或行业标准，确保图例内容在不同图纸和项目中具有一致性，提高图纸普适性和可靠性。

(2) 绘图分析

以双轨大巷断面图(图 8-3)为例，绘图要点如下：

① 组成元素：双轨大巷断面图由一拱形圈砌外围、架线钩子、混凝土轨道及枕木、流水槽组成。

② 设置绘图环境：包括设置图形界限、单位、图层、文字样式等，为后续绘图做准备。

③ 绘制轮廓：根据巷道的设计尺寸和形状，绘制巷道的断面轮廓，在巷道轮廓内绘制轨道、电机车、水沟、管路等设备设施。

④ 填充和标注：对巷道内外壁、轨枕与底板之间等区域进行填充，并标注巷道的尺寸、设备设施的规格等信息。

⑤ 保存输出：检查图纸的准确性和完整性，确认无误后保存图纸并打印输出。

绘制轨道上山进风的采区通风系统图(图 8-4)时，需要准确标注风流的方向、路径、风

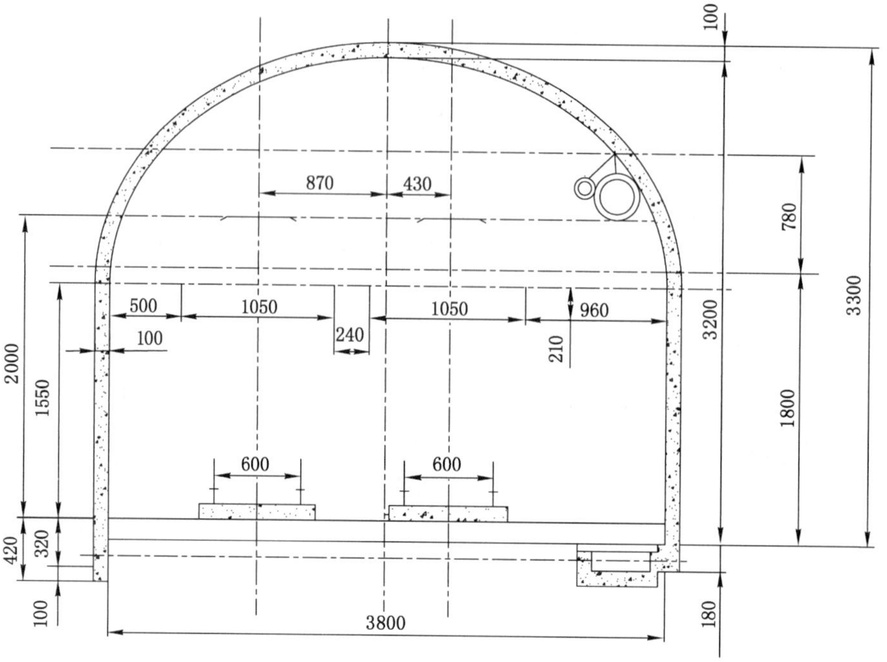

图 8-3　双轨大巷断面图

量以及各用风地点的位置。通风系统图中还应包括风门、风桥、密闭等通风设施的位置和数量，以反映通风系统的完整性和安全性。考虑矿井实际情况的复杂性，通风系统图可能需要根据具体条件进行调整和优化。

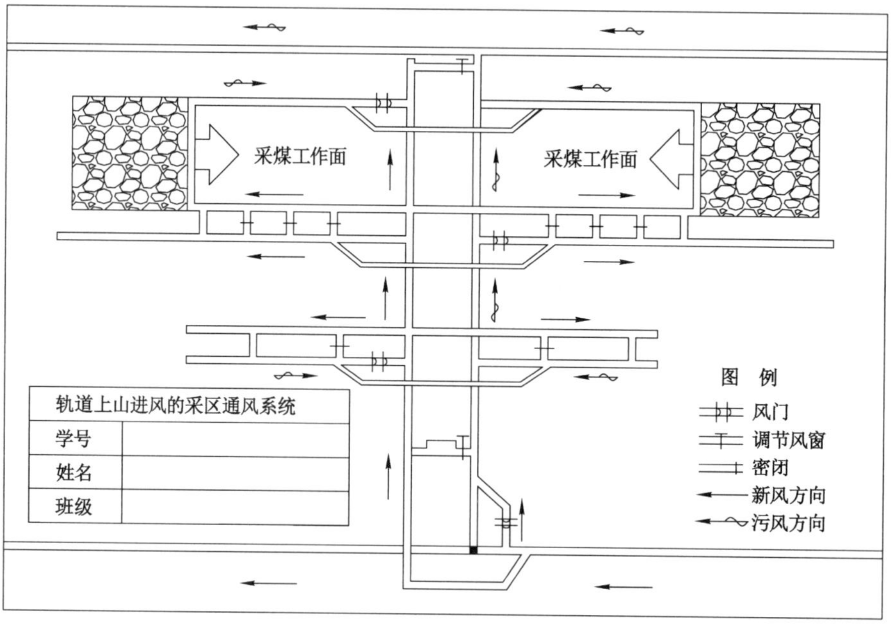

图 8-4　轨道上山进风的采区通风系统图

二、化工安全类图形绘制实例

泵是化工生产中常用的必不可少的辅助设备，泵体（图 8-5）是组成机器及部件的主要零件，常有轴孔、空腔、螺孔、肋、凸台、沉孔等结构。泵体一般为铸件，加工位置多变，加工以铣、刨、镗为主。图 8-5 所示泵体由主视图、左视图、A-A 剖面视图构成，由于其加工工序比较复杂，主视图一般绘制于工作位置，其运动件的支持部分一般安装轴承孔、螺纹孔等，而安装平面上一般有定位销孔和连接孔，并且箱体上还有存油池、加油孔、放油孔、回油槽，以及安装油标、油管等零件的平面和孔。

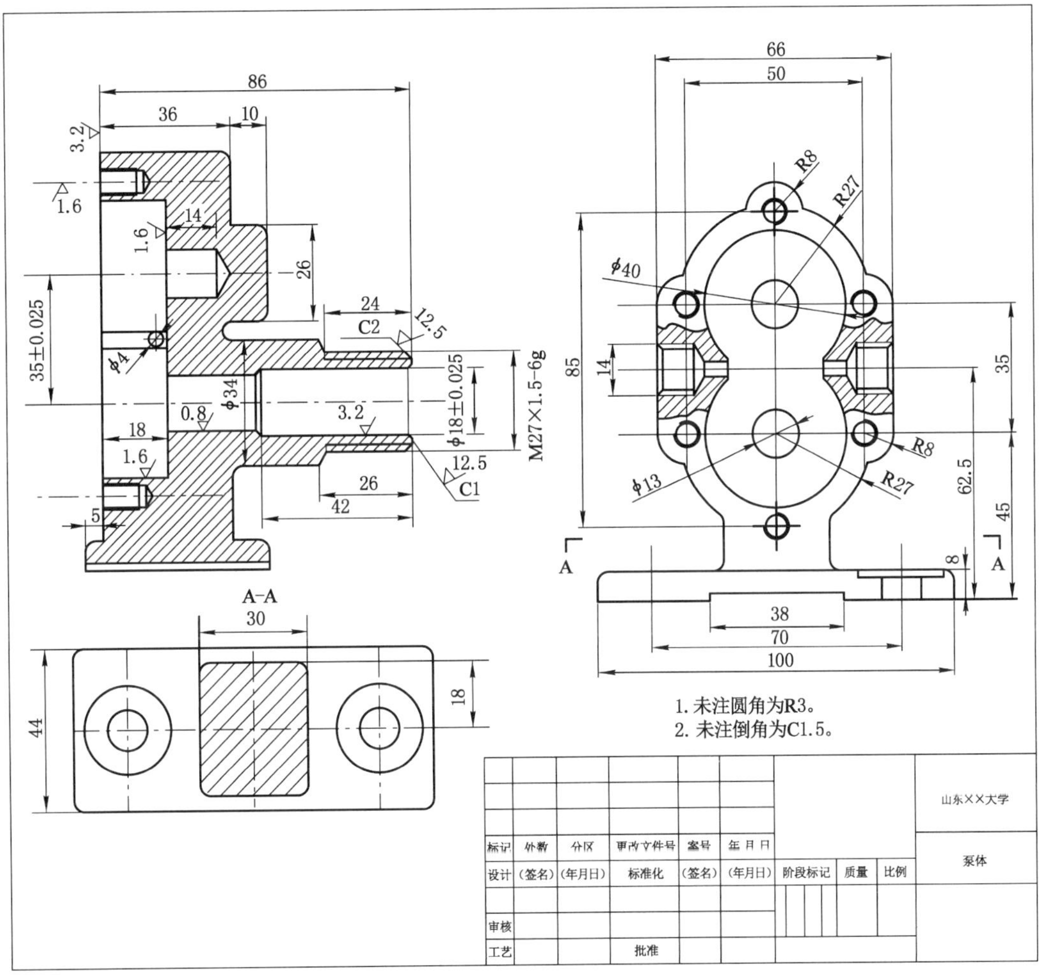

图 8-5　泵体

（1）泵的绘制特点

① 内部结构形状复杂。由图 8-5 所示图形可以看出，由于泵体加工工序比较复杂，需要用左视图、主视图、A-A 剖面视图表述完整的零件图。

② 不完全对称。由图 8-5 所示图形可以看出，左视图和 A-A 剖面视图都是左右对称的，在绘制时可以方便地使用镜像命令，而主视图只有部分是对称的，不能完全使用镜像

命令。

③ 各视图的关联性。由图 8-5 所示图形可以看出,主视图、左视图、A-A 剖面视图有关联性,因此在绘制时所需数据可以直接从不同的视图中得到。例如,图 8-5 中 A-A 剖面视图的长度就与左视图的相同。

(2) 绘图分析

图 8-5 所示图形在绘制时可以同时绘制几个视图,也可以分别绘制。为了便于学习,更有条理性,在此我们分别进行讲解。

① 绘制主视图可以采用如下两种方法。

方法 1:首先使用坐标法绘制出主视图的轮廓,该方法要求图中的数据都较为准确,然后对外部轮廓进行圆角处理,接着绘制主视图的内部各部件,最后对主视图进行填充。

方法 2:首先用偏移、修剪命令绘制出主视图的轮廓,然后用方法 1 后半部分的方法绘制其他部分。

② 绘制左视图可以采用如下两种方法。

方法 1:用圆命令绘制出几组同心圆,修剪得到左视图的上半部分,然后使用镜像命令得到下半部分,对其进行修剪,用偏移命令绘制得到下面的底座。

方法 2:在绘制左视图中的圆时,由于对称性可以使用复制的方法。

③ 绘制 A-A 剖面视图可以采用如下 3 种方法。

方法 1:首先用偏移命令得到各线段,然后用修剪命令对其进行修剪,再用偏移方法得到一组同心圆,接着用镜像命令得到另外一组同心圆,最后对图形进行填充。

方法 2:首先用矩形命令绘制出大小不同的矩形,然后用偏移方法得到一组同心圆,用复制方法得到另外一组同心圆,最后对图形进行填充。

方法 3:根据图中给出的数据用坐标法直接绘制出 A-A 剖面视图的轮廓,然后用圆命令绘制出其中的两组同心圆。

三、建筑消防类图形绘制实例

自动喷水灭火系统主要根据所使用的喷头类型和系统的充水状态进行分类,可以分为湿式自动喷水灭火系统和干式自动喷水灭火系统。

图 8-6 为湿式自动喷水灭火系统,湿式自动喷水灭火系统(以下简称湿式系统)由闭式喷头、湿式报警阀组、水流指示器或压力开关、供水与配水管道以及供水设施等组成,在准工作状态下,管道内充满用于启动系统的有压水。

图 8-7 为干式自动喷水灭火系统,干式自动喷水灭火系统(以下简称干式系统)由闭式喷头、干式报警阀组、水流指示器或压力开关、供水与配水管道、充气设备以及供水设施等组成,在准工作状态下,配水管道内充满用于启动系统的有压气体。干式系统的启动原理与湿式系统相似,只是将传输喷头开放信号的介质由有压水改为有压气体。

(1) 灭火系统绘制特点

① 精确的尺寸和比例:确保所有管道、组件和阀门的尺寸都按照实际尺寸绘制,并且保持正确的比例。

② 清晰的图层管理:使用不同的图层区分不同类型的管线(如供水管、排气管、溢流管等)和系统组件,便于管理和修改。

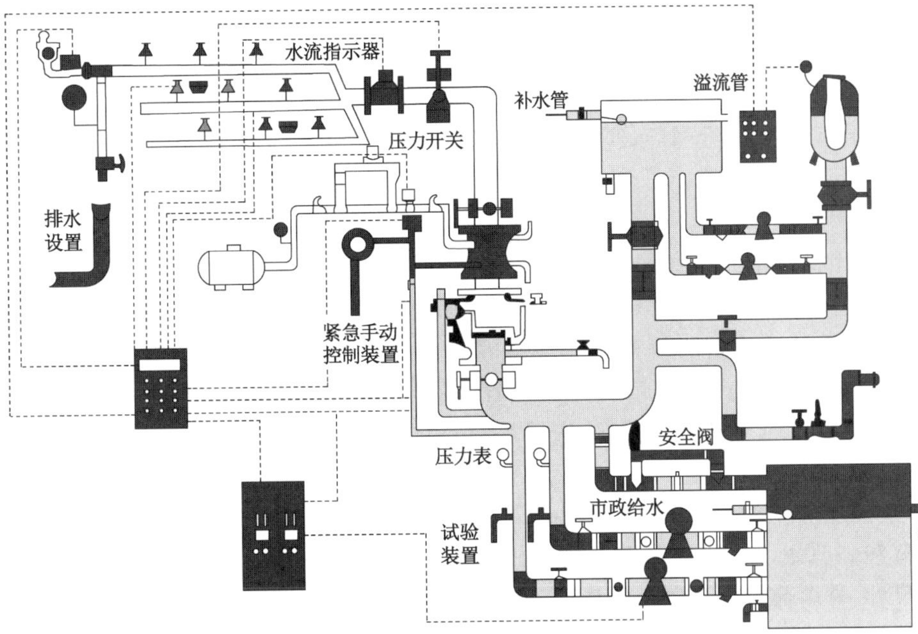

图 8-6　湿式自动喷水灭火系统

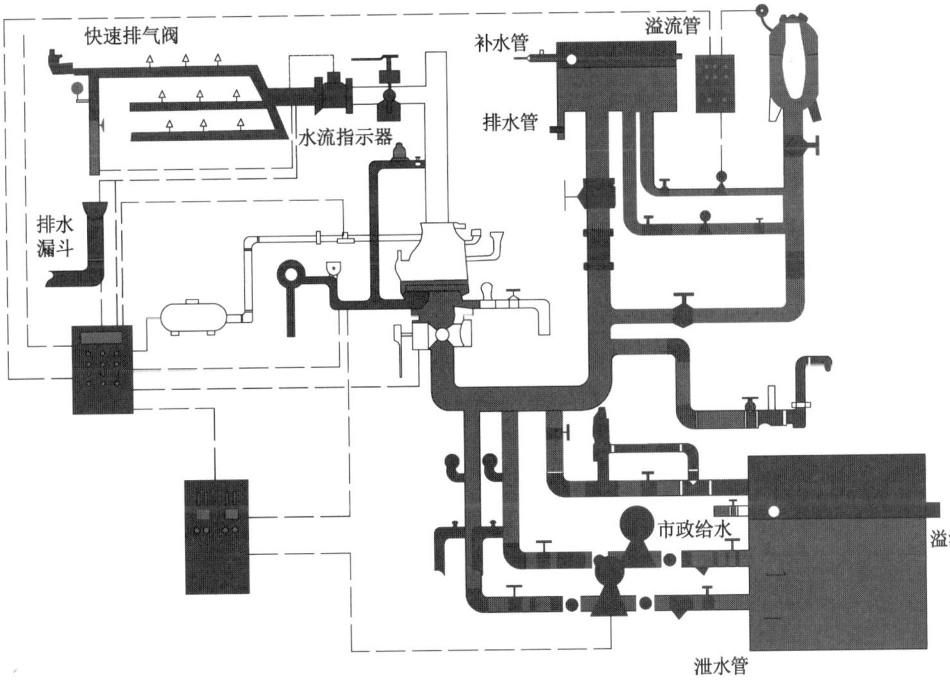

图 8-7　干式自动喷水灭火系统

③ 组件的详细表示：对于快速排气阀、干式报警阀、控制阀等关键组件，应使用标准的符号和图例，并在图纸上明确标注。

④ 系统状态标识：在湿式系统和干式系统中，应明确标识系统在准工作状态时是充满气体还是空管。

⑤ 审图和验证：在完成绘图后，应详细进行审图和验证，确保所有细节都是准确的，并且系统设计满足所有性能要求。

(2) 绘图分析

方法 1：使用坐标法绘制轮廓。

首先，使用坐标法直接在绘图软件中输入精确的坐标点来绘制图形的轮廓。在轮廓绘制完成后，对零件的边缘进行圆角和倒角处理。这不仅能够提高零件的美观性，还能在实际生产中减少应力集中，提高零件的耐用性。在轮廓确定后，开始绘制各个部件，包括内部结构、细节特征等。最后，对图形进行填充，以便于更直观地展示设计的细节和整体效果。

方法 2：使用偏移和修剪命令绘制轮廓。

使用偏移和修剪命令快速绘制图形的基础轮廓。偏移命令可以用来快速复制并调整现有图形的尺寸，修剪命令则可以用来删除不需要的部分；在基础轮廓确定后，使用修剪命令对轮廓进行细化，确保图形的精确性和清晰性；与方法 1 相同，对轮廓进行圆角和倒角处理。在轮廓细化后，继续绘制各个部件，确保每个部分都符合设计要求。最后，对图形进行填充，以增强视觉效果和便于检查设计。对于 CAD 软件中已有的标准组件符号（如快速排气阀），使用 INSERT 命令进行块插入（如果没有现成的符号，可以手动绘制这些组件，然后创建成块以便重复使用）。

第三节　出图前的注意事项

出图前应对图纸逐一进行检查，图形要素要全，一般包括图框、图例、标题栏、经纬网、标注、指北针、图名等，矿井通风网络图一般包括分支、风流方向、调节设施、通风动力、文字标注、图例等要素。根据多年经验总结的出图前的十大注意事项如下：

(1) 部分图形不需要指北针，没有比例尺（如矿井通风系统立体示意图）；其他图形一般都需要指北针，宜放置在图纸右上角，具体大小和样式根据实际图形要求确定。

(2) 一定要按照比例进行打印（示意图除外），打印后经纬网的间距为 100 mm。

(3) 图例都不能少，且放置在左下角。

(4) 外框宜打印成粗线(0.8 mm)。

(5) 图纸中，文字大小一定要合适，按不同比例设置，特别是图名、经纬网标注、等高线标注及井巷名称等文字大小一定要合适。

(6) 辅助线图层打印前要关闭，辅助线不宜打印出来；关于颜色，在打印前都要调成黑白打印（彩色打印除外），否则有些彩色（黄色、绿色等）会打印不清楚。

(7) 图框、标题栏、图例等内容下面的线条必须进行修剪；有些内容需要延伸到内框（如经纬线、某些底板等高线）。

(8) 每张图都要有标题栏，宜放置在右下角，且大小合适。

(9) 线型、线宽要合理、合适，符合规范。例如，井田边界线一定要用标准线型，线宽一定要为 0.8 mm。

(10) 图纸宽度最大为 881 mm，而不是 841 mm，比 A0 图纸幅面稍微大一点。出图前一定要按照比例计算一张图纸是否可以完全打印出来；如果一张图纸打印不下，就要提前做好按两张图纸打印的准备。

第四节 图形空间布局与打印出图

AutoCAD 提供了两种绘图空间，模型空间和图纸空间(又称布局空间)，在这两种空间都可以对图形进行绘制与编辑。当打开一个新图形时，系统将自动进入模型空间。

一、模型空间

(1) 模型空间含义

模型空间即模型选项卡，是 AutoCAD 默认的完成绘图和设计工作的工作空间。用户通常以实际比例(1∶1)在该空间绘制二维或三维物体的造型，并用适当的比例创建标注和其他注释，以在打印图形时正确显示大小。在模型空间中，用户可以创建多个不重叠的视口以展示图形的不同视图。如果要创建三维实体，则可以在模型空间中创建图形及其注释，选择在模型空间出图，而不使用布局选项卡；如果从模型空间绘制和打印，则必须在打印前确定并为注释对象选用比例因子，此方法尤其对具有一个视图的二维图形有用。

(2) 模型空间绘图步骤

在模型空间绘图的步骤如下：① 确定图形的测量单位(图形单位)；② 指定图形单位的显示样式；③ 计算并设置标注、注释和块的比例；④ 在模型空间中按实际比例(1∶1)进行绘制；⑤ 在模型空间中创建注释并插入块；⑥ 按预先确定的比例打印图形。

注意：模型空间不可以重命名、删除，一般在模型空间内创建图形。

二、图纸空间

图纸空间一般用于打印，又称为打印空间，是布局提供的一个二维空间。一般在图纸空间内完成模型的布局和打印，该布局只用于输出图形，在此空间绘制的图形在模型空间不显示。图纸空间是图纸布局环境，可以在这里指定图纸大小、添加标题栏、显示模型的多个视图以及创建图形标注和注释。

注意：① 可以对图纸空间进行重命名、复制、删除等操作。② 一般在图纸空间进行布局和打印图形。③ 图纸空间有多个。在模型空间和图纸空间之间切换来执行某些任务具有多种优点。使用模型空间可以创建和编辑模型。使用图纸空间可以构造图纸和定义视图。

三、使用布局向导创建和管理布局

(1) 创建布局

在快速访问工具栏中选择“显示菜单栏”命令，在弹出的菜单中选择“工具”|“向导”|“创建布局”命令，打开“创建布局”向导，可以指定打印设备、确定相应的图纸尺寸和图形的打印方向、选择布局中使用的标题栏或确定视口设置。

【例 8-1】 使用布局向导创建布局。

例 8-1
讲解视频

① 在快速访问工具栏中选择“显示菜单栏”命令，在弹出的菜单中选择“工具”|“向导”|“创建布局”命令，打开“创建布局-开始”对话框，并在“输入新布局的名称”文本框中输入新创建的布局名称，如 Mylayout，如图 8-8 所示。

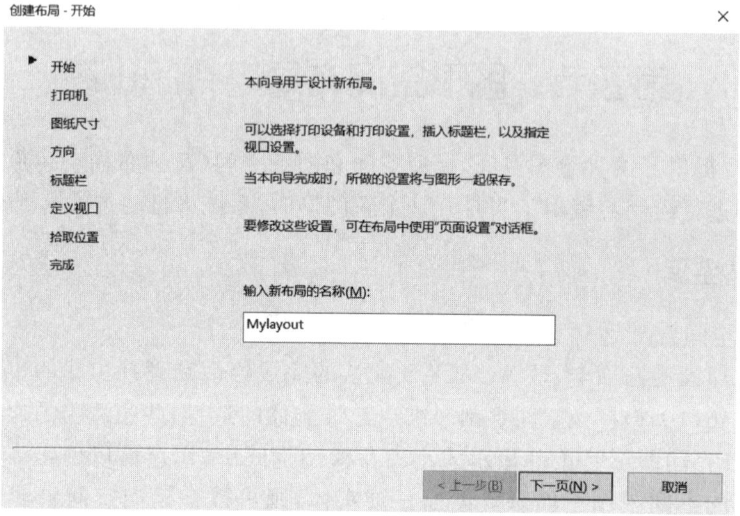

图 8-8 “创建布局-开始”对话框

② 单击“下一页”按钮，在打开的“创建布局-打印机”对话框中，选择当前配置的打印机，如图 8-9 所示。

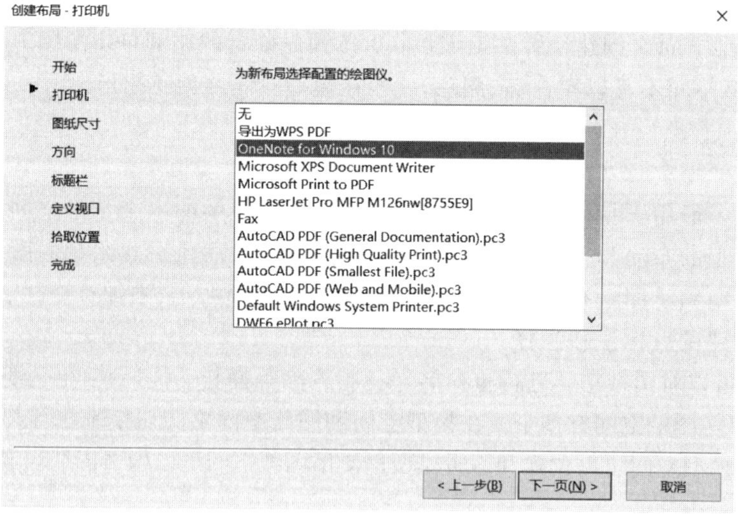

图 8-9 “创建布局-打印机”对话框

③ 单击“下一页”按钮，在打开的“创建布局-图纸尺寸”对话框中选择打印图纸的大小并选择所用的单位。图形单位可以是毫米、英寸或像素。这里选择绘图单位为毫米，纸张大小为 A4，如图 8-10 所示。

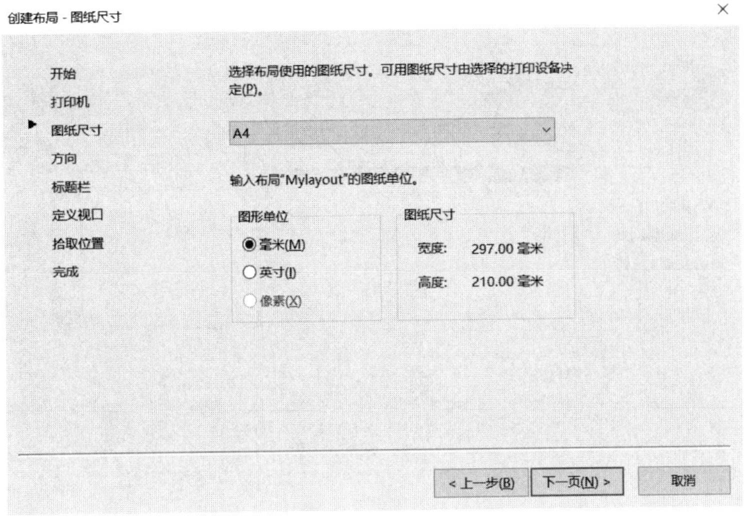

图 8-10　“创建布局-图纸尺寸”对话框

④ 单击“下一页”按钮，在打开的“创建布局-方向”对话框中设置打印的方向，可以是横向打印，也可以是纵向打印，这里选择“横向”单选按钮，如图 8-11 所示。

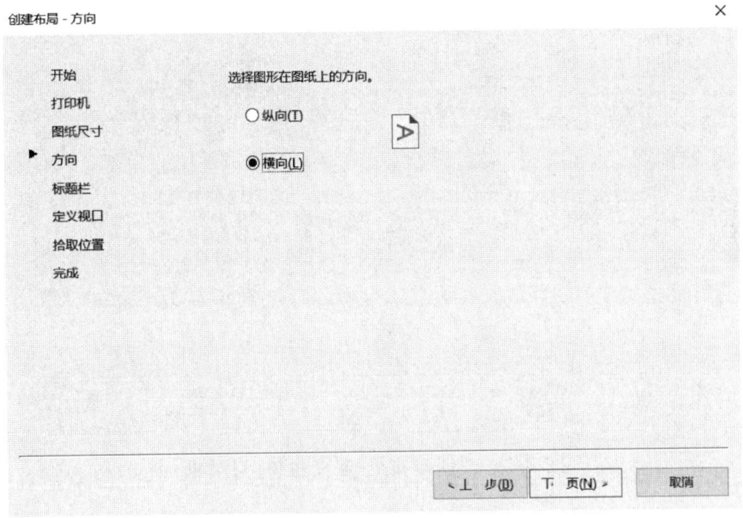

图 8-11　“创建布局-方向”对话框

⑤ 单击“下一页”按钮，在打开的“创建布局-标题栏”对话框中，选择图纸的边框和标题栏的样式。对话框右边的预览框中给出了所选样式的预览图像。在“类型”选项区域中，可以指定所选择的标题栏图形文件是作为块还是作为外部参照插入当前图形中，如图 8-12 所示。

⑥ 单击“下一页”按钮，在打开的“创建布局-定义视口”对话框中指定新创建布局的默认视口的设置和比例等。在“视口设置”选项区域中选择“单个”单选按钮，在“视口比例”下拉列表中选择“按图纸空间缩放”选项，如图 8-13 所示。

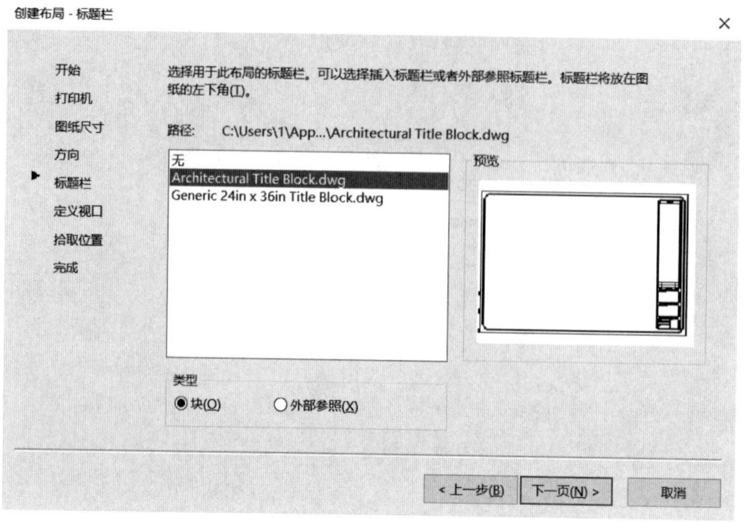

图 8-12　“创建布局-标题栏”对话框

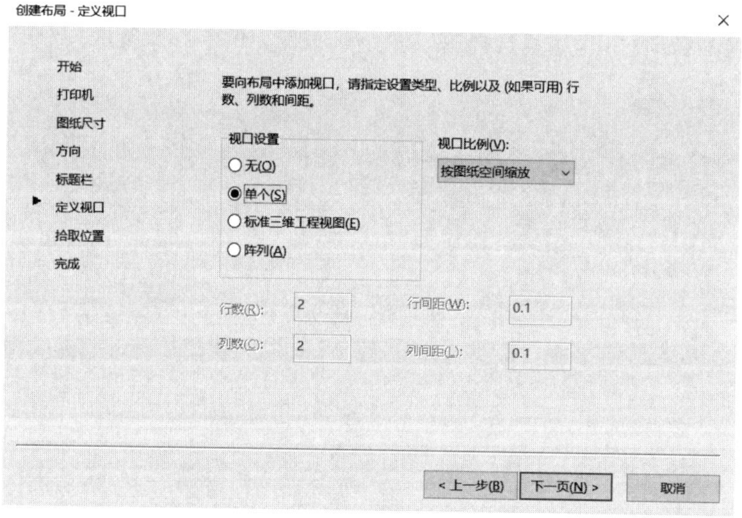

图 8-13　“创建布局-定义视口”对话框

⑦ 单击“下一页”按钮，在打开的“创建布局-拾取位置”对话框中单击“选择位置”按钮，切换到绘图窗口，并指定视口的大小和位置，如图 8-14 所示。

⑧ 单击“下一页”按钮，在打开的“创建布局-完成”对话框中单击“完成”按钮，完成新布局及默认的视口创建，如图 8-15 所示。

(2) 管理布局

右击“布局”标签，使用弹出的快捷菜单中的命令，可以删除、新建、重命名、移动或复制布局。默认情况下，单击某个布局选项卡时，系统将自动显示“页面设置”对话框，供设置页面布局。

如果以后要修改页面布局，可从快捷菜单中选择“页面设置管理器”命令，通过修改布

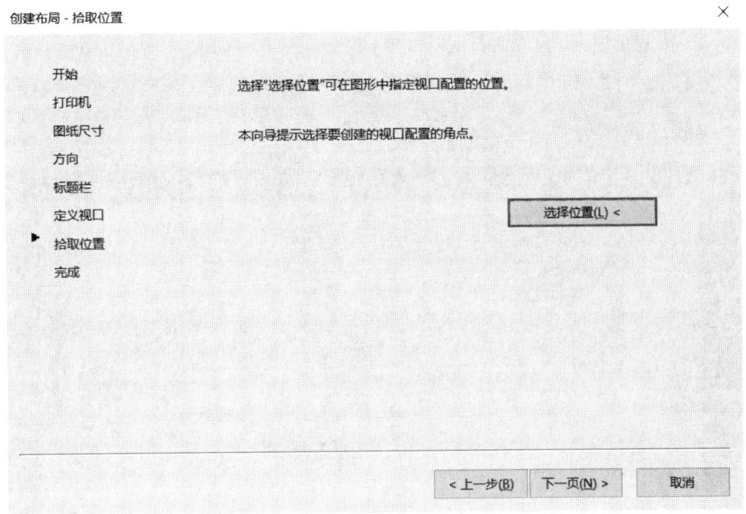

图 8-14　"创建布局-拾取位置"对话框

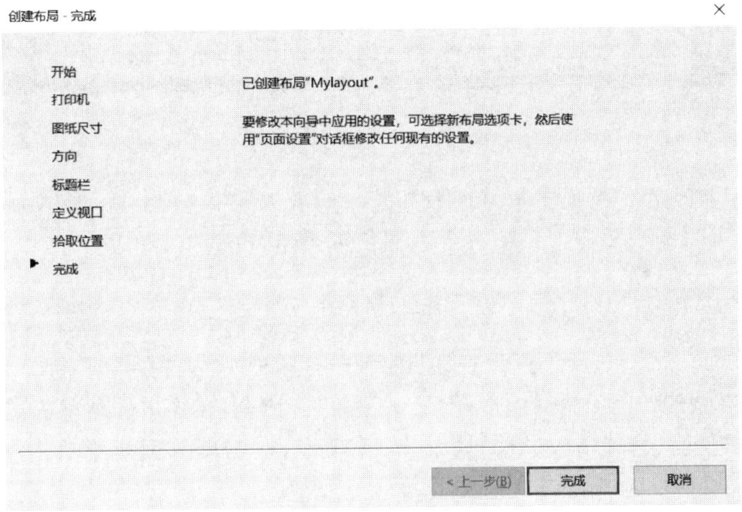

图 8-15　"创建布局-完成"对话框

局的页面设置，将图形按不同比例打印到不同尺寸的图纸中。

四、打印出图

创建完图形之后，通常要打印到图纸上，也可以生成一份电子图纸，以便从互联网上进行访问。打印的图形可以包含图形的单一视图，或者更为复杂的视图排列。根据不同的需要，可以打印一个或多个视口，或设置选项以决定打印的内容和图形在图纸上的布局。

五、打印预览

在打印输出图形之前可以预览输出结果，以检查设置是否正确，例如，图形是否都在有效输出区域内等。在快速访问工具栏中选择"显示菜单栏"命令，在弹出的菜单中选择"文

件”|“打印预览”命令(PREVIEW),或在“功能区”选项板中选择“输出”选项卡,在“打印”面板中单击“预览”按钮,都可以预览输出结果。

AutoCAD 将按照当前的页面设置、绘图设备设置及绘图样式表等在屏幕上预览最终要输出的图纸,如图 8-16 所示。

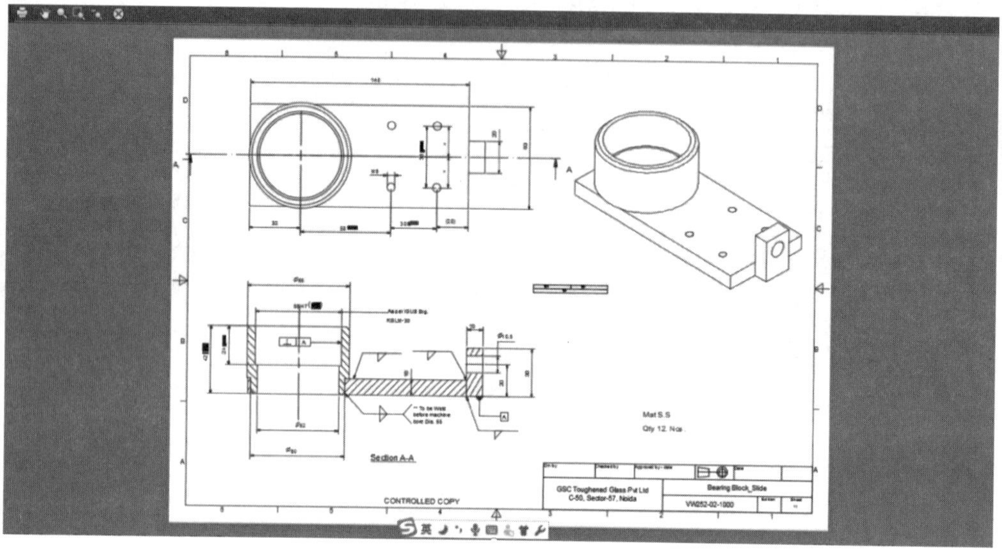

图 8-16　打印预览

在预览窗口中,光标变成了带有加号和减号的放大镜状,向上拖动光标可以放大图形,向下拖动光标可以缩小图像。要结束全部的预览操作,直接按 Esc 键。

六、打印图形

在 AutoCAD 2023 中,可使用“打印”对话框打印图形。当在绘图窗口中选择一个“布局”选项卡后,在快速访问工具栏中选择“显示菜单栏”命令,在弹出的菜单中选择“文件”|“打印”命令,或在“功能区”选项板中选择“输出”选项卡,在“打印”面板中单击“打印”按钮,打开“打印-模式”对话框,如图 8-17 所示。

“打印-模式”对话框中的内容与“页面设置”对话框中的内容基本相同,此外还可以设置以下选项。

“页面设置”选项区域的“名称”下拉列表:可以选择打印设置,并能够随时保存、命名和恢复“打印”和“页面设置”对话框中的所有设置。单击“添加”按钮,打开“添加页面设置”对话框,可以从中添加新的页面设置,如图 8-18 所示。

“打印机/绘图仪”选项区域中的“打印到文件”复选框:可以指示将选定的布局发送到打印文件,而不是发送到打印机。

“打印份数”文本框:可以设置每次打印图纸的份数。

在“打印选项”选项区域中,选中“后台打印”复选框,可以在后台打印图形;选中“将修改保存到布局”复选框,可以将“打印”对话框中改变的设置保存到布局中;选中“打开打印戳记”复选框,可以在每个输出图形的某个角落上显示绘图标记,以及生成日志文件,此时单击其后的“打印戳记设置”按钮,将打开“打印戳记”对话框,在该对话框中可以设置打印

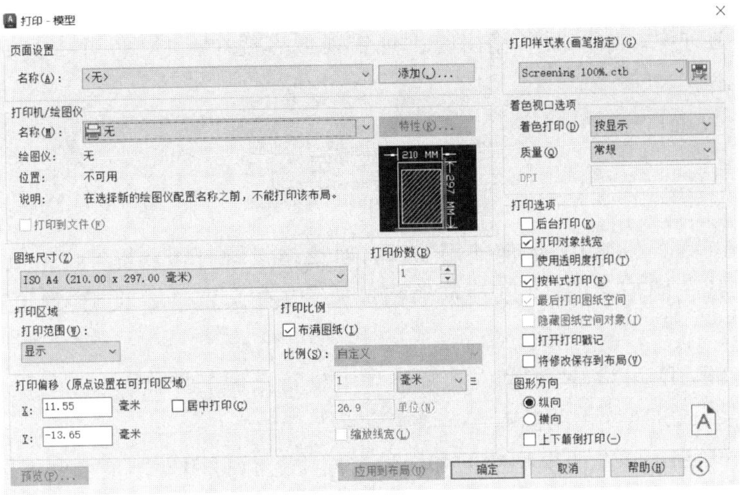

图 8-17　“打印-模式”对话框

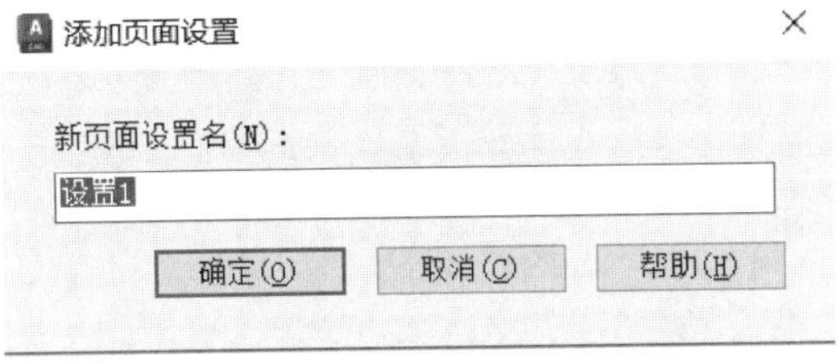

图 8-18　“添加页面设置”对话框

戳记字段，包括图形名、布局名称、日期和时间、打印比例、图纸尺寸等，还可以定义自己的字段，如图 8-19 所示。

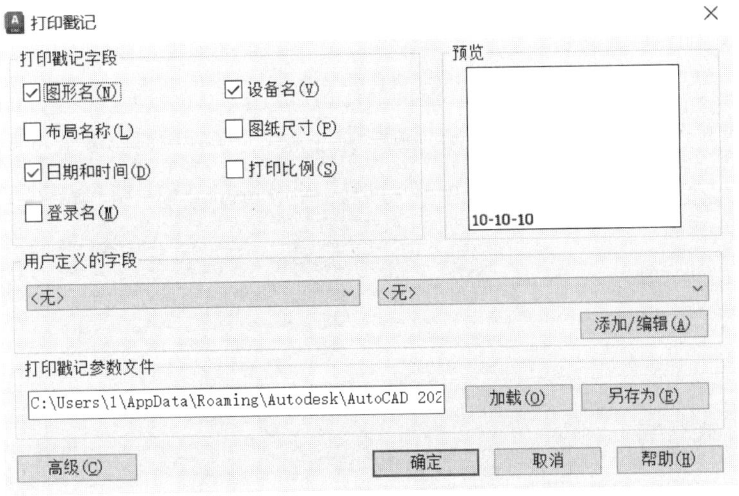

图 8-19　“打印戳记”对话框

各部分都设置完成后，在“打印”对话框中单击“确定”按钮，AutoCAD 将开始输出图形并动态显示绘图进度。如果图形输出时出现错误或者要中断绘图，可按 Esc 键，AutoCAD 将结束图形输出。

思考与练习

1. 在 AutoCAD 2023 中，如何使用“打印”对话框设置打印环境？

2. 在打印输出图形之前，可以预览输出结果，检查设置是否正确，预览输出的方法有哪些？

3. 在 AutoCAD 2023 中，如何对布局选项卡进行重命名操作？

4. 在进行 AutoCAD 出图前有哪些注意事项？

5. 在 AutoCAD 2023 的模型空间和图形空间中进行打印操作是否有区别？

6. 试用打印机或绘图仪打印本书各章习题中的图形。

参考文献

[1] 崔然，高静，张莉. 中文版 AutoCAD 2015 基础教程[M]. 北京：清华大学出版社，2015.
[2] 崔晓利，郭雪娥，高红莲. 中文版 AutoCAD 工程制图：上机练习与指导[M]. 北京：清华大学出版社，2006.
[3] 崔晓利，王新平. 中文版 AutoCAD 工程制图：2007 版[M]. 北京：清华大学出版社，2006.
[4] 方晨. AutoCAD 2006 中文版建筑制图实例教程[M]. 上海：上海科学普及出版社，2006.
[5] 冯涛. AutoCAD 从入门到精通：2016 中文版[M]. 3 版. 北京：机械工业出版社，2016.
[6] 郭靖. AutoCAD 2014 基础教程[M]. 北京：清华大学出版社，2015.
[7] 郭玲文. AutoCAD 2006 中文版工程制图[M]. 北京：机械工业出版社，2006.
[8] 黄书珍，韦杰太，阳平华，等. AutoCAD 2006 中文版建筑设计时尚百例[M]. 北京：机械工业出版社，2006.
[9] 江洪，卢择临，吴巨龙，等. AutoCAD 2006 工程制图[M]. 北京：机械工业出版社，2006.
[10] 姜春峰，武小红，魏春雪. AutoCAD 2020 中文版基础教程[M]. 北京：中国青年出版社，2019.
[11] 李济群，董志勇. AutoCAD 机械制图基础教程：2006 版[M]. 北京：清华大学出版社，2006.
[12] 李腾训，魏峥，郑彬. AutoCAD 实用与实训教程[M]. 北京：清华大学出版社，2015.
[13] 李秀娟. AutoCAD 2008 绘图简明教程[M]. 北京：北京艺术与科学电子出版社，2009.
[14] 李亚峰，马学文，张恒，等. 建筑消防技术与设计[M]. 北京：化学工业出版社，2005.
[15] 廖彦杰. AutoCAD 设计制图高手[M]. 北京：中国铁道出版社，2006.
[16] 龙马高新教育. AutoCAD 2016 从新手到高手[M]. 北京：人民邮电出版社，2016.
[17] 龙马工作室. AutoCAD 2006 中文版入门与提高[M]. 北京：人民邮电出版社，2006.
[18] 裴东风，毛磊. 中文版 AutoCAD 2012 建筑绘图自学手册[M]. 北京：中国铁道出版社，2013.
[19] 谯谊，黄书珍，谷德桥，等. AutoCAD 2006 中文版应用时尚百例[M]. 北京：机械工业出版社，2006.
[20] 尚蕾，张云杰. AutoCAD 2016 基础设计技能课训[M]. 北京：电子工业出版社，2016.
[21] 史岩. 建筑 CAD[M]. 4 版. 武汉：华中科技大学出版社，2020.
[22] 孙文君，高微. AutoCAD 基础教程[M]. 北京：人民邮电出版社，2015.
[23] 孙永峰，王淑红. AutoCAD 矿物加工绘图教程[M]. 徐州：中国矿业大学出版社，2015.
[24] 谭荣伟. 化工设计 CAD 绘图快速入门[M]. 2 版. 北京：化学工业出版社，2020.

[25] 陶昆.建筑消防安全[M].北京:机械工业出版社,2019.

[26] 王琳,陈笑.中文版 AutoCAD 2007 机械图形设计[M].北京:清华大学出版社,2006.

[27] 韦杰太,余强.中文 AutoCAD 2006 建筑制图实用教程[M].北京:中国林业出版社,2006.

[28] 魏连江,赵才智,唐俊,等.安全工程 CAD[M].徐州:中国矿业大学出版社,2016.

[29] 魏连江,陶红菲,赵才智,等.安全工程 CAD[M].2 版.徐州:中国矿业大学出版社,2019.

[30] 薛焱,李志忠.中文版 AutoCAD 2016 基础教程[M].北京:清华大学出版社,2016.

[31] 阎红娟,王侃.AutoCAD 2006 中文版基础教程[M].北京:人民邮电出版社,2006.

[32] 杨大鹏.火灾自动报警系统设计与 CAD 制图[M].北京:中国建筑工业出版社,2019.

[33] 杨雨松,刘娜.AutoCAD 2006 中文版实用教程[M].北京:化学工业出版社,2006.

[34] 云飞.AutoCAD 从入门到精通[M].北京:中国商业出版社,2021.

[35] 张海波,徐小马.采矿 CAD[M].2 版.北京:煤炭工业出版社,2018.

[36] 张秋利,周军.化工 AutoCAD 应用基础[M].2 版.北京:化学工业出版社,2012.

[37] 张志勇.地下工程施工[M].北京:机械工业出版社,2015.

[38] 中华人民共和国劳动和社会保障部.制图员国家职业标准[M].北京:中国劳动社会保障出版社,2002.

[39] 周建国.中文版 AutoCAD 2006 基础与典型应用一册通[M].北京:人民邮电出版社,2006.

[40] CAD/CAM/CAE 技术联盟.AutoCAD 2020 中文版从入门到精通(标准版)[M].北京:清华大学出版社,2020.